KONGENITALE STÖRUNGEN
DES
WASSER- UND ELEKTROLYTHAUSHALTES

SYMPOSIUM

KASSEL-WILHELMSHÖHE, 23./24. FEBRUAR 1961

WISSENSCHAFTLICHE LEITUNG:

PROF. DR. H. HUNGERLAND

DIREKTOR DER UNIVERSITÄTS-KINDERKLINIK, BONN

HERAUSGEGEBEN VON

H. HUNGERLAND   J. BRODEHL
BONN   BONN

MIT 83 ABBILDUNGEN

SPRINGER-VERLAG
BERLIN HEIDELBERG GMBH 1962

ISBN 978-3-540-02865-9   ISBN 978-3-662-12178-8 (eBook)
DOI 10.1007/978-3-662-12178-8

Alle Rechte,
insbesondere das der Übersetzung in fremde Sprachen,
vorbehalten

Ohne ausdrückliche Genehmigung des Verlages ist es auch nicht
gestattet, dieses Buch oder Teile daraus auf photomechanischem
Wege (Photokopie, Mikrokopie) oder sonstwie zu vervielfältigen

© by Springer-Verlag Berlin Heidelberg 1962

Ursprünglich erschienen bei Springer-Verlag oHG. Berlin · Göttingen · Heidelberg 1962

Die Wiedergabe von Gebrauchsnamen, Handelsnamen, Warenbezeichnungen usw. in diesem Werk berechtigt auch ohne besondere Kennzeichnung nicht zu der Annahme, daß solche Namen im Sinn der Warenzeichen- und Markenschutz-Gesetzgebung als frei zu betrachten wären und daher von jedermann benutzt werden dürften

Inhaltsverzeichnis

Pyelonephritis und Nierendysplasie (A. PASTERNACK) 1
Diskussion 11
Das kongenitale nephrotische Syndrom (L. HJELT) 12
Diskussion 25
Diabetes insipidus renalis (F. LINNEWEH und K.-H. JARAUSCH) . . . 27
Diskussion 40
Kongenitale Tubulopathien (G. STALDER) 45
Diskussion 52
Zur Klinik und Biochemie des de Toni-Debré-Fanconi-Syndroms
(A. ROSENKRANZ) 53
Diskussion 59
Zum Krankheitsbild der hereditären Nephritis (H. NIETH) 61
Diskussion 70
Diabetes insipidus neurohormonalis (H. RODECK) 73
Diskussion 88
Neugeborenen- und Frühspasmophilie (W. SWOBODA) 93
Diskussion 106
Die idiopathische Hypercalcämie (O. HÖVELS und U. STEPHAN) . . . 108
Diskussion 127
Die kongenitale Alkalose mit Diarrhoe (E. M. DUYCK, C. L. J. VINK,
H. VAN GELDEREN und G. M. H. VEENEKLAAS) 129
Diskussion 141
Elektrolytstörungen bei der Erwachsenen-Mucoviscidosis am Bild von
Bilanzuntersuchungen (H. BOHN, E. KOCH und W. RICK) 144
Auswirkung der Kochsalz- und Corticosteroidzufuhr auf die Schweiß-
Elektrolytkonzentration bei Gesunden und Mucoviscidosis-Kranken
(E. KOCH) 151
Diskussion 156
Adrenogenitales Salzverlust-Syndrom (W. HAGGE) 160
Diskussion 168
Autorenverzeichnis. 170
Sachverzeichnis. 171

Teilnehmer des Symposiums
Kongenitale Störungen des Wasser- und Elektrolythaushaltes

Kassel-Wilhelmshöhe, 23. und 24. Februar 1961

ARNOLD, O. H., Medizinische Klinik der Städt. Krankenanstalten Essen, Essen
BACHMANN, C. D., Univ.-Kinderklinik Köln-Lindenthal, Köln
BAUMANN, J., Chirurgische Abteilung des Stadtkrankenhauses, Kassel
BERNING, H., II. Med. Klinik des Allgemeines Krankenhauses Hamburg-Barmbeck, Hamburg
BOHN, H., Medizinische Univ.-Klinik, Gießen
BRODEHL, J. Univ.-Kinderklinik, Bonn
BUCHBORN, E., I. Medizinische Univ.-Klinik, München
BÜNTE, H. Chirurgische Univ.-Klinik, Erlangen
CARSTENSEN, E., Chirurgische Univ.-Klinik Hamburg-Eppendorf, Hamburg
COTTIER, P., Medizinische Poliklinik der Univ. Bern, Bern (Schweiz)
DOHRMANN, R., Chirurgische Abt. des Behring Krankenhauses Berlin-Zehlendorf, Berlin
DOST, H., Univ.-Kinderklinik, Gießen
DROESE, W., Univ.-Kinderklinik, München
DULCE, H. J., Physiologisch-Chemisches Institut der Freien Universität Berlin
DUYCK, E. M., J. Liebaertzaan 50, Kortrijk (Belgien)
FREY, J., II. Med. Univ.-Klinik, Frankfurt
FREY, R., Anaesthesie-Abteilung der Chirurgischen Univ.-Klinik, Mainz
FRIEDBERG, V., Frauenklinik des Städt. Krankenhauses, Saarbrücken
GAUER, O. H.., William G. Kerckhoff Herzforschungsinstitut der Max-Planck-Gesellschaft, Bad Nauheim
GESSLER, U., Med. Univ.-Poliklinik, Freiburg
GILLY, Frau D., Chirurgische Abteilung des Kaiser-Franz-Joseph-Spitals Wien
GIRARDET, P., Service de Pédiatrie de l'hôpital de la ville, Neuchâtel (Schweiz)
HAGGE, W., Universitäts-Kinderklinik, Bonn
HEINTZ, R. I. Medizinische Univ.-Klinik, Frankfurt
HEINZ, E., Institut f. Vegetative Physiologie der Universität, Frankfurt
HELD, U., Univ.-Kinderklinik, Bonn
HJELT, L., Zentralkrankenhaus der Univ.-Kinderklinik Helsinki-Töölö, Helsinki (Finnland)
HÖVELS, O., Univ.-Kinderklinik, Erlangen
HOLTMEIER, H.-J., Medizinische Univ.-Klinik, Freiburg
HORATZ, K., Anaesthesie-Abteilung der Chirurgischen Univ.-Klinik Hamburg-Eppendorf, Hamburg
HUNGERLAND, H., Univ.-Kinderklinik, Bonn
JARAUSCH, K.-H., Univ.-Kinderklinik, Marburg
KALK, H., Innere Abteilung des Stadtkrankenhauses, Kassel
KAUFMANN, W., Med.-Univ.-Klinik, Marburg

KLEINSCHMIDT, A., Med. Poliklinik der Universität, Mainz
KLINGMÜLLER, V., Zentrallaboratorium der Städt. Krankenanstalten, Mannheim
KLINKE, K., Kinderklinik der Med. Akademie, Düsseldorf
KOCH, E., Med. Univ.-Klinik, Gießen
KREUSCHER, H., Anaesthesie-Abteilung der Chirurgischen Univ.-Klinik, Mainz
LEHMANN, Frau CH., Chirurgische Abteilung des Städt. Krankenhauses rechts der Isar, München
LINNEWEH, F., Univ.-Kinderklinik, Marburg
NIETH, H., Medizinische Univ.-Klinik, Marburg
OEHMIG, H., Chirurgische Univ.-Klinik, Marburg
PABST, K., Medizinische Univ.-Klinik, Marburg
PEÑA, J., Clinica Universitaria de Pediatria, Santiago de Compostela
PFAU, P., Frauenklinik des Städtischen Krankenhauses, Kassel
REHBEIN, F., Chirurgische Abteilung der Kinderklinik, Bremen
REUBI, F., Medizinische Univ.-Poliklinik, Bern (Schweiz)
RICHTERICH, R., Medizinisch-Chemisches Institut der Universität, Bern (Schweiz)
RIECKER, G., I. Medizinische Univ.-Klinik, München
RODECK, H., Vestische Kinderklinik, Datteln
ROSENKRANZ, A., Univ.-Kinderklinik, Wien
RUPP, W., Univ.-Kinderklinik, Marburg
SAUERWEIN, W., Städtisches Krankenhaus, Saarbrücken
SCHNEEGANS, E., Institut de Puériculture, Straßburg (Frankreich)
SCHÜTTE, E., Physiologisch-Chemisches Institut der Freien Universität, Berlin
SCHWAB, M., Medizinische Univ.-Klinik, Göttingen
STAIB, I., Chirurgische Univ.-Klinik, Marburg
STALDER, G., Univ.-Kinderklinik, Basel (Schweiz)
STOLLEY, Frau H., Univ.-Kinderklinik, München
STRACK, E., Physiologisch-Chemisches Institut der Universität, Leipzig
SWOBODA, W., Univ.-Kinderklinik, Wien
ULLRICH, K. J., Physiologisches Institut der Universität, Göttingen
VOSS, A. E., Kinderkrankenhaus „Park Schönfeld", Kassel
WAHLE, H., Frauenklinik der Med. Akademie, Düsseldorf
WEPLER, W., Path.-Bakteriologisches Institut des Stadtkrankenhauses, Kassel
WIEMERS, K., Chirurgische Univ.-Klinik, Freiburg
ZINDLER, M., Chirurgische Klinik der Medizinischen Akademie, Düsseldorf
ZWEYMÜLLER, E., Univ.-Kinderklinik, Wien

Einleitung

Von

H. HUNGERLAND

Meine sehr verehrten Damen und Herren,

Lassen Sie mich Sie alle, die Sie zu unserem Symposium über Fragen des Elektrolyt- und Wasserhaushaltes hier nach Kassel gekommen sind, sehr herzlich begrüßen. Das gewählte Thema führt zwangsläufig dazu, daß der Pädiatrie ein verhältnismäßig breiter Raum eingeräumt worden ist. Aber das ist für mich nicht bestimmend gewesen.

Die kongenitalen Störungen, so meine ich, stellen für den Kliniker ein Experiment dar, bei dem die Versuchsbedingungen oft sehr eng begrenzt und grobe Eingriffe in den Organismus vermieden werden. Über das Experiment in der Physiologie hat sich der Physiologe JOHANNES MÜLLER gelegentlich geäußert, und er hat dem Sinne nach einmal gesagt, daß man die Natur in der verschiedensten Weise quälen könne, sie würde immer in ihrer Qual eine Antwort geben.

Er wollte damit die unsinnigen Experimente tadeln, die uns nur wenig sagen können, und er schloß: ,,Nichts ist schwieriger, als das gültige physiologische Experiment."

Bei den kongenitalen Störungen, so glaube ich, scheint ein solches Experiment vorzuliegen, ein, wie wir auch sagen könnten, natürliches Experiment.

Freilich ist diese Ausdrucksweise wohl nicht ganz richtig; denn wenn wir in dem Gehirn des Menschen eine natürliche Einrichtung sehen, und wenn wir das Entstehen einer Idee, die nur einem solchen Gehirn entspringen kann, als einen natürlichen Vorgang betrachten, dann muß auch ein vom Menschen erdachtes Experiment folgerichtig als natürliches Experiment bezeichnet werden, und insofern kann man unseren Physiologen sicher nie einen Vorwurf machen.

Vielleicht wird Ihnen in unserem Programm etwas aufgefallen sein: Es fehlen hier die einführenden physiologischen Referate. Das ist nicht zufällig. Ich habe oft erlebt, daß diese Referate sehr eindrucksvoll und interessant waren, daß es aber für den Kliniker anschließend häufig sehr schwer wurde, die Verbindung zur Physiologie zu finden, und daß der Kliniker mehr oder weniger nur als Zuschauer in Erscheinung trat, der auch noch etwas zu sagen hatte.

Deshalb habe ich mir vorgestellt, daß diesmal die Kliniker ihre Beobachtungen vortragen möchten, und die Physiologen als strenge und kritische Zuschauer versuchen möchten, ihre eigenen Beobachtungen mit unseren klinischen Beobachtungen zu vergleichen und zu diskutieren. Die Diskussion soll in diesen 2 Tagen den breitesten Raum einnehmen, und ich hoffe, daß sie reiche Früchte tragen wird.

Abschließend möchte ich in Ihrer aller Namen der Firma Braun-Melsungen dafür danken, daß sie es durch ihre großzügige Unterstützung möglich gemacht hat, das Symposiom in dieser Form durchzuführen.

Pyelonephritis und Nierendysplasie

Von

A. PASTERNACK, Helsinki*

Die Pyelonephritis und die Komplikationen, die sie nach sich zieht, spielen trotz aller Chemotherapie auch heute noch eine bedeutende Rolle in der Urologie. In der pädiatrischen Urologie ist die Pyelonephritis ein besonders interessantes Problem. Es ist ja bekannt, daß viele Anomalien der Harnwege, zuvörderst die obstruktiven, für das Aufkommen von Infektionen prädisponieren. Man hat auch mikroskopische Veränderungen in makroskopisch verbildeten Nieren gefunden. Aber erst im Jahre 1953 hat MARSHALL erstmals das Augenmerk auf ein Phänomen gerichtet, das er als Dysplasie bezeichnete. Er fand fetale und auch andere abnorme Strukturen in scheinbar normalen Nieren. Besonders erregte seine Aufmerksamkeit deren Vorkommen in pyelonephritischen Nieren. Danach haben vor allem ERICSSON und IVEMARK in Schweden die Beziehung zwischen Dysplasie und Pyelonephritis untersucht.

Da es sich betreffs der Dysplasie um einen relativ neuen Begriff handelt, dürfte es angebracht sein, ihn etwas näher zu definieren. Die Dysplasie ist eine besondere Form von Anomalie, bei der die Entwicklung des fraglichen Organs oder der betreffenden Struktur insofern unvollkommen ist, als sie auf einem gewissen Stadium der embryonalen Genese stehengeblieben ist. Die Struktur kann als solche auftreten, sie kann sekundär verändert werden oder sich später so weiterentwickeln, daß das Resultat dem normalen entspricht.

Material und Methode

Das Material für diese Untersuchung stammt von routinemäßigen Obduktionen. Als Kontrollmaterial wurden 100 Fälle ausgewählt, wo die Nieren makroskopisch normal waren. Das Pyelonephritis-Material umfaßt 47 Fälle. Zuerst wurden die Nieren alle zusammen histologisch untersucht, um eine Auffassung davon zu

---

* Vorgetragen von Herrn HJELT.

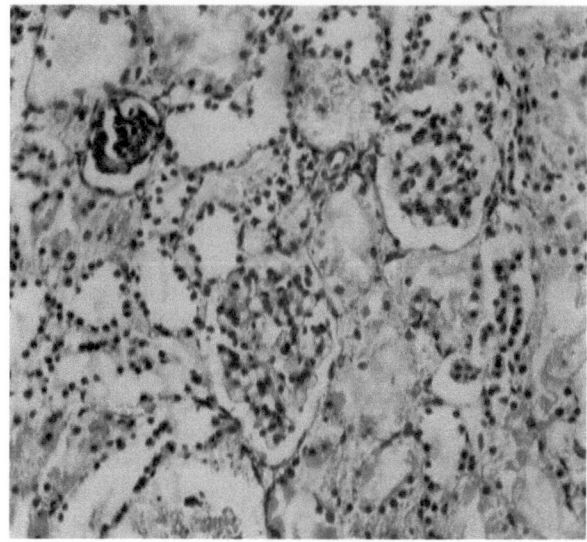

Abb. 1. *Primitiver Glomerulus.* In der reifen Nierenrinde sieht man zwei Glomeruli vom Erwachsenentyp und in der Nähe einen kleinen primitiven Glomerulus umschlossen von fetalem Epithel

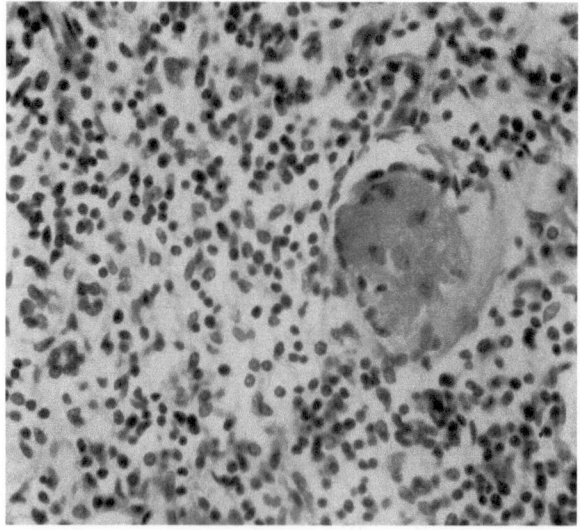

Abb. 2. *Hyalinisierter Glomerulus.* Vollkommen hyalinisierter Glomerulus in einem entzündlichen Infiltrat

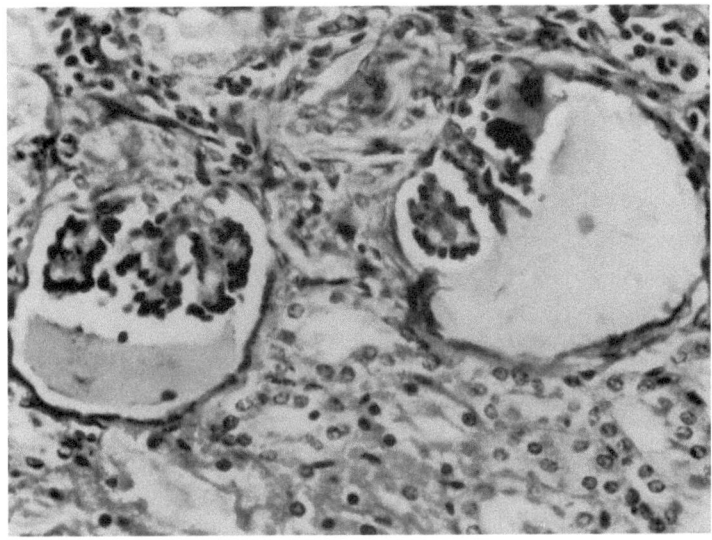

Abb. 3. *Dilatierte Bowmansche Kapsel.* Zwei dilatierte Bowmansche Kapseln. Das Glomerulus-Knäuel besteht aus drei Lobuli. Die Kapseln sind gleichmäßig dilatiert

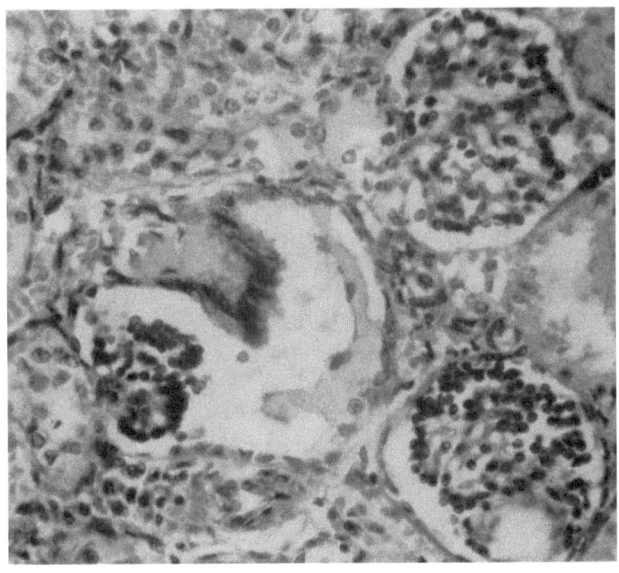

Abb. 4. *Fetales Epithel und dilatierte Bowmansche Kapsel.* Das Glomerulus-Knäuel ist umschlossen mit Epithel vom primitiven Typ

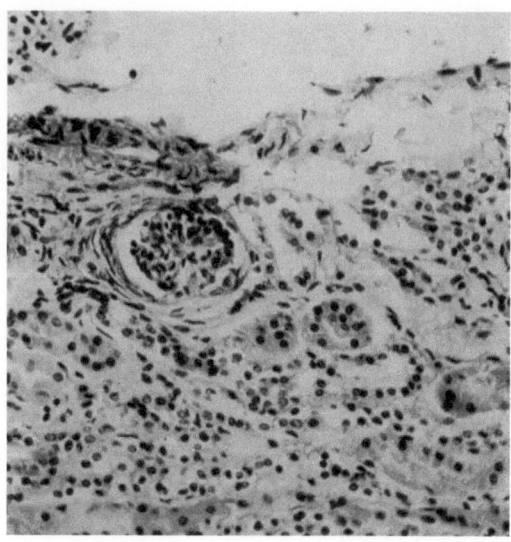

Abb. 5. *Pericapsuläre Fibrose*. Die Fibrose ist bereits vollkommen entwickelt. Das Glomerulus-Knäuel ist von Epithel umschlossen. Keine entzündlichen Zeichen sichtbar

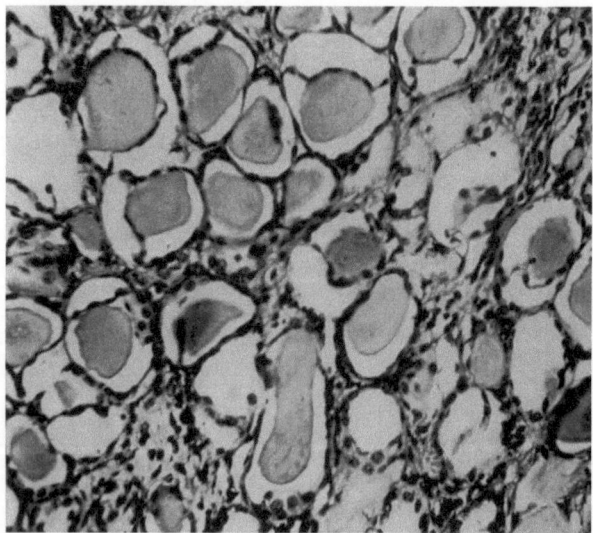

Abb. 6. *Thyroidähnliche Struktur*. Die Abbildung stammt von einem Fall einer langdauernden Pyelonephritis

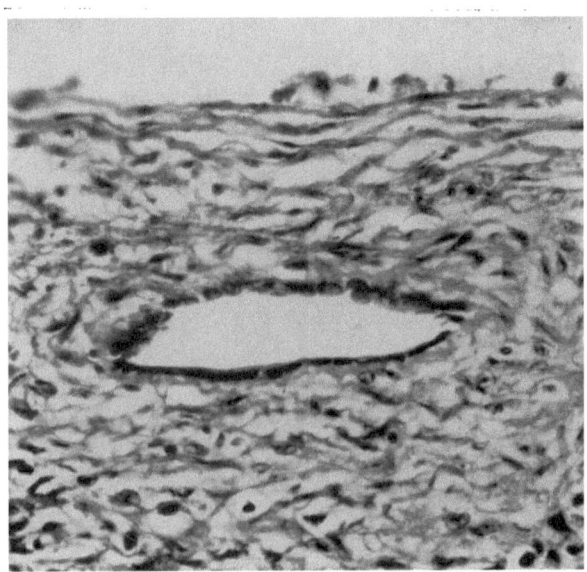

Abb. 7. *Primitiver Ductulus.* Unter der Nierenkapsel ein primitiver Ductulus, umgeben von konzentrischem Bindegewebe

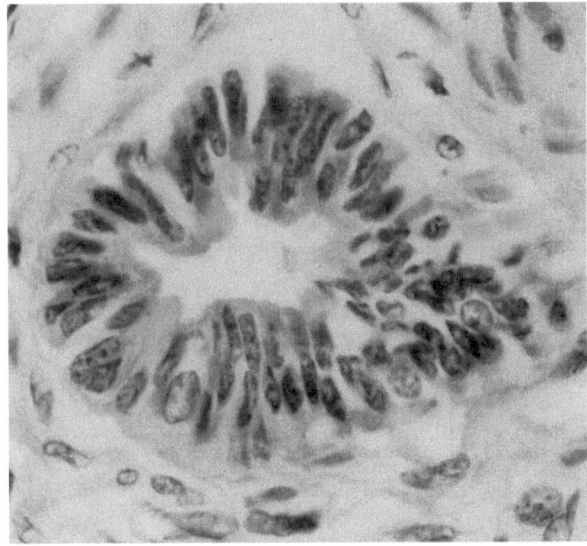

Abb. 8. *Primitiver Gang.* Hohes Epithel. Das umgebende Bindegewebe ist konzentrisch

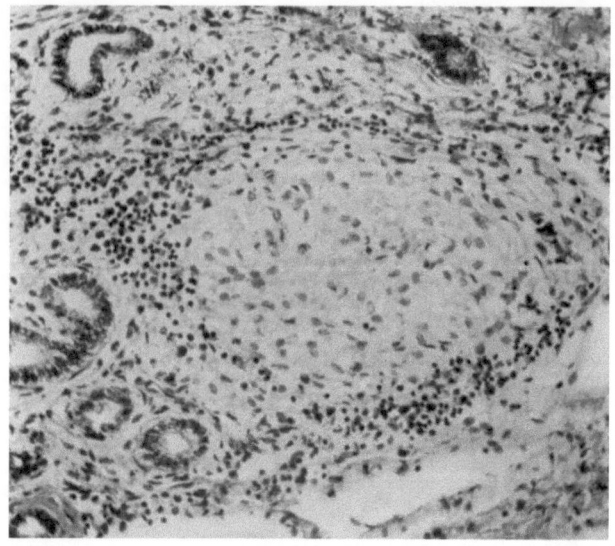

Abb. 9. *Primitives Bindegewebe.* Bindegewebe von lockerem und embryonalem Typ

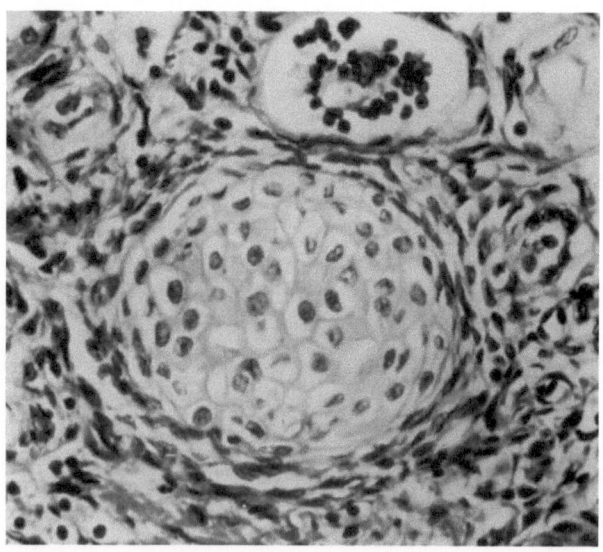

Abb. 10. *Knorpelgewebe*

gewinnen, was für abweichende Strukturen vorkamen. Die Abbildungen 1—10 zeigen die zehn verschiedenen Strukturen. Auf Grund der Morphologie der Strukturen sind alle mit Ausnahme von hyalinen Glomeruli, pericapsulärer Fibrose und thyroidähnlichen Strukturen als dysplastisch angesehen worden.

Danach wurden die Fälle in verschiedene Altersgruppen eingeteilt. In jeder Altersgruppe wurde berechnet, in wievielen Fällen jede abweichende Struktur vorkam. Um die beiden Gruppen, die pyelonephritischen und die normalen, miteinander vergleichen zu können, wurde das relative Vorkommen der einzelnen Strukturen berechnet, mit anderen Worten in wieviel Prozent von allen Fällen in einer Altersgruppe ein positives Resultat erhalten wurde. Sämtliche Fälle wurden in Altersgruppen eingeteilt, wie aus der Tab. 1 ersichtlich ist.

Tabelle 1

Altersgruppe	Alter	Normal	Pyelonephritis
I	7 Tage — 1 Monat	24	9
II	1 Monat — 3 Monate	14	8
III	3 Monate — 6 Monate	11	8
IV	6 Monate — 12 Monate	16	5
V	1 Jahr — 6 Jahre	23	9
VI	6 Jahre	12	8

Ergebnisse

Indem so der Anteil der verschiedenen Strukturen in den einzelnen Altersgruppen ermittelt wurde, konnten sie in drei verschiedene Gruppen eingeteilt werden.

Die Strukturen der ersten Gruppe sind dadurch charakterisiert, daß sie in den normalen Fällen häufig bei den jungen Altersgruppen vorkommen und daß ihre Frequenz mit steigendem Alter abnimmt. Ferner werden sie am allerhäufigsten bei Pyelonephritis angetroffen. In den Abbildungen 11—15 ist das relative Vorkommen dieser Strukturen in den verschiedenen Altersgruppen sowohl in den normalen wie auch in den pyelonephritischen Fällen veranschaulicht.

Das Vorkommen der Strukturen der zweiten Gruppe steht in den normalen Fällen in keiner Beziehung zum Alter. Dahingegen sieht man, daß sie bei Pyelonephritis um so häufiger werden, je älter die betreffende Altersgruppe ist. Alle drei sind in den pyelonephritischen Fällen verhältnismäßig häufiger als in den normalen.

Die Abbildungen 16—18 zeigen das relative Vorkommen dieser Strukturen.

Die dritte Gruppe besteht aus den Strukturen, die nur bei Pyelonephritis vorkamen, nämlich primitiven Gängen und Knorpelgewebe.

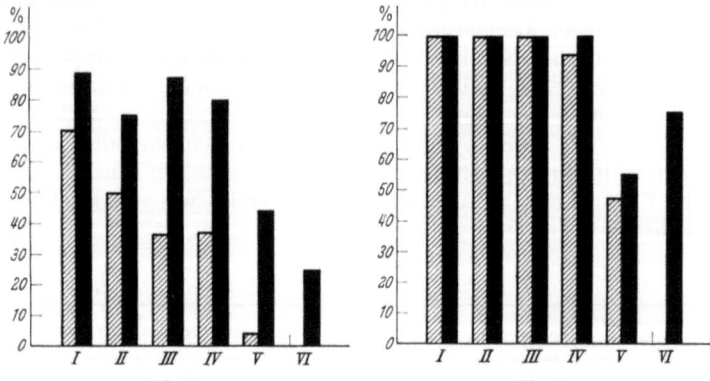

Abb. 11. *Primitive Glomeruli.* Relatives Vorkommen von positiven Fällen. ▨ Fälle mit makroskopisch normalen Nieren. ■ Fälle von Pyelonephritis

Abb. 12. *Fetales Epithel.* Relatives Vorkommen von positiven Fällen

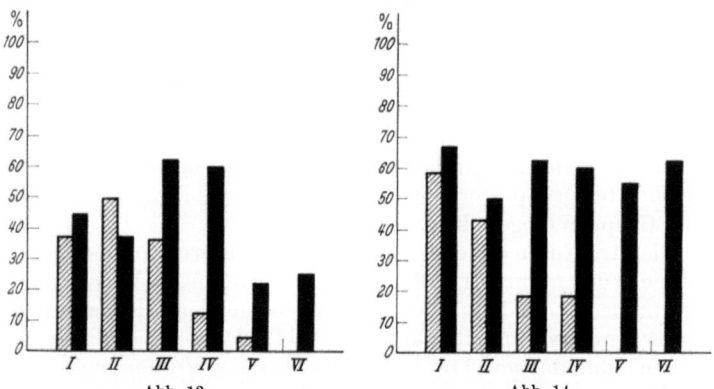

Abb. 13. *Dilatierte Bowmansche Kapseln.* Relatives Vorkommen von positiven Fällen

Abb. 14. *Primitive Ductuli.* Relatives Vorkommen von positiven Fällen

Besprechung der Ergebnisse

Die Ursache dafür, daß die abweichenden Strukturen in den pyelonephritischen Nieren öfter vorkommen als in den normalen, ist entweder die, daß sie auf dem Boden einer Infektion entstanden sind, oder die, daß sie zum Aufkommen der Infektion disponieren.

Strukturen, die infolge einer Infektion zustande gekommen sind, dürfen nicht allzu oft in einem Normalmaterial auftreten. Dahingegen müßten sie öfter bei Pyelonephritis und vor allem bei alter Pyelonephritis anzutreffen sein. Diese Bedingung wird erfüllt von

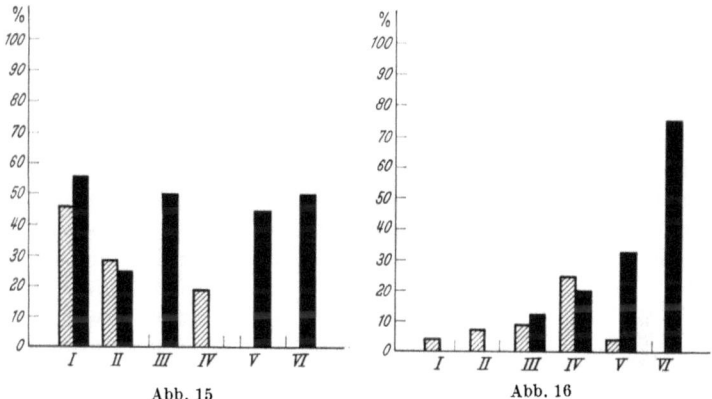

Abb. 15
Abb. 16
Abb. 15. *Primitives Bindegewebe.* Relatives Vorkommen von positiven Fällen
Abb. 16. *Hyalinisierte Glomeruli.* Relatives Vorkommen von positiven Fällen

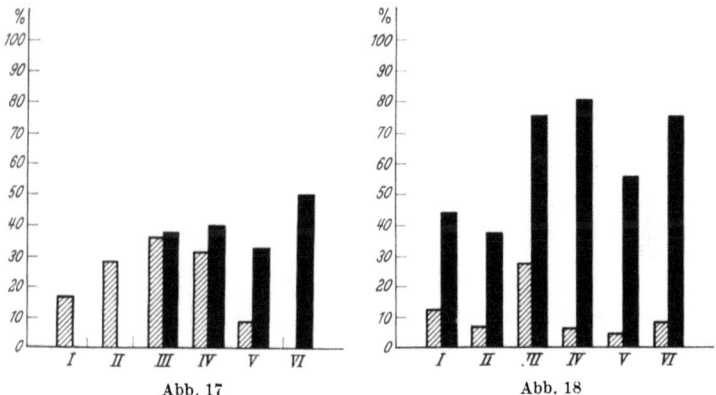

Abb. 17
Abb. 18
Abb. 17. *Pericapsuläre Fibrose.* Relatives Vorkommen von positiven Fällen
Abb. 18. *Thyroidähnliche Struktur.* Relatives Vorkommen von positiven Fällen

den hyalinisierten Glomeruli und der pericapsulären Fibrose. Auch die thyroidähnlichen Strukturen müssen zu dieser Gruppe gerechnet werden.

Wenn eine unreife und dysplastische Struktur sehr stark abweichend und so beschaffen ist, daß sie weitgehend zum Aufkommen einer Infektion in der Niere disponiert, darf sie in einem

Normalmaterial nicht allzu häufig vorkommen. Eine Struktur wiederum, die sich nur geringfügig vom Normalen unterscheidet, dürfte nicht selten auch in normalen Fällen zu finden sein. Abgesehen von den primitiven Gängen und dem Knorpelgewebe sind alle anderen sog. dysplastischen Strukturen nur wenig abweichend und kommen bei den normalen Fällen oft in den jungen Altersgruppen vor, während sie mit steigendem Alter abnehmen. Bei den Pyelonephritiden werden sie noch häufiger in den jungen Altersgruppen angetroffen, und mit steigendem Alter wird der Unterschied immer größer und bedeutungsvoller. Es hat also den Anschein, daß es sich tatsächlich um Strukturen handelt, in denen sich leicht Infektionen einnisten. Je älter die Kinder werden, um so mehr sind sie Infektionen ausgesetzt, und schließlich kommen sie in das Alter, wo alle dysplastischen Strukturen infiziert worden sind. Man kann auch annehmen, daß eine langwierige Infektion die primäre Struktur der Nieren zerstört, so daß man bei Erwachsenen keine dysplastischen Strukturen mehr vorfindet. Was die primitiven Gänge und das Knorpelgewebe anbelangt, so dürften diese so weitgehend infektionsdisponiert sein, daß sie deswegen in einem so kleinen Normalmaterial nicht anzutreffen waren.

Die normale Niere besitzt genügend antibakterielle Fähigkeiten, um eine bleibende Infektion zu verhindern. Dagegen weiß man, auch auf Grund von experimentellen Versuchen, daß Urinstase zu Infektionen prädisponiert. Wenn sich keine Obstruktion in den Harnwegen feststellen läßt, muß man die Ursache für die Infektion wohl in der Niere selbst suchen. Es wäre denkbar, daß die unreifen dysplastischen Strukturen eine „Mikroobstruktion" herbeiführen, oder daß ein solches unreifes Gewebe aus anderen Gründen nicht imstande ist, eine hämatogene Bakterieninfektion zu eliminieren.

Zusammenfassung

Zusammenfassend läßt sich sagen, daß in der kindlichen Niere zweierlei abweichende Strukturen vorkommen, nämlich einerseits dysplastische und andererseits andere anomale Strukturen, die zumindest teilweise durch Infektionen hervorgerufen sind. Ferner kann man sagen, daß dysplastische Strukturen zum Aufkommen von chronischer, hämatogener Pyelonephritis prädisponieren.

Literatur

ERICSSON, N. O., and B. I. IVEMARK: Renal dysplasia and pyelonephritis in infants and children. I. Arch. Path. (Chicago) **66**, 255 (1958). — ERICSSON, N. O., and B. I. IVEMARK: Renal dysplasia and pyelonephritis in infants and children. II. Primitive ductules and abnormal glomeruli. Arch. Path. (Chicago) **66**, 264 (1958).

MARSHALL, A. G.: The persistence of foetal structures in pyelonephritic kidneys. Brit. J. Surg. 41, 38 (1953).

PASTERNACK, A.: Microscopic structural changes in macroscopically normal and pyelonephritic kidneys of children. Ann. Paediat. Fenn. Suppl. 14 (1960).

Diskussion

REUBI: Für den Internisten besteht kein Zweifel, daß konstitutionelle Momente bei der Entstehung der Pyelonephritis eine große Rolle spielen können (es sei nur an die Mißbildungen erinnert). Sind aber die von Herrn HJELT beschriebenen Strukturen wirklich Ausdruck einer Dysplasie? Wie oft sind sie zu finden bei der kindlichen Pyelonephritis? Warum werden sie bei der Pyelonephritis des Erwachsenen nie gefunden? Auch bei der sogenannten familiären Nephritis sind meines Wissens solche Strukturen nie gesehen worden.

RODECK: Von seiten der Anatomen wird immer wieder der unterschiedliche Reifegrad der corticalen und der juxtamedullären Glomerula betont. Fanden Sie eine entsprechende Differenzierung hinsichtlich der Massierung der von Ihnen beschriebenen dysplastischen Strukturen in den marknahen bzw. rindennahen Arealen der Niere?

HEINTZ: Waren bei den Kindern Unterschiede in der Geschlechtsverteilung vorhanden? Vielleicht könnte man von dieser Seite zusätzliche Hinweise erhalten, ob die beobachteten interstitiellen Veränderungen kongenital oder erworben (pyelonephritisch) sind. Bei bevorzugtem Auftreten bei Mädchen müßte man an postnatale Pyelonephritis denken.

BERNING: Die hypogenetische Pyelonephritis wurde zuerst von UPMARK postuliert und von FAHR morphologisch weiter ausgebaut. Ich möchte Herrn HJELT fragen, ob er in den besonders in der Rinde angeordneten Haufen kleiner Cysten den Ausdruck einer abgelaufenen Entzündung (ZOLLINGER) oder auch einer krankhaften angeborenen Anlage sieht. Ist es anhand klinischer Bilder möglich, die hypogenetische Pyelonephritis als Sonderform herauszustellen?

HJELT (Schlußwort): Die Gewebe, die in diesem Zusammenhang besprochen worden sind, sind als Varianten des Normalen aufzufassen. Die Entwicklung des dysplastischen Gewebes ist noch unvollendet, oder es kann auf eine Abstammung von einem unvollendet entwickelten Gewebe zurückgeführt werden. Bei der Untersuchung normaler Kindernieren werden oft als dysplastisch zu betrachtende Strukturen angetroffen, diese werden seltener mit zunehmendem Alter. In pyelonephritischen Nieren werden solche Strukturen viel öfter beobachtet. Die Erklärung für die Tatsache, daß man solche Strukturen nicht bei pyelonephritischen Nieren Erwachsener findet, liegt offensichtlich darin, daß der langdauernde Prozeß diese vernichtet hat.

Was die Verteilung der dysplastischen Strukturen in der Niere betrifft, bekommt man den Eindruck, daß der primitive Glomerulus öfters in der Rindenzone angetroffen wird. Bei den anderen Strukturen kann eine solche Verteilung nicht wahrgenommen werden.

Hinsichtlich des Geschlechtes fanden sich deutliche Unterschiede bei keiner Struktur vor.

Die kleinen cystenartigen Gebilde scheinen mindestens teilweise angeboren und besonders kennzeichnend für die sogenannte Miniaturniere zu sein, wo sie in großen Mengen angetroffen werden.

Das kongenitale nephrotische Syndrom

Von

L. HJELT, Helsinki

Das Vorkommen des nephrotischen Syndroms im ersten Lebensjahr galt früher als eine Seltenheit. Nach FANCONI ist das Vorkommen der Krankheit im Kindesalter in den verschiedenen Altersgruppen folgendermaßen: Sie ist selten im ersten Lebensjahr, wird im Laufe des zweiten häufiger und erreicht ihre maximale Frequenz im 3.—4. Lebensjahr. Auf eine solche Verteilung weist auch das große, 425 Nephrosefälle umfassende Material von BARNETT hin. in dem die Krankheit sich nur in einem einzigen Falle im Laufe des ersten Lebensjahres manifestierte.

Heutzutage haben sich die Auffassungen von der Verteilung der Krankheit auf die verschiedenen Altersstufen jedoch gewandelt. So gehörten z. B. in dem von ARNEIL in Schottland gesammelten Material 27% der Nephrosen des Kindesalters zur Altersgruppe 6—18 Monate. In der pädiatrischen Literatur der letzten zehn Jahre ist immer häufiger eine Störung der Nierenfunktion bei Neugeborenen beschrieben worden, die als infantile Nephrose oder kongenitales nephrotisches Syndrom bezeichnet worden ist. Bis zum Jahre 1957 waren in der Weltliteratur 18 Veröffentlichungen über derartige Fälle erschienen, doch ihre Zahl ist inzwischen noch beträchtlich angewachsen. In der Kinderklinik der Universität Helsinki z. B. gehören etwa 15% aller nach 1947 diagnostizierten Fällen zu dieser Gruppe. In dieser Klinik sind seit dem Jahre 1947 insgesamt 26 Kinder behandelt worden, bei denen die Symptome des Nephrosesyndroms sofort nach der Geburt oder in den ersten Lebenstagen und -wochen festgestellt worden sind (HALLMAN. HJELT, AHVENAINEN, STJERNVALL). Wir haben in diesen Fällen die Krankheit als kongenitales Nephrosesyndrom bezeichnet.

Material

Die Zusammensetzung des Materials sowie das Geschlecht der Patienten und der Zeitpunkt, zu dem die Nephrosesymptome einsetzten, sind aus Tab. 1 zu ersehen. In 14 Fällen wurden die Ödeme unmittelbar nach der Geburt beobachtet. Ferner ist in der Tabelle der Zeitpunkt mit einem Pfeil markiert, an dem die Albuminurie festgestellt wurde, was in sämtlichen Fällen in der ersten untersuchten Harnprobe geschah. Da wir wissen, daß eine Wochen und

Tabelle 1. *Zusammensetzung des Materials und Zeitpunkt des Erscheinens der nephrotischen Symptome*

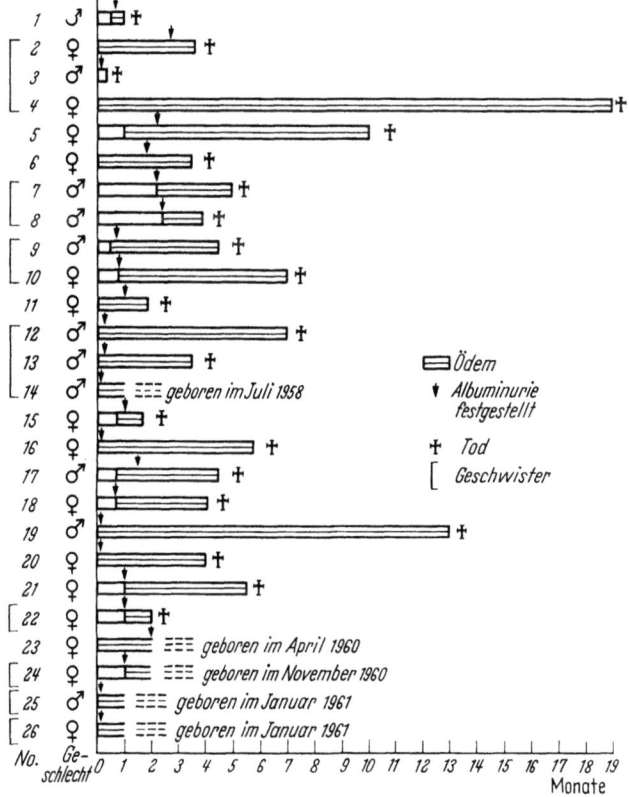

Monate dauernde Proteinurie der Ödembildung vorausgehen kann, dürfen wir annehmen, daß die Kinder, bei denen die Ödeme erst im Alter von etwa 2 Monaten auftraten, möglicherweise eine kongenitale Proteinurie gehabt haben.

Von den 26 zu diesem Material gehörenden Kindern starben 16 im Laufe der ersten Monate, nur 5 lebten länger als 6 Monate.

Von den 4 noch lebenden Kindern ist eines (Fall 14) nunmehr 36 Monate alt; seine Symptome sind die ganze Zeit unverändert geblieben.

Anamnestische Daten

Die Durchsicht der anamnestischen Angaben zeigt, daß unsere an kongenitalem Nephrosesyndrom leidenden Kinder in 8 Fällen eine positive Familienanamnese aufweisen. In den Fällen 22, 24, 25 und 26 wurden die Geschwister in anderen Krankenhäusern behandelt. 36% der Kinder dieser Familien waren nephrotisch; 17% aller Kinder dieser Familien waren außerdem Frühgeburten, was mehr als das Vierfache der normalen Frühgeburtenfrequenz ist.

Die Familien stammten aus verschiedenen Gegenden Finnlands. Verwandtenehen waren in dem Material keine enthalten. Die meisten Familien hatten auch gesunde Kinder. Die einzige Ausnahme war eine Familie mit drei nephrotischen Kindern, in der das einzige, scheinbar gesunde Kind eine Nierenmißbildung hatte.

Eine geschlechtsgebundene Erblichkeit läßt sich in unserem Material nicht nachweisen, denn Knaben und Mädchen sind unter den Kranken in gleicher Weise vertreten, dessenungeachtet, daß in einer Familie alle Knaben krank und die Mädchen gesund waren und in einer anderen Familie wieder umgekehrt.

Die Mütter der kranken Kinder waren im allgemeinen gesund. In 4 Fällen wurde jedoch bei der Mutter eine deutliche Toxämie festgestellt und bei zwei Müttern geringe Ödeme. Mit Ausnahme von fünf wurden alle Nephrosekinder 2—8 Wochen vor dem berechneten Geburtstermin geboren. Das Geburtsgewicht war teilweise aus diesem Grunde niedrig, aber auch die ausgetragenen Kinder hatten ein geringes Gewicht. Bei der Beurteilung des Gewichts müssen die Ödeme in Betracht gezogen werden, die nicht selten schon bei der Geburt vorhanden waren. Der hohe Prozentsatz der Frühgeburten und das relativ niedrige Geburtsgewicht weisen unseres Erachtens darauf hin, daß die Krankheit sich schon in der Fetalzeit entwickelt.

Auch eine große Placenta läßt auf fetale Störungen schließen. In 12 Fällen, in denen uns das Gewicht der Placenta bekannt war, überstieg es das normale Gewicht (500 g) und war auch im Vergleich zum Geburtsgewicht des Kindes groß. Eine Rh-Immunisation konnte bei unseren Patienten nicht nachgewiesen werden, weshalb sie als gewöhnlichste Ursache einer großen Placenta hier außer acht gelassen werden kann.

Klinisches Bild und Symptome

Die folgenden Bilder zeigen typische an kongenitalem nephrotischem Syndrom leidende Kinder. Auf Abb. 1 sieht man einen 12 Tage alten Säugling mit von Ascites aufgetriebenem Bauch. Auf Abb. 2 sehen wir die Beine eines 7 Tage alten Kindes mit starken Ödemen.

Die Symptome waren und blieben im Laufe der Krankheit charakteristisch für das nephrotische Syndrom. In dem Nachfolgenden sind die Symptome und die Laboruntersuchungen angegeben.

Die Ödeme blieben ständig weiterbestehen, auch wenn die Krankheit länger dauerte. Die meisten Kinder hatten im Anfangsstadium Ascites, weshalb nicht selten zur Erleichterung der Situation Parazentesen vorgenommen werden mußten. Der Blutdruck hielt sich in normalen Grenzen. Die Proteinwerte im Serum blieben ständig niedrig und schwankten von 1,6—3 g/100 ml. In der Serumelektrophorese war die Albuminkonzentration niedrig, die Lipoproteine, insbesondere α_2, hoch. Die γ-Globulinwerte waren niedrig.

Im Harn kam während der ganzen Krank-

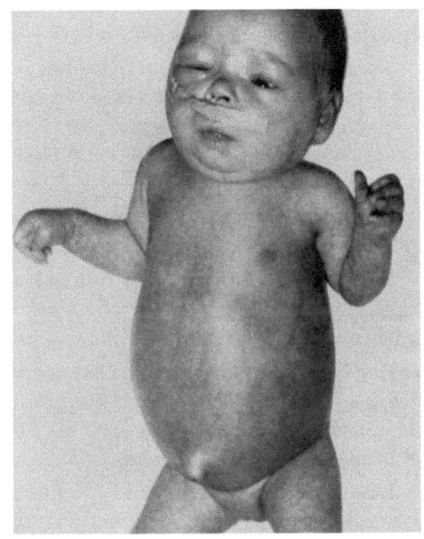

Abb. 1. 12 Tage altes Kind mit kongenitalem nephrotischen Syndrom

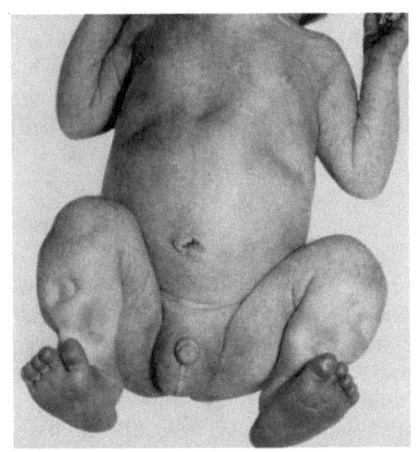

Abb. 2. 7 Tage altes Kind mit kongenitalem nephrotischen Syndrom

heitsdauer Albumin vor, und die Mengen waren in der Regel groß, obschon individuelle Unterschiede wahrzunehmen waren. Die Elektrophorese des Harns ergab den für Nephrose charakteristischen Befund: Hohes Albumin im Vergleich zum Serum, niedriges α_2-Globulin und in sämtlichen Fällen kleine Mengen γ-Globulin. Der Proteingehalt der Ascitesflüssigkeit war 0,1—0,8 g/ml.

Im Harnsediment kamen in den ersten Lebenstagen Erythrocyten vor, die später aber verschwanden. In vielen Fällen nahmen sie jedoch erneut zu, wenn die Krankheit länger fortdauerte. Ferner waren im Sediment vereinzelt Leukocyten, Epithelzellen und Cylinder zu sehen.

Die freien Aminosäuren im Harn sind in 10 Fällen untersucht worden, und der Befund entsprach der Norm.

Der Urea-N war anfangs normal, in der späten Phase wies er Erhöhung auf. Gleichzeitig erschienen im allgemeinen im Harn Erythrocyten.

Der Cholesterolgehalt im Blut wurde in unseren Fällen laufend verfolgt. Im Anfangsstadium konnte er unter 200 mg/100 ml sein, meistenfalls aber doch 200—400 mg/100 ml. Im Laufe der Krankheit wiesen die Werte steigende Tendenz auf.

Länge und Gewicht der Nephrosekinder folgen nicht der Normalkurve, sondern bleiben darunter. Auch die geistige Entwicklung ist meistens langsamer, die Skeletentwicklung zurückgeblieben.

Die Prognose der Krankheit ist schlecht, denn außer dem früher genannten Fall und drei neuen Fällen sind alle gestorben. Die verschiedenen Behandlungsmethoden hatten keinen Erfolg. Behandlung mit ACTH und Cortison kann eine vorübergehende Besserung, aber keine endgültige Heilung herbeiführen.

Spezielle Untersuchungen

Der Fettstoffwechsel wurde bei mehreren Kindern durch intravenöse Verabreichung von 2,5 ml 20%iger Fettemulsion untersucht. Bei den gesunden Kindern waren die normalen Werte nach einer Stunde wiederhergestellt, während der Anstieg bei den Nephrosekindern mehrere Stunden lang anhielt. Je weiter die Krankheit fortschreitet, um so mehr entspricht die Kurve den beim nephrotischen Syndrom der älteren Kinder gesehenen Kurven (Abb. 3). In 4 Fällen wurden mit der OUCHTERLONYs Gel-Diffusions-Probe Antikörper gegen die Niere im Blut der Kinder festgestellt.

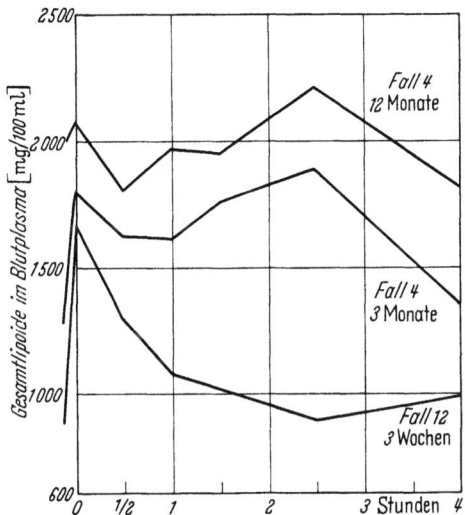

Abb. 3. Gesamtlipoide im Blutplasma nach intravenöser Verabreichung von 2,5 ml 20%-Fett-Emulsion

Pathologische Anatomie

Die Leichen der an der Krankheit gestorbenen 21 Kinder wurden alle obduziert. Todesursache war in allen Fällen eine Infektion, die meistenteils die Atmungsorgane befallen hatte. Charakteristische Befunde waren ferner in allen Fällen Fettleber und Ödeme.

Die Nieren waren makroskopisch verhältnismäßig groß oder normal, niemals klein und cirrhotisch. Die Nierenkapsel war in den länger dauernden Fällen adhärent, in anderen ließ sie sich normal abziehen. Die Schnittflächen der Nieren waren blaß oder gelbbraun.

Das mikroskopische Bild der Nieren variiert je nach der Dauer der Krankheit. Charakteristisch für alle Fälle ist eine cystische Erweiterung der Tubuli, die schon bei schwacher Vergrößerung deutlich zu sehen ist (Abb. 4 und 5). Die Lokalisation der cystischen Gebilde scheint dem proximalen Tubulus zu entsprechen. Das Epithel ist in den dilatierten und auch in den anderen proximalen Tubuli schaumartig und färbt sich eosinophil an. Die histochemische Dehydrogenasefärbung zeigt, daß im Gebiet des dilatierten Tubulus die Enzymtätigkeit in normalen Grenzen ist. Viele proximale Tubuli haben im Innern körniges Material unabhängig davon, ob

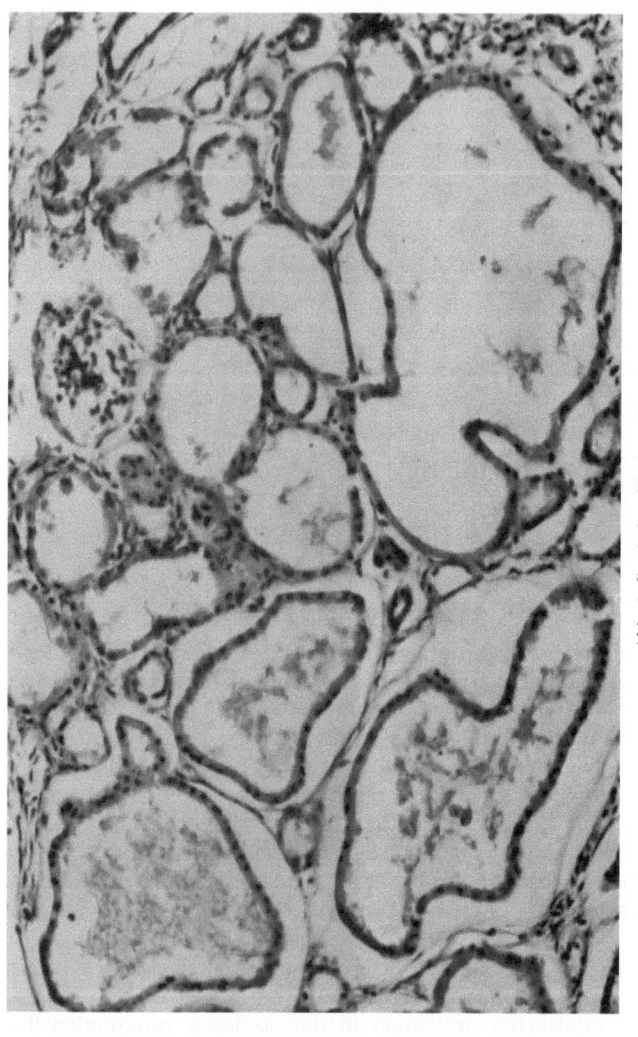

Abb. 4. Cystische, dilatierte Tubuli

sie dilatiert sind oder nicht. Auf dem nächsten Bild sieht man Degeneration und Verfettung des Epithels sowie Fetttröpfchen und hyaline Cylinder in den Tubuli. Die Sammelröhrchen sehen in der

Probe normal aus. In den langfristigen Fällen ist das interstitielle Gewebe peritubulär vermehrt. Arterien und Venen scheinen normale Strukturen zu haben.

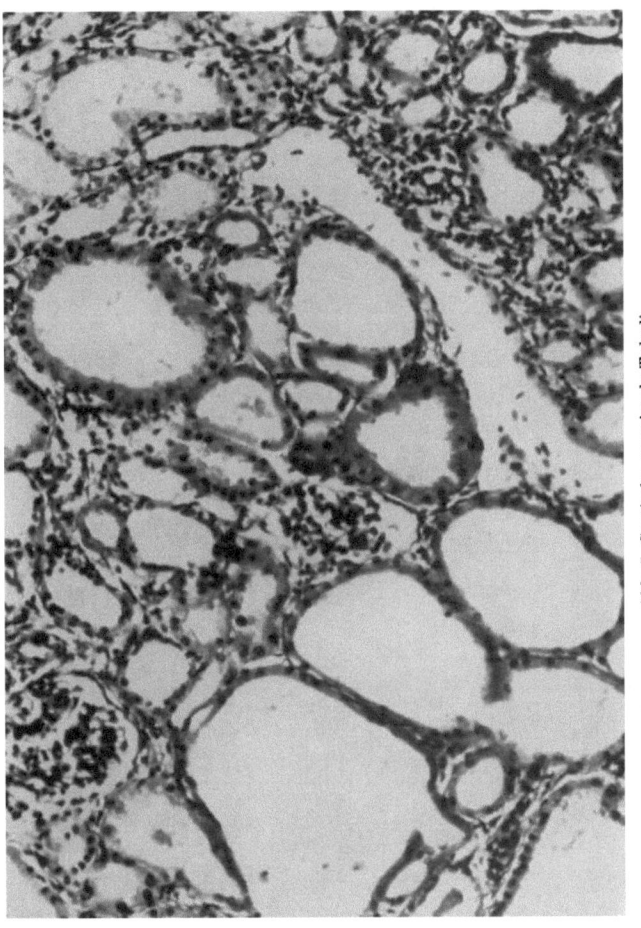

Abb. 5. Cystische, proximale Tubuli

Der Zellenreichtum der Glomeruli ist auffällig. Auch die Basalmembranen sehen verdickt aus. Die Glomeruluscapillaren sind oft dilatiert und mit schaumartigem, positive Fettfärbung ergebendem Material angefüllt (Abb. 6). Das destruktive Wesen der Krankheit tritt später unverkennbar hervor. Das Bindegewebe ist in den

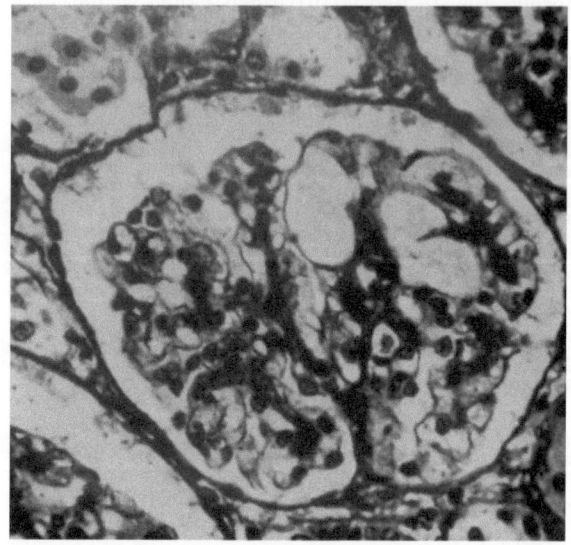

Abb. 6. Dilatierte Glomeruluscapillaren mit schaumartigem Material gefüllt

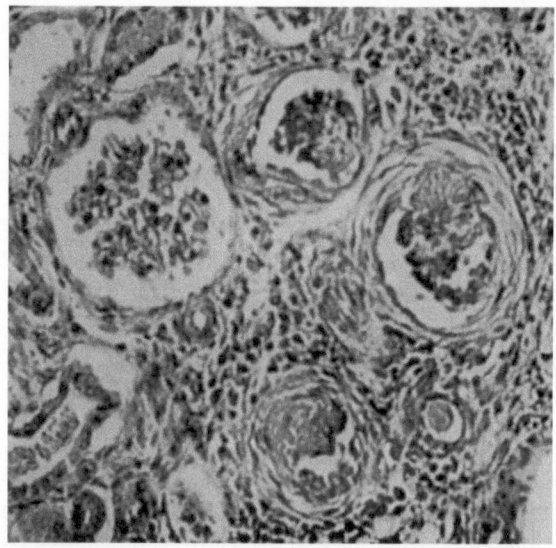

Abb. 7. Verdickte Bowmansche Kapsel und zugrundegegangene Glomeruli

Glomeruli vermehrt, ein Teil ist völlig hyalinisiert. Die Bowmanschen Kapseln sind dick, und an manchen Stellen sieht man halbmondförmige Gebilde (Abb. 7). In diesem Stadium ist die Dilatation der Tubuli deutlich ausgeprägt, aber außerdem sind jetzt noch atrophische Tubuli zu sehen.

In 20 Fällen sind herauspräparierte, isolierte Nephrone untersucht worden (PAATELA). Die Mikrodissektion wurde nach der Technik von DARMADY ausgeführt. In den unregelmäßig geformten Tubuli sind alle Kombinationen zu sehen: Atrophie, Hypertrophie und große Dilatationen. In 14 Fällen ist das obere Ende des proximalen Tubulus am Ausgang vom Glomerulus atrophisch. In allen 20 Fällen sieht man cystische Dilatationen im Bereich des ersten oder zweiten Drittels des proximalen Tubulus (Abb. 8). Abwechselnd mit den dilatierten Gebilden sind atrophische Tubulusteile zu sehen. Das Epithel enthält Fett, dessen Menge im gestreckten Teil des proximalen Tubulus abnimmt. Die Henleschen Schleifen waren in den isolierten Nephronen normal. Das Epithel der distalen Tubuli hatte normale Struktur, doch waren an manchen Stellen

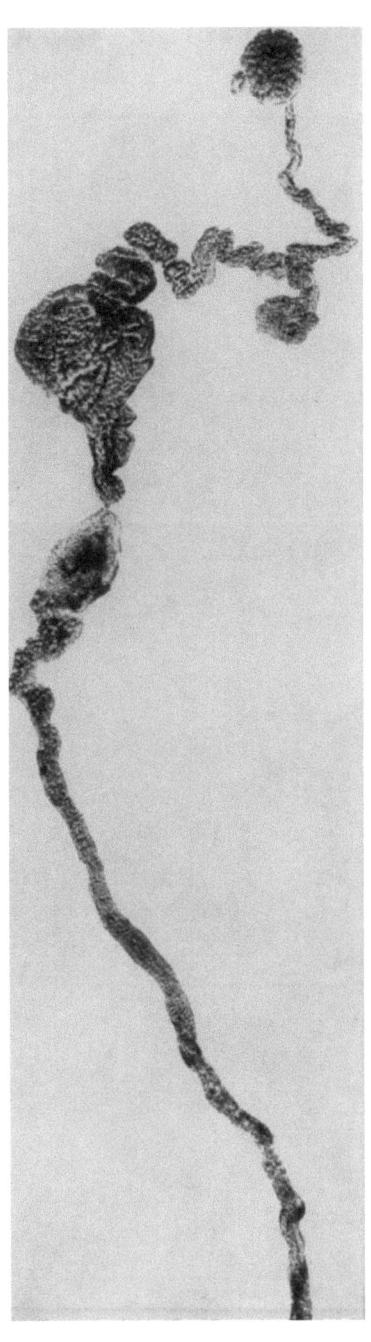

Abb. 8. Cystische Dilatation in einem herauspräparierten proximalen Nephron

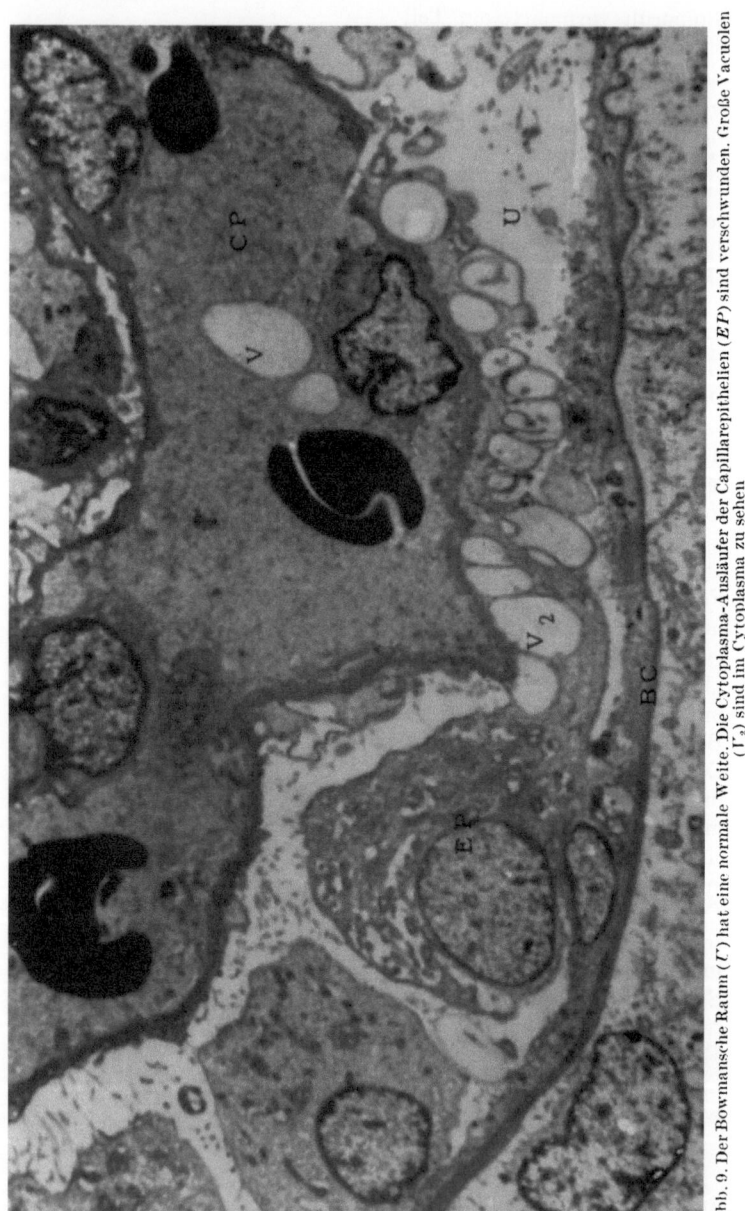

Abb. 9. Der Bowmansche Raum (V) hat eine normale Weite. Die Cytoplasma-Ausläufer der Capillarepithelien (EP) sind verschwunden. Große Vacuolen (V_2) sind im Cytoplasma zu sehen

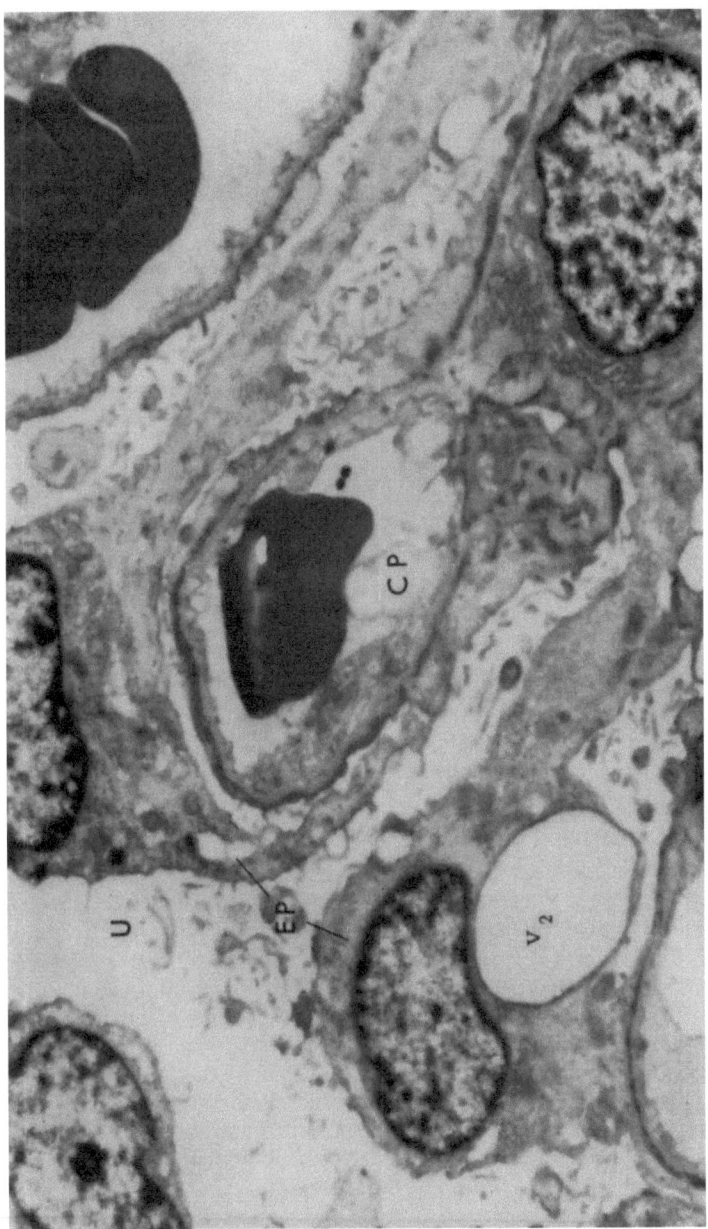

Abb. 10. Das Cytoplasma der Epithelzellen (*EP*) überzieht die Basalmembran als eine ungleichmäßig dicke Schicht

sackartige Erweiterungen zu sehen. Die Sammelröhrchen haben normale Struktur. Über die Struktur der Glomeruli ergeben sich aus dieser Untersuchung keine Einzelheiten.

In 6 Fällen wurden elektronenmikroskopische Untersuchungen durchgeführt (Abb. 9 und 10) (HJELT, STJERNVALL u. HALLMAN). Alle untersuchten Glomeruli wiesen gleichartige Veränderungen auf, die aber in den einzelnen Fällen unterschiedlich stark ausgeprägt waren. Der Bowmansche Raum scheint normale Weite zu haben, was darauf hinweist, daß die Nephronen nicht verstopft sind. Da auch der Druck offenbar normal ist, können die festgestellten Veränderungen nicht durch eine Drucksteigerung bedingt sein. Die primäre morphologische Läsion scheint im Capillarepithel zu liegen. Die Fortsätze der Epithelzellen werden kürzer und verschwinden schließlich, wahrscheinlich so, daß die abgeflachten Fortsätze miteinander verschmelzen. Das Plasma der Epithelzellen überzieht dann die Basalmembran der Capillaren als unterschiedlich dicke Schicht. Die Poren zwischen den Epithelzellen verschwinden. Mit fortschreitendem Prozeß erscheinen im Plasma der Epithelzellen Vacuolen. Das Cytoplasma peripherer Epithelzellen ist an vielen Stellen an der Bowmanschen Kapsel adhärent. In den Basalmembranen sieht man bei längerem Fortdauern der Krankheit degenerative Veränderungen. In den Endothelzellen ist eine ähnliche Vacuolisierung wahrzunehmen wie in den Epithelzellen. Die Vacuolen enthalten Material mit der gleichen Elektronendichte wie das Capillarlumen.

Zusammenfassung

Zusammenfassend läßt sich sagen, daß die Symptome des kongenitalen Nephrosesyndroms bei den von uns untersuchten Kindern in vieler Hinsicht den Symptomen bei erst später auftretendem Krankheitsbild entsprechen. Auffallende Unterschiede sind jedoch das geringe Alter der Kranken, das familiäre Vorkommen, die Resistenz gegen Behandlung und der stets fatale Ausgang der Krankheit.

Das Auftreten der Symptome unmittelbar nach der Geburt, die meistenfalls vorzeitige Geburt und das geringe Geburtsgewicht sowie die außerordentlich große Placenta sprechen dafür, daß die Krankheit sich bereits im Fetalstadium entwickelt.

Unseres Erachtens kann die Krankheit auf Grund der beiden obigen Punkte als ein kongenitaler Defekt gelten, bei dem die primären Veränderungen in den Glomeruli zu finden sind. Die bei der Elektronenmikroskopie festgestellten Veränderungen der Capillarepithelien wären dann die primäre Ursache der Proteinurie.

Die Veränderung ist wahrscheinlich teilweise durch einen gestörten Stoffwechsel der Epithelzellen bedingt, der zur Zerstörung des Filtrationsmechanismus mit zunächst Erweiterung der Poren führt. Die Veränderungen in den Capillarepithelien entsprechen denen bei der Masuginephritis. Da die Mitochondrien der Epithelzellen in beiden Fällen anomal sind, hat es den Anschein, daß die bei unseren Patienten im Blut festgestellten Nieren-Antikörper eine Störung des Zellmetabolismus herbeiführen können, die ihrerseits wieder Ursache für die Proteinurie wäre.

Literatur

ARNEIL, G. C.: Proceedings of the Tenth Annual Conference on the Nephrotic syndrome. p. 249, 1959.
BARNETT, H. L., C. W. FORMAN and H. D. LAUSON: The nephrotic syndrome in children. Advanc. Pediat. 5, 53 (1952).
DARMADY, E. M., and F. STRANACK: Microdissection of the nephron in disease. Brit. med. Bull. 13, 21 (1957).
FANCONI, G., C. KOUSMINE u. W. FRISCHKNECHT: Die konstitutionelle Bereitschaft zum Nephrosesyndrom. Helv. paediat. Acta 6, 199 (1951).
FRIEDRICH, J., A. PRADER u. G. FANCONI: Häufigkeit, Prognose und Behandlung des Nephrosesyndroms. Helv. paediat. Acta 9, 109 (1954).
HALLMAN, N., L. HJELT and E. K. AHVENAINEN: Nephrotic syndrome in newborn and young infants. Ann. paediat. Fenn. 2, 227 (1956). — HALLMAN, N., and L. HJELT: Congenital nephrotic syndrome. J. Pediat. 55, 152 (1959). — HJELT, L., u. N. HALLMAN: Das Nephrosesyndrom bei Neugeborenen. Mschr. Kinderheilk. 106, 190 (1958). — HJELT, L., L. STJERNVALL and N. HALLMAN: Electron microscopical studies of congenital nephrotic syndrome. Ann. paediat. Fenn. 5, 112 (1959).
PAATELA, M.: Renal microdissection studies in congenital nephrotic syndrome. Ann. paediat. Fenn. 7, 155 (1961).
RENNIE, J. B.: The oedematous syndrome of nephritis with special reference of prognose. Quart. J. Med. 16, 21 (1947).

Diskussion

REUBI: Die Symptome und die pathologisch-anatomischen Läsionen der kongenitalen Nephrose unterscheiden sich nicht von der sogenannten lobulären Nephritis des Erwachsenen. Die Ätiologie ist in beiden Fällen unbekannt.

KLINKE: Das Krankheitsbild wird in Deutschland überhaupt so gut wie nicht gesehen. Erstaunlich, daß von französischer Seite eine gute Prognose beschrieben wird. Eine Antigen-Antikörperreaktion ist unwahrscheinlich, da fetale Infektionen meist nicht dazu führen, daß echte Antikörper auftreten, so daß die Annahme von LINNEWEH einer Mutation in der Proteinsynthese wahrscheinlich ist.

Zu REUBI: Die elektronenmikroskopischen Befunde bei dem kongenitalen nephrotischen Syndrom entsprechen völlig denen der erworbenen Form.

HELLER: Ist etwas über den Verlauf früherer oder späterer Schwangerschaften bekannt, da der Anteil an Toxikosen bei den Müttern (30%) doch auffällig hoch ist? Wie groß ist der Anteil alter Erstgebärenden? Bei Toxikosen liegt eine Dysproteinämie vor, wenn auch Sicheres über Paraproteine noch nicht bekannt ist.

HJELT (Schlußwort): Es ist bekannt, daß der histologische Befund bei der kongenitalen Nephrose je nach der Dauer der Krankheit verschieden ist. Ein Teil der Glomeruli kann im Licht-Mikroskop gesehen gleich denen der lobulären Nephritis aussehen. Der elektronenmikroskopische Befund jedoch gleicht dem der Lipoidnephrose. Außerdem werden die der kongenitalen Nephrose typischen Tubulusbefunde nicht bei der lobulären Nephritis vorgefunden. Die Ätiologie beider Krankheiten ist noch nicht endgültig geklärt.

Es ist wirklich erstaunlich, daß die Prognose in den französischen Fällen gut gewesen ist. In unserem Material ist sie, wie Sie eben gesehen haben, immer pessima gewesen. Das gleiche ist der Fall in allen von uns in der Literatur gefundenen Fällen mit Ausnahme eines in Amerika beschriebenen, wo jedoch eine Quecksilbervergiftung eine wesentliche Rolle gespielt hatte. Es handelt sich offensichtlich nicht um dieselbe Krankheit.

Theoretisch kann man annehmen, daß die Mutter Antikörper produziert. Die Permeabilität der pathologisch veränderten Placenta könnte vermehrt sein. Die Annahme, es handle sich um einen immunosatorischen Vorgang, schließt jedoch keineswegs die Möglichkeit der Mitbeteiligung eines genetischen Faktors aus. Es könnte sich um eine Gewebe-Inkompatibilität handeln (analogisch dem Rh-System). Da sowohl die Lipoidnephrose wie die Glomerulonephritis experimentell mit Anti-Nieren-Seren erzeugt werden können, und da bei beiden Krankheiten beim Menschen Nieren-Antikörper vorgefunden worden sind, muß man annehmen, daß Immunisation eine Rolle in dem Zustandekommen der erworbenen Formen spielt. Weil das klinische Bild in der kongenitalen Nephrose dasselbe ist wie in den eben erwähnten Krankheiten, liegt der Gedanke nahe, daß auch die Pathogenese gemeinsame Züge hätte.

Es ist uns nichts Ungewöhnliches bei den Schwangerschaften sowohl vor wie nach derjenigen mit kongenitaler Nephrose des Kindes bekannt. Die Mütter der Patienten waren junge Frauen, und alle waren unter 30 Jahre alt bei der Geburt des ersten nephrotischen Kindes. 25% dieser Geburten waren bei Erstgebärenden, 30% bei der zweiten und 45% bei späteren Schwangerschaften.

Diabetes insipidus renalis

Von

F. LINNEWEH und K.-H. JARAUSCH, Marburg

Der Diabetes insipidus renalis ist eine meist erbliche, tubuläre Nierenerkrankung, die wegen des Unvermögens, einen konzentrierten Urin zu bilden, zu Polyurie, Hyperosmolarität des Serums und Polydipsie führt. Während man anhand der etwa 200 bisher veröffentlichten, teils sporadischen Fälle einen guten Überblick über die Symptomatologie dieser Krankheit gewinnt, ist über ihre Ätiologie und Pathogenese noch wenig bekannt. Hier soll vorwiegend von der erblichen Form die Rede sein.

Nachdem VAN DER VELDEN (50) 1913 erstmalig eine Therapie des Diabetes insipidus mit Hypophysenhinterlappenextrakten beschreibt, mehren sich in der Folgezeit Berichte über Krankheitsfälle, die wenig oder gar nicht auf diese Therapie ansprechen. BIGGART (3) glaubt, daß dies in 5—15% der Gesamtzahl aller Fälle zutrifft. CORNELIA DE LANGE (32) nimmt bereits 1935 an, daß es sich bei diesen Fällen „um eine Minderleistung der Nieren" handeln müsse. Erst in den 40iger Jahren wird das Krankheitsbild des renalen Diabetes insipidus klar umrissen. So veröffentlicht FORSSMAN (21) 1942 Untersuchungen zur Heredität des pitressinresistenten Diabetes insipidus. WARING (51) stellt 1945 die Symptomatologie dieses Krankheitsbildes auf, WILLIAMS (57) schließlich prägt 1947 den Ausdruck „nephrogener Diabetes insipidus". Seitdem sind mehr als 80 Publikationen mit über 200 Fällen veröffentlicht worden. In Deutschland wurde der erste Fall 1955 von uns (35) beobachtet; bis heute übersehen wir 8 Fälle aus 5 Familien, die einem Krankengut von etwa 8000 Aufnahmen innerhalb 5 Jahren entsprechen. Trotz der schon zahlreich bekannten Fälle sind viele Fragen offengeblieben, weil die Untersuchungen der meisten veröffentlichten Fälle lückenhaft sind.

Physiologie

Nach neueren Anschauungen (28, 49, 61) kommt es im proximalen Tubulus durch aktive und passive Mechanismen zu einer isotonen Volumeneinengung des Tubulusinhaltes auf 15—20% des

Glomerulumfiltrates. Der aktive Abstrom von Natriumionen aus dem aufsteigenden Schenkel der Henleschen Schleife und dem distalen Konvolut führt im Haarnadelgegenstromsystem des Nierenmarkes zu einer vorübergehenden Konzentrierung des Schleifeninhaltes und des umgebenden Gewebes. Die von der Nierenrinde zum Nierenmark ansteigende osmotische Konzentration des Nierengewebes (Zellen, Interstitium und Blutcapillaren) ist die Voraussetzung für die passive Rückdiffusion des Wassers

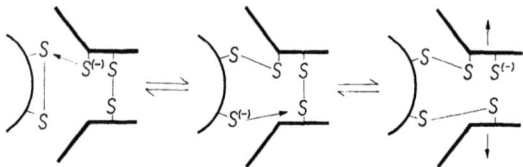

Abb. 1. Schematische Darstellung der Bindung des Vasopressinmoleküls (li.) an das Receptoreiweiß (re.) des Nierentubulus [modifiziert nach FONG et al.: Proc. nat. Acad. Sci. (Wash.) **46**, 1273 (1960)]

aus dem Tubulus- bzw. Sammelrohrinhalt. Die durch das Adiuretin bewirkte Permeabilitätssteigerung für Wasser bestimmt das Ausmaß dieser „fakultativen" Harnkonzentrierung. Im distalen Tubulus findet wahrscheinlich der Austausch von Natrium gegen Kalium statt. Auch in den Sammelrohren wird Natrium rückresorbiert, teils mit Chlor, teils im Austausch gegen H^+, NH_4^+ und K^+.

Das Adiuretin (ADH) ist eine Wirkungskomponente des Hypophysenhinterlappenhormons Vasopressin, ein dem Oxytocin sehr ähnliches Oktapeptid, von dem bisher 2 Formen unterschiedlicher chemischer Konstitution bekannt sind: Das Lysin-Vasopressin, welches beim Schwein, und das Arginin-Vasopressin, welches erstmals beim Rind, später neben vielen anderen Tieren auch beim Menschen gefunden wurde. Das ADH wird in den Nuclei paraventriculares und supraoptici gebildet, gelangt über den Tractus supraoptico-hypophyseus in den Hypophysenhinterlappen, wird dort an ein Trägereiweiß gebunden, welches möglicherweise den β-Globulinen zugehört, und in die Blutbahn abgegeben. Beweiskräftige Untersuchungen über die Lokalisation des Receptors in der Niere fehlen. Das chemisch wirksame Prinzip des Vasopressins sehen SCHWARZ u. Mitarb. (*19, 20, 41, 46, 47*) in der Disulfid-Brücke des Cystinanteiles, die mit den Thio- oder Disulfidgruppen der Receptormoleküle ihrerseits Disulfidbindungen eingeht und möglicherweise auf diesem Wege zu einer Permeationssteigerung für Wasser führt (Abb. 1).

Pathologische Physiologie

In dem Zusammenwirken zwischen dem Hypophysen-Zwischenhirnsystem einerseits und den Nieren andererseits kann es zu folgenden Störungen kommen:

1. Keine oder nicht ausreichende Bildung von ADH im Hypophysenzwischenhirnsystem = Diabetes insipidus centralis oder neurohormonalis.

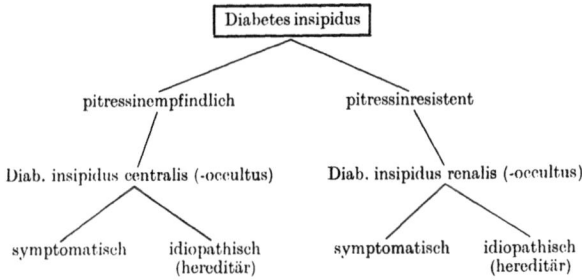

Abb. 2. Die ätiologisch und pathogenetisch verschiedenen Varianten des Diabetes insipidus

2. Normale Bildung und Abgabe von ADH aus dem Hypophysen-Zwischenhirnsystem = Diabetes insipidus renalis. Die unter dem Namen Diabetes insipidus bekannten Krankheitsbilder lassen sich nach folgendem Schema unterteilen (vgl. Abb. 2).

Beim Diabetes insipidus renalis ist die Niere unter normalen Bedingungen nicht in der Lage, einen Urin zu produzieren, der eine höhere Osmolarität als der Primärharn hat. Daraus resultiert eine Hyperosmolarität des extracellulären Raumes, die auf dem Wege über die Osmoreceptoren und das Durstzentrum zu vermehrter Wasseraufnahme durch Trinken führt. Dies setzt voraus, daß die Osmoreceptoren und das Durstzentrum nicht geschädigt sind und der Patient infolgedessen eine genügende Menge Wasser zu sich nimmt. Ist die Wasserzufuhr jedoch aus irgendeinem Grunde nicht ausreichend, wird es zu einer schnellen Verkleinerung des extracellulären Raumes kommen, die durch die Perspiratio insensibilis (bei 37° etwa 600 ml/qm/24 Std) noch verstärkt wird. Ist infolge extremen Wasserverlustes dazu auch noch die Perspiratio insensibilis eingeschränkt, kann es zu einer Verminderung der Wärmeabgabe und zum Durstfieber kommen (beim Verdampfen von 1 l Wasser werden 365 Calorien verbraucht). Die Verkleinerung des Extracellulärraumes und damit des Blutvolumens führt zu einer Freisetzung von Aldosteron, das durch Erhöhung der

Natriumrückresorption in der Niere die Hyperosmolarität des Extracellulärraumes noch verstärkt. Die Aldosteronausscheidung im Urin — bisher ermittelt von GAUTIER und PRADER (23), von uns (35, 36), von WATTIEZ u. Mitarb. (52), von REERINK (42), WIJFFELS (55) und KAPLAN (29) — liegt im Bereich der Norm. Fernerhin führt die extracelluläre Hyperosmolarität zu einer Freisetzung von Wasser aus der Zelle, d. h. zu einer intracellulären Dehydration.

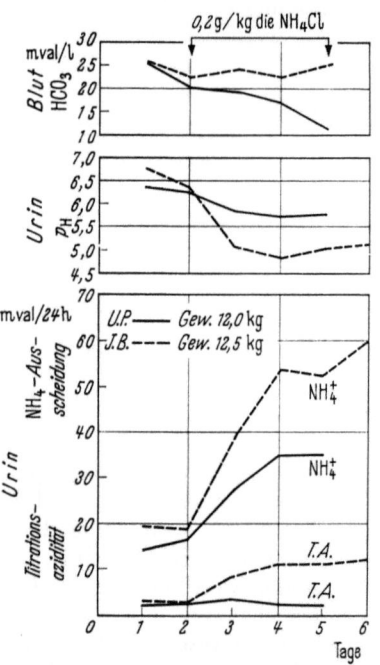

Abb. 3. Ammoniumchloridbelastung (0,2 g/kg/ die) bei zwei Patienten (J. B. u. U. P.) mit hereditärem Diabetes insipidus renalis. Während sich bei J. B. (-----) eine normale Reaktion zeigt, steigen bei U.P.(———) die Titrationsacidität und die NH$_4$-Ausscheidung nicht genügend an. Die Folge ist eine hyperchlorämische Acidose

Obgleich die Alkalireserve im Serum meist normal ist und ein saurer Urin ausgeschieden wird, scheint die Acidogenese in der Niere in einigen Fällen eingeschränkt zu sein [LESTRADET (33), KAPLAN (29)]. Wir fanden bei unseren Patienten teils pathologische, teils normale Reaktionen auf die Ammoniumchloridbelastung (0,2 g/kg/die für 5 Tage) (s. Abb. 3). Es wird zu klären sein, ob es sich bei dieser Störung der Acidogenese um eine der Pitressinresistenz gleichgeordnete Störung handelt oder ob sie lediglich die Folge z. B. der Hyperelektrolytämie ist.

Beim jungen Säugling besteht als Folge einer Unreife des hypothalamisch-hypophysären Systems sowohl eine verminderte ADH-Ausscheidung als auch eine Herabsetzung der Ansprechbarkeit des Nephrons auf exogenes ADH. Die Tatsache, daß der junge Säugling den Urin nur bis etwa 600 mosmol/l zu konzentrieren vermag, hat dazu geführt, von einem ,,physiologischen Diabetes insipidus" zu sprechen. Nach dem Obengesagten handelt es sich um eine Mischform zwischen dem neurohormonalen und dem renalen Diabetes insipidus.

Symptomatologie

In der bereits erwähnten Arbeit von WARING u. Mitarb. (51) werden folgende Symptome genannt: 1. Beginn bald nach der Geburt; 2. unklares Fieber; 3. Obstipation; 4. Erbrechen; 5. Polydipsie und Polyurie, durch Pitressingaben nicht beeinflußbar; 6. Hypernatriämie, Hyperchlorämie; 7. hoher Hautwiderstand; 8. schnelle Dehydration bei ungenügender Flüssigkeitszufuhr; 9. Konzentrierungsschwäche der Niere; 10. familiäres Auftreten; 11. Vorkommen nur beim männlichen Geschlecht (?).

1. Erstmanifestation. Die ersten Symptome (meist Fieber und Erbrechen) werden in der Regel bei der Umstellung der Ernährung von Frauenmilch auf Kuhmilch beobachtet, d. h. zu einem Zeitpunkt, wenn sich bei gleichbleibender Flüssigkeitszufuhr die Menge der osmotisch wirksamen, ausscheidungspflichtigen Substanzen vergrößert. Die Diagnose wird schon bei Frauenmilchernährung gestellt, wenn das Krankheitsbild in der gleichen Familie bereits bekannt oder der Wasserbedarf infolge besonderer Umstände z. B. eines fieberhaften Infektes oder eines Aufenthaltes in tropischen Ländern erhöht ist (45).

2. Unklares Fieber. Intermittierendes Fieber wird bei allen unbehandelten Säuglingen mit Diabetes insipidus renalis gefunden. Es kann Folge sein

a) der Dehydration des Zentralnervensystems,

b) der direkten Wirkung eines oder mehrerer im Extracellulärraum konzentrierter Ionen oder Stoffwechselschlacken auf das Zentralnervensystem,

c) der Verminderung der Perspiratio insensibilis (s. oben).

In der Annahme eines entzündlichen Prozesses wird oft wochenlang ohne Erfolg antibiotisch behandelt.

3. Obstipation. Obstipation als Folge einer Dehydration wird auch bei anderen Zuständen, die mit Wassermangel einhergehen, beobachtet.

4. Erbrechen. Das ebenfalls als Folge des Wassermangels auftretende Erbrechen wird vor allem während des Säuglingsalters beobachtet. Zusammen mit der Dehydration und der Obstipation verleitet es selbst erfahrene Pädiater zu der Fehldiagnose eines Pylorospasmus.

5. Polydipsie und Polyurie. Als Folge der Polyurie kommt es meist zu einer Polydipsie. In Einzelfällen jedoch — wir konnten allein 3 solcher Fälle beobachten — fehlt das Durstgefühl oder ist wenigstens auf einen höheren ,,Sollwert" eingestellt. Während GAUTIER und PRADER (*23*) annehmen, es läge eine Unterentwicklung des Durstzentrums vor, das dann während der Säuglingszeit ausreife, sind wir der Ansicht, daß die Hyperosmolarität zu einer meist reversiblen Schädigung des Durstzentrums führt.

6. Hyperosmolarität. Bei Polyurie, aber unzureichender Flüssigkeitszufuhr muß es zu einer Hyperelektrolytämie kommen. Sie kann erhebliche Werte erreichen. Wir fanden im Plasma Natriumkonzentrationen bis zu 175 mval/l und Chlorkonzentrationen bis zu 130 mval/l bei kaum erhöhten Kaliumwerten.

7. Erhöhter Hautwiderstand. Angaben hierüber finden sich nur bei WARING u. Mitarb. (*51*). Sie wurden bisher in der Literatur nicht bestätigt.

8. Dehydration bei ungenügender Flüssigkeitszufuhr. Fehlt der Durst oder wird eine ausreichende Trinkmenge nicht erreicht, muß es infolge der Konzentrierungsschwäche der Nieren schnell zu einer hypertonen Dehydration kommen. Da, wie erwähnt, das Durstgefühl in der Mehrzahl der Fälle nur während der Säuglingszeit nicht ausreicht, ist auch die Dehydration ein für die ersten Lebensmonate typisches Symptom.

9. Konzentrierungsschwäche der Niere. Die Konzentrierungsschwäche der Niere ist das pathogenetisch wichtigste Symptom des Diabetes insipidus renalis. Trotz der vielen bisher veröffentlichten Fälle ist es nur annäherungsweise möglich, etwas über die der Niere verbliebene Fähigkeit auszusagen, die Harnkonzentration zu ändern; denn mit ganz geringen Ausnahmen liegen bisher nur Zahlenwerte über das spezifische Gewicht des Harns vor, welches u. a. nach WINBERG (*59*) auch in der kindlichen Nierenpathologie nur eine sehr geringe Aussagefähigkeit besitzt. Zudem fehlt bei ausschließlicher Angabe des spezifischen Gewichts die Möglichkeit eines Vergleichs der Harn- und Plasmakonzentration, welcher für die Beurteilung der Konzentrierungsfähigkeit der Niere unerläßlich ist. Außerdem ist zu berücksichtigen, daß die Harnkonzentrierung eine ,,werdende" Funktion ist und daher bei Beurteilung der Nierenleistung auf die dem jeweiligen Alter entsprechenden Normalwerte bezogen werden muß. Nach unseren Erfahrungen liegt bei gut hydrierten Säuglingen mit Diabetes insipidus renalis die Harnkonzentration zwischen 50 und 100 mosmol/l, was einer Tagesausscheidung von 50—150 mosmol entspricht. Nach 12 Std Hungern und Dursten (Abb. 4) wurde von uns bei einem 9 Monate alten Säugling eine Harnkonzentration von 635 mosmol/l bei einer Serumosmolarität von 390 mosmol/l gemessen. Mit anderen Worten:

Nach 12 Std vermochte die Niere die Harnosmolarität auf das 1¹/₂fache der Plasmakonzentration zu steigern. Da bei unserem Patienten ADH nicht wirksam ist, muß in der Niere ein Mechanismus postuliert werden, der eine vom ADH unabhängige Konzentrierung des Urines herbeiführen kann. Bekanntlich bewirkt eine Herabsetzung der Nierendurchblutung infolge Senkung der Glomerulumfiltration eine Urinvolumenverringerung und Urinkonzentrierung [BERLINER und DAVIDSON (2)]. KLEEMAN u. Mitarb. (31) fanden beim Diabetes insipidus centralis nach medikamentöser Senkung des Blutdrucks eine Verringerung des Glomerulumfiltrates sowie eine Antidiurese (Abb. 5). Einen Anhalt für die Größe des Glomerulumfiltrates kann in unserem Versuch die endogene Kreatininclearance geben: Sie ist im Verlaufe des Durstversuches von 80 auf 4 ml/min abgesunken. Ferner ist zu erwarten, daß es im Durstzustand auch zu einer Erhöhung des kolloidosmotischen Druckes des Plasmas kommt. Letztere aber könnte in der Niere die Rückresorption von Wasser fördern.

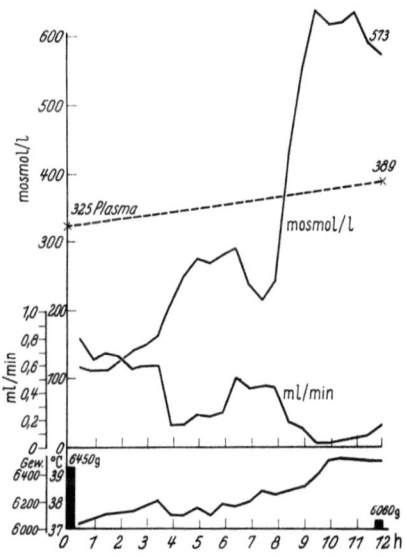

Abb. 4. Durstversuch bei einem 9 Mon. alten Säugling (P. B.) mit Diabetes insipidus renalis. Fast spiegelbildliches Verhalten von Harn-Minutenvolumen und -osmolarität mit einer Konzentrierung bis maximal 635 mosmol/l. Rectaltemperatur bis 39,6° C, Gewichtsverlust während des Versuches 390 g

Im Pitressintest zeigt sich die eingeschränkte oder aufgehobene Empfindlichkeit für ADH (Abb. 6). Voraussetzung für diese Untersuchung ist eine ausreichende und kontinuierliche Flüssigkeitszufuhr (Magendauertropfinfusion). Für den Diabetes insipidus renalis ist pathognomonisch, daß die Normaldosis (wir verwenden Tonephin oder Pitressin) von 0,5 E/qm ohne jeden Einfluß auf die Harnkonzentrierung und meist auch auf das Harnminutenvolumen bleibt. Beim Diabetes insipidus centralis sowie der Polydipsia nervosa wird dagegen der Harn konzentriert und das Harnminutenvolumen verkleinert.

Die Clearances für Inulin, endogenes Kreatinin und PAH werden bei ausreichender Hydrierung normal gefunden. Wie andere

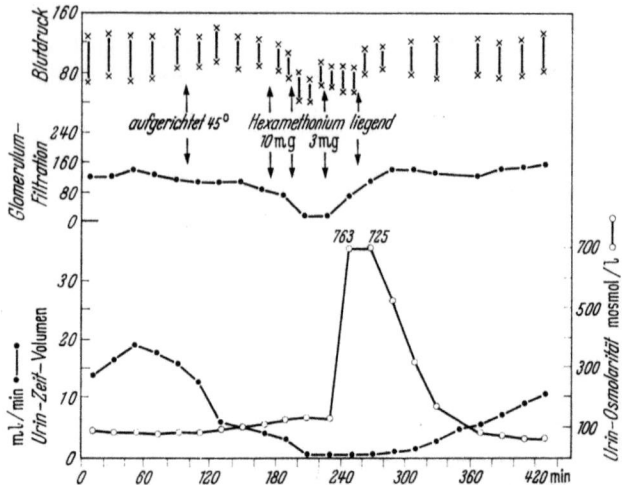

Abb. 5. Erhöhung der Harnkonzentration bei Verringerung der Glomerulumfiltration durch medikamentöse Senkung des Blutdruckes [nach CH. R. KLEEMAN et al.: Proc. Soc. exp. Biol. (N.Y.) **96**, 189 (1957)]

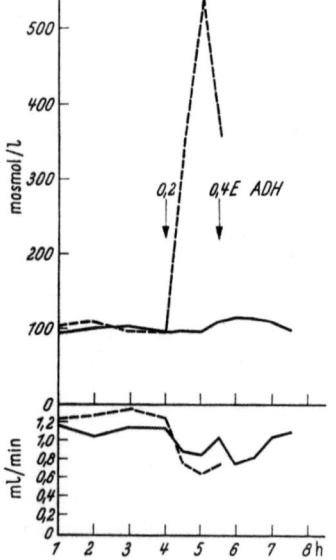

Abb. 6. Pitressintest bei einem 9 Mon. alten Säugling (P. B.) mit Diabetes insipidus renalis (———) und bei gleichaltrigem Vergleichskind (-----). Die Harnosmolarität steigt beim Diabetes insipidus renalis nicht an, das Harnminutenvolumen fällt weniger ab als beim Vergleichskind. (Während des Versuches Hydrierung mit 50 ml/h 5%iger Glucoselösung durch Magentropfinfusion.)

Untersucher (*12*) fanden auch wir als Folge der Polyurie im Ausscheidungsurogramm eine herabgesetzte Kontrastmitteldichte und eine leichte Dilatation der ableitenden Harnwege.

10. Heredität. Der Erbgang des Diabetes insipidus renalis ist noch nicht aufgeklärt. Nach den ersten Beschreibungen dieser Krankheit überwog die Ansicht, es handele sich um ein geschlechtsgebundenes recessives Erbleiden, bei dem — ähnlich der Hämophilie — die Frauen Konduktorinnen seien (*22, 57*). Seitdem wurden jedoch Mütter erkrankter Kinder gefunden, die entweder das Vollbild oder wenigstens eine abgeschwächte Form des Diabetes insipidus renalis zeigten (*6, 9, 11, 30, 35, 44*). Da bisher nur wenige Mütter stoffwechselchemisch untersucht wurden, bleibt unklar, ob es überhaupt gesunde „Konduktorinnen" gibt. Heute neigt man (*44*) mehr zu der Meinung, daß die Krankheit durch ein X-chromosomal gekoppeltes Gen mit unterschiedlicher Expressivität bei den weiblichen Heterozygoten übertragen wird. Hier sind noch weitere Familienuntersuchungen notwendig, um den Erbgang zu klären.

11. Statische und geistige Entwicklung. In der ersten Zusammenstellung der Symptomatologie des Diabetes insipidus renalis von WARING u. Mitarb. (*51*) wird eine geistige und statische Retardierung noch nicht erwähnt. Seitdem ist diese aber in den meisten Fällen, besonders während der Säuglingszeit, beobachtet worden (*4, 14, 23, 24, 30, 37, 38, 54, 57*). Während der körperliche Entwicklungsrückstand fast immer während des Kleinkindesalters aufgeholt wurde (*24*), hat sich die geistige Retardierung in einigen Fällen nicht normalisiert. Bei letzteren scheint es sich besonders um die Fälle zu handeln, bei denen erst spät, während des 2. Lebensjahres, die Diagnose gestellt und eine entsprechende Behandlung eingeleitet wurde.

HILLMAN u. Mitarb. (*27*) sehen in der ständigen Müdigkeit dieser Kinder den hemmenden Faktor für die geistige Entwicklung: Ein Kind, das alle 30 min trinken und alle 45—50 min Harn lassen müsse, werde nachts am Schlaf gehindert und müsse deshalb auch tagsüber schlafen. Es fehle ihm so die Zeit zum Spielen, Hören und Beobachten. Diese Faktoren vermögen nach unserer Ansicht wohl eine geistige Entwicklung zu verzögern, dürften aber nicht zu irreversiblen Defekten führen. Wir glauben vielmehr, daß eine lang anhaltende Hyperosmolarität zu Intelligenzdefekten führen kann, zumal auch neurologische Ausfälle bei Hyperosmolarität beschrieben wurden (*17, 40, 53, 60*).

12. Pathologische Anatomie. Nach unserem bisherigen Wissen handelt es sich beim Diabetes insipidus renalis um ein funktionelles Leiden, das den Mechanismus der Harnkonzentrierung und wohl auch die Acidogenese betrifft. Diese Ansicht wird durch pathologisch-anatomische Befunde gestützt: Bisher liegen 2 Autopsie- (*6, 38*) und 3 Nierenbiopsiebefunde (*15, 18*) vor, die allerdings nur lichtmikroskopisch gewonnen wurden. Hierbei wurden weder an den Tubuli noch an den Sammelrohren Veränderungen gefunden.

Daß jedoch auch umschriebene morphologische Veränderungen zu dem klinischen Bilde eines Diabetes insipidus renalis führen können, zeigten CARONE und EPSTEIN (7) an einem Fall von Nierenamyloidose, bei dem die Amyloidablagerungen im wesentlichen zu einer Verdickung der Basalmembran der Sammelrohrepithelien geführt hatten.

Diagnose und Differentialdiagnose

Die Diagnose des Diabetes insipidus renalis muß erwogen werden, wenn unklares Fieber, Erbrechen und Obstipation auftreten und diesen Symptomen eine hyperosmolare Dehydration zugrunde liegt. Der Verdacht verstärkt sich, wenn derartige Beschwerden in der gleichen Sippe gefunden werden. Bewiesen wird die Diagnose durch den pathologischen Ausfall des Pitressintestes und Nachweis eines normalen endogenen Vasopressinplasmaspiegels. Letzteres wird aber so lange problematisch sein, als es fraglich erscheint, ob mit den zur Zeit bekannten Nachweismethoden überhaupt normale ADH-Plasmaspiegel bestimmt werden können. Vielleicht

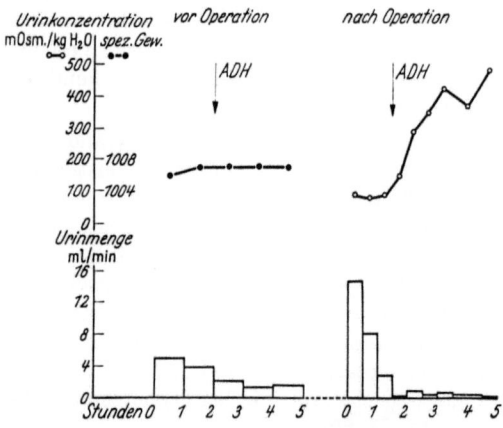

Abb. 7. Pitressintest vor und nach operativer Behandlung einer Blasenhalsstenose [nach J. WINBERG: Acta paediat. (Uppsala) 48 (1959)]

kann der dem Pädiater von der Mucoviscidosis her bekannte Schweißtest (48) durch den Nachweis einer erhöhten Chlorkonzentration im Schweiß zur Klärung der Diagnose beitragen, wenn sich zeigen sollte, daß diese bisher nur bei sehr wenigen Patienten (16, 23, 33) gemachte Beobachtung für alle Fälle von Diabetes insipidus renalis zutrifft.

Differentialdiagnostisch sind folgende Krankheitsbilder auszuschließen: Chronische Pyelonephritis und Nephritis, Hyperaldosteronismus, de Toni-Debré-Fanconi-Syndrom, Cystinose, Lightwood-Albright-Syndrom (idiopathische hyperchlorämische Acidose), idiopathische Hypercalcämie oder Vitamin D-Intoxikation und angeborene Mißbildungen der ableitenden Harnwege mit Harnstauung. Hierzu verdient ein kürzlich von WINBERG (58) veröffentlichter Fall von Blasenhalsstenose Erwähnung, bei dem die Normalisierung des Pitressintestes nach der operativen Beseitigung der Harnabflußstörung eintrat (Abb. 7). Auch nach akuter Dehydration kann es vorübergehend zu einem pitressinresistenten Diabetes insipidus kommen (10). HANKISS beschreibt einen pitressinresistenten Diabetes insipidus, der vermutlich die Folge einer Hemmung oder schnellen Zerstörung des ADH im Organismus war (25).

Therapie

Ziel der Therapie des Diabetes insipidus renalis ist die Beseitigung der Serumhyperosmolarität. Da wegen der eingeschränkten Konzentrierungsfähigkeit der Nieren die osmolare Clearance begrenzt ist, können grundsätzlich zwei Maßnahmen zur Senkung der Serumosmolarität führen:

a) Erhöhung der Flüssigkeitszufuhr, was für die Niere die bei der niedrigen osmolaren Clearance notwendige Vergrößerung des „lösenden Raumes" bedeutet.

b) Einschränkung der Elektrolyt- und Eiweißzufuhr und damit Verringerung der auszuscheidenden „Molenlast".

Tunlichst wird man bei der Therapie des Diabetes insipidus renalis beide Wege beschreiten, jedoch sollte eine zu starke Senkung der Eiweißzufuhr wegen der dann zu erwartenden körperlichen Retardierung vermieden werden.

Im Gegensatz zu den Beobachtungen von GAUTIER und PRADER (23) an einem sporadischen Fall von Diabetes insipidus renalis konnten wir bei allen unseren Fällen durch eine Erhöhung der Flüssigkeitszufuhr die Hyperelektrolytämie beseitigen.

Besondere Schwierigkeiten in der Behandlung bestehen, wenn ein ausreichendes Durstgefühl fehlt. Hier hat sich uns die intragastrale Dauertropfinfusion elektrolytfreier Lösungen bewährt. Die Säuglinge und Kleinkinder gewöhnen sich sehr schnell an diese Maßnahme. Sie gestatten dem Arzt eine gleichmäßige Zufuhr beliebiger Flüssigkeitsmengen und dem Patienten einen ruhigen, ununterbrochenen Schlaf.

LINNEWEH (*35*, *36*) sieht in der Störung des Durstzentrums eine Verstellung des Sollwertes in der Weise, daß dieses sich an eine höhere Osmolarität gewöhnt hat und unter der kontinuierlichen Flüssigkeitszufuhr wieder auf das normale Niveau umgestellt wird. Tatsächlich pflegen die Patienten schon nach wenigen Wochen andauernder Behandlung, während der die Hyperosmolarität allerdings konstant verhütet werden muß, das Durstgefühl zu gewinnen. Diese Beobachtung spricht gegen eine autonome Nachreifung des Durstzentrums.

Einen entscheidenden Fortschritt in der Behandlung des Diabetes insipidus renalis bedeutet die Verwendung der Saluretica. Nachdem 1958 erstmals REERINK (*42*) vor der Niederländischen Kinderärztevereinigung darüber berichtete, haben auch wir bisher 3 Patienten mit gutem Erfolg mit einem Salureticum (Hygroton®- Geigy) behandelt. Die Dosis betrug bei den $1^1/_2$—$2^1/_2$ jährigen Kindern $^1/_4$ Tablette täglich oder alle 2 Tage. Nur bei einem unserer Patienten führte diese Medikation zu einer leichten Hypokaliämie, die orale Kaliumzufuhr notwendig machte. Der auffälligste Erfolg der Hygrotontherapie war die Erniedrigung der Trinkmenge auf ein Drittel bis die Hälfte bei normaler Serumosmolarität. Sehr auffällig war auch die Wirkung bei einem $1^1/_2$ jährigen Patienten, der erst spät in unsere klinische Behandlung gekommen war und trotz längerer Magendauertropfbehandlung noch kein ausreichendes Durstgefühl zeigte: Nach etwa 10 tägiger Hygrotonmedikation trank der Junge ohne Schwierigkeiten die zur Normalisierung seiner Serumosmolarität notwendige Flüssigkeitsmenge. Durch Anwendung von Saluretica kann eine stärkere Einschränkung der Elektrolyt- und Eiweißzufuhr, die immer Gefahren für die Entwicklung des Patienten mit sich bringt, vermieden werden. Aussagen über den Wirkungsmechanismus der Saluretica beim Diabetes insipidus renalis zu machen, ist bisher nicht möglich. Da sich bei unserem Patienten nach kurzzeitiger Gabe von Hygroton das Durstgefühl einstellte, möchten wir annehmen, daß der Angriffspunkt dieser Substanz nicht nur in der Niere liegt. Weitere Untersuchungen sind notwendig, um den Wirkungsmechanismus zu klären.

Die Verwendung von Aldosteronantagonisten (Spirolacton ®- Searle) und Heparinoiden (Präparat Ro 1—8307/50-La Roche AG) führten bei unseren Patienten bisher zu keiner günstigen Beeinflussung des Krankheitsbildes.

Prognose

Angaben über die Letalität dieser Erkrankung lassen sich nicht machen, da besonders in der Säuglingszeit solche Patienten ohne Diagnose sterben. Jenseits des Säuglingsalters, wo meist ein ausreichendes Durstgefühl vorliegt, scheint die Lebenserwartung zu steigen, sie dürfte etwa der des neurohormonalen Diabetes insipidus entsprechen (bisher wurde der Diabetes insipidus renalis bei 15 Erwachsenen beschrieben).

Hochfieberhafte Infekte, operative Eingriffe, Verkehrsunfälle und andere Zustände, die mit einem akut gesteigerten Flüssigkeitsbedarf einhergehen, stellen bei bewußtlosen Patienten lebensbedrohliche Krisen dar. Es erscheint uns daher ratsam, dem Vorschlage LESTRADETs (33) zu folgen und den Patienten eine Identitätskarte auszustellen, auf der auf den Diabetes insipidus renalis und die minimal zuzuführende Wassermenge hingewiesen wird.

Die allgemeine Kenntnis des Krankheitsbildes wird diese Gefahren abwenden helfen, die Frühdiagnose beim jungen Säugling aber und die entsprechende Behandlung die Lebenserwartung grundlegend bessern und nicht zuletzt die geistige Retardierung verhüten.

Literatur

1. AMES, R. G.: Pediatrics 12, 272 (1953).
2. BERLINER, R. W., and D. DAVIDSON: J. clin. Invest. 36, 1416 (1957).
3. BIGGART, S. H.: J. Path. Bact. 44, 305 (1937). — 4. BROER, M. A.: Maandschr. Kindergeneesk. 24, 204 (1956).
5. CAMELIN, A., L. DUTEL et E. REBOUL: J. Urol. méd. chir. 63, 666 (1957). — 6. CANNON, J. F.: Arch. intern. Med. 96, 215 (1955). — 7. CARONE, F. A., and F. H. EPSTEIN: Amer. J. Med. 29, 539 (1960). — 8. CARTER, A. C., and J. ROBBINS: J. clin. Endocr. 7, 753 (1947). — 9. CARTER, A. C., and M. SIMPKISS: Lancet 1956II, 1069. — 10. CHAPTAL, J., R. JEAN, A. CRASTES DE PAULET. L. SIMON et R. GUILLAUMOT: Arch. franç. Pédiat. 14, 599 (1957). — 11. CHILDS, B., and J. B. SIDBURG: Pediatrics 20, 177 (1957). — 12. CHUNG, R. C. H., and L. K. MANTELL: J. Amer. med. Ass. 150, 1307 (1952).
13. DANCIS, J., J. R. BIRMINGHAM and S. H. LESLIE: Amer. J. Dis. Child. 75, 316 (1948).
14. ELLBORG, A., and H. FORSSMAN: Acta paediat. (Uppsala) 44, 209 (1955). — 15. ERAK, P., D. BAIE, Z. FREKOVIE et F. RAIE: 16ᵉ Congr. des pédiatres de langue française. Communications 25, 1957.
16. FANCONI, G.: Riv. Clin. pediat. 36, 708 (1938). — 17. FINBERG, L., and H. E. HARRISON: Pediatrics 16, 1 (1955). — 18. FLAX, L. J., and J. GERSH: Amer. J. Dis. Child. 89, 602 (1955). — 19. FONG, C. T. O., J. L. SCHWARTZ, E. A. POPENOE, L. SILVER and M. A. SCHOESSLER: J. Amer. chem. Soc. 81, 2592 (1959). — 20. FONG, C. T. O., L. SILVER, D. R. CHRISTMAN and J. L. SCHWARTZ: Proc. nat. Acad. Sci. (Wash.) 46, 1273 (1960). — 21. FORSSMAN, H.: Nord. méd. 16, 3211 (1942). — 22. FORSSMAN, H.: Acta med. scand. 1945, Suppl. 159.

23. GAUTIER, E., u. A. PRADER: Helv. paediat. Acta **11**, 45 (1956). —
24. GAUTIER, E., and M. SIMPKISS: Acta paediat. (Uppsala) **46**, 354 (1957).
25. HANKISS, J.: Münch. med. Wschr. **99**, 1418 (1957). — 26. HELLER, H.:
J. Physiol. (Lond.) **102**, 429 (1944). — 27. HILLMAN, D. A., O. NEYZI, P.
PORTER, H. CUSHMAN and N. B. TALBOT: Pediatrics **21**, 430 (1958).
28. JARAUSCH, K. H., u. K. J. ULLRICH: Mschr. Kinderheilk. **106**, 108
(1956).
29. KAPLAN, S. A., A. YUCEOGLU and J. STRAUSS: Amer. J. Dis. Child.
96, 590 (1058). — 30. KIRMAN, B. H., I. A. BLACK, R. H. WILKINSON and
P. R. EVANS: Arch. Dis. Cild. **31**, 59 (1956). — 31. KLEEMAN, C. R., M. H.
MAXWELL and R. ROCKNEY: Proc. Soc. exp. Biol. (N. Y.) **96**, 189 (1957).
32. LANGE, C. DE: Jb. Kinderheilk. **145**, 1 (1935). — 33. LESTRADET, H.:
In A. HOTTINGER u. H. BERGER: Moderne Probleme der Pädiatrie, Bd. VI,
Basel u. New York: S. Karger 1960. — 34. LEVERINGHAUS, H.: Z. klin. Med.
148, 12 (1951). — 35. LINNEWEH, F., E. BUCHBORN u. B. DELBRÜCK: Klin.
Wschr. **35**, 321 (1957). — 36. LINNEWEH, F.: Mschr. Kinderheilk. **106**, 169
(1958). — 37. LUDER, J., and D. BARNETT: Arch. Dis. Child. **29**, 44 (1954). —
38. MCDONALD, W. B.: Pediatrics **15**, 298 (1955).
39. NEIMANN, N., M. PIERSON, G. LASCOMBES et G. GENTIN: Arch.
franç. Pédiat. **14**, 1083 (1957).
40. RAPOPORT, S.: Amer. J. Dis. Child. **74**, 682 (1947). — 41. RASMUSSEN,
H., I. L. SCHWARTZ, M. A. SCHOESSLER and G. HOCHSTER: Proc. nat. Acad.
Sci. (Wash.) **46**, 1278 (1960). — 42. REERINK, H.: Maandschr. Kindergeneesk.
28, 7 (1960). — 43. REUBI, F.: Nierenkrankheiten, Bern und Stuttgart: Hans
Huber 1960. — 44. ROBINSON, M. G., and S. A. KAPLAN: Amer. J. Dis.
Child. **99**, 164 (1960). — 45. ROYER, P., et H. LESTRADET: Zit 28.
46. SCHWARTZ, I. L., H. RASMUSSEN, M. A. SCHOESSLER, L. SILVER and
C. T. O. FONG: Proc. nat. Acad. Sci. (Wash.) **46**, 1288 (1960). — 47. SCHWARTZ,
I. L., H. RASMUSSEN, M. A. SCHOESSLER, C. T. O. FONG and L. SILVER:
J. clin. Invest. **39**, 1026 (1960). — 48. SHWACHMAN, H.: New Engl. J. Med.
255, 999 (1956).
49. ULLRICH, K. J., u. K.-H. JARAUSCH: Pflügers Arch. ges. Physiol. **262**,
537 (1956).
50. VELDEN, R. VAN DEN: Berl. Klin. Wschr. **1913**, 2083.
51. WARING, A. J., L. KAJDI and V. TAPPAN: Amer. J. Dis. Child. **60**,
323 (1945). — 52. WATTIEZ, R., H. LOEB, R. BELLENS u. R. VAN GEFFEL:
Helv. paediat. Acta **12**, 643 (1957). — 53. WEIL, W. B., and W. M. WALLACE:
Pediatrics **17**, 171 (1956). — 54. WEST, I. R., and J. G. KRAMER: Pediatrics
15, 424 (1955). — 55. WIJFFELS, J. C. H. M.: Nephrogene diabetes insipidus;
Leiden: H. E. Stenfert Kroese N. V. 1959. — 56. WILLIAMS, R. H.: J. clin.
Invest. **25**, 937 (1946). — 57. WILLIAMS, R. H., and C. HENRY: Ann. intern.
Med. **27**, 84 (1947). — 58. WINBERG, J.: Acta paediat. (Uppsala) **48**, 149
(1959). — 59. WINBERG, J.: Acta paediat. (Uppsala) **48**, 318 (1959). —
60. WINKLER, A. W., I. R. ELKINTON, L. HOPPER JR. and H. E. HOFF: J.
clin. Invest. **23**, 103 (1944). — 61. WIRZ, H., B. HARGITAY u. W. KUHN:
Helv. physiol. Acta **9**, 196 (1951).
62. YUN-CHEN KAO, M., and M. M. STEINER: Pediatrics **12**, 400 (1953).

Diskussion

BUCHBORN: Eine Unterscheidung des zentralen vom renalen Diabetes
insipidus dadurch, daß letzterer bis zur Isotonie oder gar noch etwas höher
konzentrieren kann, ersterer dagegen nicht, läßt sich nicht aufrechterhalten.
Beide Formen können bei genügender Dauer der Durstperiode unter der ein-

setzenden Exsiccose eine derartige renale Minderdurchblutung und Herabsetzung des Glomerulusfiltrates aufweisen, daß es ähnlich wie in den Versuchen von BERLINER, DE WARDENER und KLEEMANN allein durch die passive Wasserrückdiffusion aus den Sammelrohren in das hypertonische Nierenmark auch ohne ADH-Wirkung zur Harnkonzentrierung kommt.

Die Annahme einer „Sollwertverstellung" des Durstzentrums infolge cerebraler Schädigung durch die chronische Hyperosmolarität als Erklärung für das anfängliche Fehlen eines Durstgefühls wird gestützt durch unsere parallele Beobachtung, wonach die vom Normalen her bekannte Korrelation zwischen Serumosmolarität und ADH-Plasmaspiegel vor Einleitung einer ausreichenden Hydratisierung der Säuglinge gestört ist. Und zwar wird trotz hoher Serumosmolarität vergleichsweise wenig ADH im Plasma gefunden, so daß die Wasserkonservierung über eine hämodynamisch bewirkte Herabsetzung des Glomerulusfiltrates erfolgt. Einige Wochen nach ausreichender Hydratisierung erst entspricht die ADH-Ausschüttung der vom Gesunden her bekannten Korrelation zur Serumosmolarität, so daß sich hier auch von einer Sollwertverstellung der Osmoreceptoren sprechen ließe.

Die Wirkung der Diuretica auf die Polyurie des Diabetes insipidus läßt sich meines Erachtens so erklären, daß die Diuretica durch partielle Blockierung der proximalen und distalen Natriumrückresorption zu einer osmotischen Diurese in jedem Einzelnephron, speziell im distalen Nephron führen. Da die Natriumrückresorption im distalen Nephron die Voraussetzung für die Ausscheidung maximaler Mengen osmotisch freien Wassers im Endharn ist, gestattet ihre partielle Blockierung die Ausscheidung der mineralischen Harnfixa in einem kleineren Lösungsmittelvolumen als bei maximaler Wasserdiurese. Hierdurch wird zugleich die ständig leicht erhöhte Serumosmolarität der Patienten gesenkt und damit ihr Durstgefühl vermindert. Ähnliche Beobachtungen hat man schon früher mit Hg-Diuretica gemacht. Die Chlorothiazidabkömmlinge eignen sich aber deshalb besser für diesen therapeutischen Effekt, weil sie stärker als die Hg-Diuretica und auch die Carboanhydrasehemmer am distalen Tubulus angreifen, also dort, wo beim Diabetes insipidus und bei jeder Wasserdiurese die maximale Verdünnung stattfindet.

REUBI: 1. Worauf beruht das Durstfieber? Ist es dadurch zu erklären, daß infolge Dehydratation eine verminderte Zirkulation zu verminderter Wärmeabgabe führt?

2. Wenn beim nephrogenen Diabetes insipidus die Tubuli auf ADH nicht ansprechen, sollten eigentlich die ADH-Spiegel im Blut erhöht sein.

3. Die meisten Fälle vom sogenannten renalen Diabetes insipidus, die der Internist beobachtet, zeigen schwere organische tubuläre Veränderungen. Solche Fälle können niemals konzentrieren, auch im Durstversuch nicht, und sprechen auf Chlorothiazide nicht an. Wenn nun die von Herrn LINNEWEH und BUCHBORN beschriebenen Fälle nicht nur eine normale Glomerulusfiltration aufweisen, sondern unter Umständen, z. B. im Durstversuch, normale Harnkonzentrationen erreichen, fragt es sich, ob man das Recht hat, von „renalen Störungen" zu sprechen, um so mehr, als diese Fälle, genau wie der echte Diabetes insipidus, auf Chlorothiazide ansprechen.

RODECK: Im Grunde ist jede chronische Nephritis bzw. chronische Pyelonephritis mit Isosthenurie ein „pitressinresistenter Diabetes insipidus".

Zum Durstfieber:

Das Fieber ist in erster Linie auf die verminderte Perspiratio insensibilis zurückzuführen. Bei fehlender Flüssigkeitszufuhr und mangelnder Konzentrierungsfähigkeit der Niere kommt es rasch zur Bluteindickung. Damit ist bei herabgesetzter Umlaufgeschwindigkeit des Blutes eine verminderte

Wasserdampfabgabe in der Lunge verbunden. Die Folge ist ein Wärmestau. Schon das gesunde Neugeborene kann seinen Harn nur ungenügend konzentrieren („physiologischer Diabetes insipidus") — daher auch seine Neigung zum Exsiccosefieber. Der Diabetes-insipidus-Kranke (ob renaler oder zentraler Diabetes insipidus, spielt dabei keine Rolle) ist bei ungenügendem Wasserangebot in der gleichen Lage wie der neugeborene Säugling. Er ist infolge Viscositätssteigerung des Blutes nicht in der Lage, entsprechend der erforderlichen Wärmeabgabe (Wasserdampfabgabe) Verdunstungswärme abzugeben. Die Folge davon ist ein rasch einsetzendes Durstfieber. Wir erleben immer wieder bei exsiccierten Säuglingen nach Auffüllen des Kreislaufes unter einer intravenösen Dauertropfbehandlung, wie geradezu schlagartig mit Beseitigung der Bluteindickung das Durstfieber abfällt. Auch beim Diabetes insipidus-Kranken fällt bei Freigabe des Flüssigkeitskonsums das Durstfieber sehr rasch. Damit möchte ich keineswegs die Fieberwirkung giftiger Stoffwechselprodukte leugnen. Sie ist sogar sehr wahrscheinlich, da auch die glomeruläre Filtration der Niere durch die Bluteindickung schwer in Mitleidenschaft gezogen ist. Häufig zeigt sich als Folge der Durstexsiccose sogar eine Anurie bzw. Oligurie. Die Harnproduktion und damit die Ausscheidung der Stoffwechselschlacken kommt gleichfalls nach Auffüllen des Kreislaufes (Dauertropfinfusion) wieder rasch in Gang.

Zur Frage der geistigen Retardierung bei häufiger Durstexsiccose: Wir wissen heute, daß die Ganglienzellen gegenüber osmotischen Belastungen sehr empfindlich sind. Zu der osmotischen Belastung kommt noch die ebenfalls auf die Bluteindickung zurückzuführende Hypoxie. Es sei zudem noch auf den oft anzutreffenden und paradox anmutenden Befund des Hirnödems bei hochgradiger allgemeiner Exsiccose hingewiesen.

HEINTZ: Vielleicht ergibt sich aus der Beobachtung der Serumosmolarität und der Na-Konzentration eine Erklärungsmöglichkeit für die paradoxe „antidiuretische" Wirkung der Saluretica und anderer Osmodiuretica bei Diabetes insipidus. Man beobachtet unter Saluretica nämlich einen Anstieg der Harnosmolarität durch gesteigerte Na- und Cl-Ausscheidung und Verminderung der Serumosmolarität und Na- und Cl-Konzentration im Serum. Bei unbehandeltem Diabetes insipidus ist dagegen die Serumosmolarität stets übernormal hoch. Dadurch kommt es wahrscheinlich zur Auslösung des Durstmechanismus. Die verstärkte Flüssigkeitsaufnahme ist damit *eine* Voraussetzung für die Polyurie. Die Polyurie wiederum ist selbstverständlich die Ursache des Plasma-Wasserverlustes. Wenn andererseits durch die Minderung der Serumosmolarität nach Saluretica weniger Durstgefühl auftritt und weniger getrunken wird, dann vermindert sich auch die Polyurie. Ich glaube, die von Herrn Prof. LINNEWEH angeführten ADH-Untersuchungen im Plasma muß man mit geziemender Einschränkung erwähnen. Wir beschäftigen uns seit einigen Jahren mit „ADH"-Bestimmungen im Plasma. und jeder, der sich damit befaßt, weiß, daß die ADH-Bestimmung im Plasma eine sehr schwierige biologische Methode ist. Wir wissen nämlich nicht, ob wir tatsächlich ADH bestimmen. Man muß jedenfalls vorsichtig sein, die damit gewonnenen Ergebnisse als unumstößliche Gewißheit hinzunehmen. Wenn die Nieren manchmal, obwohl alle Voraussetzungen eines Diabetes insipidus gegeben sind (Fehlen von ADH, Schädigung der Nierenepithelien). dennoch konzentrieren, so ist das vielleicht nicht nur auf eine Verminderung des Glomerulusfiltrates allein, sondern auch auf den Rückgang der Markdurchblutung zurückzuführen. Jedenfalls muß man diese Faktoren nach den Untersuchungen von KRAMER u. Mitarb. berücksichtigen, wonach eine Verminderung der Markdurchblutung zur Harnkonzentration. eine Steigerung zur Harnverdünnung führen soll.

Diskussion

DROESE: Bei einem von uns (DROESE, STOLLEY, BUCHBORN, RICHTER; Klin. Wschr. **1959**, 918) beobachteten 8jährigen Mädchen betrug die Na-Konzentration im Serum 192, die Chlorkonzentration 144 mäq/l. Diese excessive Hyperosmolarität war infolge isolierter Störung des Durstgefühls bei Zyklopenventrikel im Verlauf von Jahren entstanden. Eine mehrwöchige kontrollierte überreichliche Flüssigkeitsaufnahme besserte zwar die statischen, neurologischen und psychischen Ausfälle und die Hyperosmolarität, beseitigte sie aber nicht. Dieses Kind zeigte, daß die Ausfallserscheinungen Folge der intracellulären Dehydration der Hirnzellen waren. Bestimmungen der Ammoniakausscheidung und der Titrationsacidität im Harn wurden nicht vorgenommen. Die Tatsache aber, daß selbst im stärksten Durstzustand die Alkalireserve im Blut normal blieb, spricht gegen eine Störung der Acidogenese. Auch der Blutdruck war bei der excessiven Hyperosmolarität normal.

Über die Frage des Durstfiebers liegt in der pädiatrischen Literatur eine große Zahl von klinischen Beobachtungen und experimentellen Untersuchungen der beiden Schulen um RIETSCHEL und FINKELSTEIN vor. Aus ihnen geht hervor, daß für Durstfieber mindestens bei Säuglingen sowohl eine Einschränkung der Perspiratio insensibilis als auch Stoffwechselendprodukte verantwortlich sind.

KOCH: Der Ansicht, daß Säuglinge nicht schwitzen können, ist widersprochen worden. Im Saunabad sollen sich junge Säuglinge wie ältere Kinder im Hinblick auf ihre Schweißsekretion verhalten. Wir konnten mit der Pilocarpin-Iontophorese-Technik auch bei 4 Tage alten Säuglingen leicht Schweiß gewinnen.

HEINZ: Ich möchte fragen, ob die dem Diabetes insipidus renalis zugrundeliegende Störung mit Sicherheit an der gleichen Stelle zu suchen ist, an der das ADH angreift. Es gibt nämlich Auffassungen, nach denen das ADH nur die Wasserbewegung im Zusammenhang mit der Na-Rückresorption beeinflußt, wogegen seine Mitwirkung bei der terminalen Eindickung des Urins etwa in den Sammelröhren noch ungewiß ist. Es fragt sich daher, ob nicht bei dem beschriebenen Krankheitsbild die Wirkung des ADH an seinem unmittelbaren Angriffspunkt normal ist, wogegen die eigentliche Störung im Bereich anderer Mechanismen zu suchen ist. Ich denke dabei an die im Zusammenhang mit der Gegenstromhypothese vorgeschlagenen Transportmechanismen. Damit würde sich der Befund erklären, daß bei renalem Diabetes insipidus unter bestimmten Bedingungen isotonischer Harn ausgeschieden wird. Obgleich der genaue Angriffspunkt von ADH noch nicht genau geklärt ist, wäre ich für eine Stellungnahme der Nierenspezialisten zu meiner Frage im Lichte der neuesten Anschauungen der ADH-Wirkung dankbar.

KAUFMANN: Hinsichtlich des Harnkonzentrierungsvermögens von Fällen mit Diabetes insipidus darf auf eine Arbeit von KLEEMANN et al. hingewiesen werden. Diese Autoren fanden, daß bei Abnahme von Nierenplasmastrom und Glomerulusfiltration, die sie durch Applikation von Camphedonium bei 2 Patienten mit Diabetes insipidus (neurohormonalis!) erreichten, eine mit Anstieg der Harnosmolarität einhergehende Antidiurese möglich ist. Hieraus wurde geschlossen, daß auch beim Menschen in Abwesenheit [probable absence (KLEEMANN)] von ADH eine konzentrative Funktion der Nieren möglich ist. Diese Untersuchungen stellen eine Bestätigung der tierexperimentell erhobenen Befunde von BERLINER et al. und DE WARDENER et al. dar.

LINNEWEH (Schlußwort) zu BUCHBORN:

1. Es liegen sowohl experimentelle als auch klinische Befunde vor (BERLINER, DE WARDENER und KLEEMANN), die eine Harnkonzentrierung

in Abwesenheit von ADH bei Verringerung des Glomerulumfiltrates zeigen. Der Mechanismus dieses Vorganges ist unbekannt.

2. Der „Plasma-ADH-Spiegel" kann so lange die Annahme einer „Sollwertverstellung" nicht stützen, als die Brauchbarkeit des Nachweisverfahrens nicht zu beweisen ist (siehe Diskussionsbemerkung von HEINTZ).

Zu REUBI:
1. Der Nachweis einer im Plasma zu erwartenden ADH-Konzentration ist zur Zeit nicht möglich.

2. Die guten Erfolge mit den Saluretica sowohl bei Diabetes insipidus centralis als auch bei Diabetes insipidus renalis sagen nichts über deren Ätiologie aus. Die Tatsache, daß auch organische Tubulusveränderungen die Symptome eines Diabetes insipidus renalis erzeugen, spricht nicht gegen die Annahme funktioneller Defekte (die z. B. die Ersthaftung des ADH am Receptormolekül unmöglich machen).

Zu DROESE: Wie groß ist die „überreichliche" Flüssigkeitszufuhr gewesen? Wir haben keinen Fall von Diabetes insipidus renalis beobachtet, bei dem durch — allerdings auch zwangsweise — Flüssigkeitszufuhr eine Normalisierung der Serumelektrolyte und der Serumosmolarität nicht möglich gewesen wäre.

Kongenitale Tubulopathien

Von

G. STALDER, Basel

Clearance-Untersuchungen zeigen, daß die Tubulusfunktion bei der chronischen Glomerulonephritis oder Pyelonephritis in einem Ausmaß reduziert sein kann, wie man es bei den sogenannten Tubulopathien nur selten antrifft. Man wird aber eine tubuläre Funktionseinschränkung so lange nicht als Tubulopathie bezeichnen, als sie lediglich die ungenügende glomeruläre Filtration kompensiert und damit die drohende azotämische Niereninsuffizienz verhindert. Von einer Tubulopathie spricht man nur dann, wenn die tubuläre Funktionsstörung selber zur Niereninsuffizienz führt, unabhängig davon, ob die Filtratmenge normal oder erniedrigt ist.

Je nachdem eine sekretorische oder eine Rückresorptionsleistung gestört ist, führt die tubuläre Nieren-Insuffizienz zur Retention oder — was viel häufiger vorkommt — zu rücksichtslosem Verlust eines Stoffes im Urin oder zur Erniedrigung seiner Blutkonzentration. Beides kann, ganz besonders für den wachsenden kindlichen Organismus, schwerwiegende Folgen haben. Überdies drohen, falls der im Überschuß ausgeschiedene Stoff schwer löslich ist, Ausfällung und Steinbildung in Nieren und Harnwegen.

Ich möchte Ihnen im folgenden eine kurze Übersicht über die kongenitalen Tubulopathien geben, wobei aber vorausgeschickt werden muß, daß die Mehrzahl dieser Nierenkrankheiten erst im späten Säuglingsalter oder beim Kind in Erscheinung tritt. Eine rechtzeitige und gezielte Behandlung vorausgesetzt, ist ihre Prognose oft günstig. Manchmal kommen sie von selbst zum Stillstand, nur die Minderzahl schreitet allmählich zur globalen Niereninsuffizienz und zur Urämie fort.

Als Beispiel einer kongenitalen Tubulopathie allbekannt ist die *Cystinurie*, welche dank der Cystin-Steinbildung schon 1810, also fast hundert Jahre vor der renalen Glykosurie, entdeckt wurde. Wir wissen heute, daß der homozygote Träger dieser häufigen Erbkrankheit nicht nur Cystin, sondern auch die drei basischen Aminosäuren Lysin, Arginin und Ornithin in großen Mengen im Urin ausscheidet, der Heterozygote dagegen nur Cystin und Lysin in wechselnden, jedoch proportionalen Mengen oder gar nichts. Die tubuläre Rückresorption der 4 strukturchemisch verwandten Aminosäuren ist hochgradig gestört, diejenige des Cystins kann überhaupt fehlen. Die Anomalie beschränkt sich auf diesen spezifischen tubulären Rückresorptionsdefekt. Nur weil das Cystin speziell im konzentrierten und sauren Nachturin ausfällt und deshalb schon im Säuglingsalter Harnwegsteine bilden kann, muß man die Cystinurie überhaupt als Krankheit bezeichnen.

Noch viel häufiger, jedoch völlig harmlos, ist die ebenfalls isolierte *Störung der β-Aminoisobuttersäure-Rückresorption*. Sie wurde in England bei 5% einer gesunden Bevölkerung festgestellt. Hingegen ist die *Glycinurie*, bei der nur etwa $^1/_3$ der filtrierten Glykokollmenge tubulär rückresorbiert wird, eine sehr seltene Erbkrankheit, die möglicherweise dominant und geschlechtsgebunden vererbt wird. Solche isolierten Rückresorptionsdefekte sind schon für eine ganze Reihe von Stoffen beschrieben worden, z. B. für Wasser, Glucose, Phosphat und Xanthin, welches wie das Cystin im sauren Urin ausfällt und Xanthinsteine bildet, sowie neuerdings auch für Natrium und Kalium.

Eine häufige und folgenschwere idiopathische Tubulopathie ist die *hyperchlorämische renale Acidose*, eine Säure-Ausscheidungsstörung der Nieren. Die Pathogenese dieser Krankheit ist, wie Sie wissen, umstritten. Möglicherweise läßt sich die vielseitige Insuffizienz darauf zurückführen, daß das Tubulusepithel nicht fähig ist, die Konzentration der *freien* Wasserstoffionen im Urin wesentlich über diejenige des Blutes zu erhöhen. Leichte Grade dieses Unvermögens führen lediglich zu einer ungenügenden titrierbaren Säure- und Ammoniak-Ausscheidung und damit zu einer mangelhaften renalen Bicarbonat-Regeneration, schwere Grade außerdem zur Bicarbonat-Rückresorptionsstörung und zum Bicarbonat-Verlust im Urin. Die Herabsetzung der Bicarbonatkonzentration im Blut und die Acidose vermögen die Urinansäuerungsstörung teilweise, aber nicht vollständig zu korrigieren. Die Basenbestände des Knochens und der Zellen müssen deshalb zur Neutralisation der überschüssigen Säure herangezogen und im Urin ausgeschieden werden. Die Ursache der Ansäuerungsstörung liegt wahrscheinlich nicht in einem Defekt der renalen Carbonanhydrase. Sowohl die Ansprechbarkeit solcher Nieren auf Carbonanhydrase-Hemmer, als auch der Nachweis einer normalen Enzymaktivität im Nierenbiopsiematerial sprechen dagegen. Auch die angeschuldigte Störung des Citronensäurecyclus konnte histochemisch nicht bestätigt werden. Beiläufig wurde gesagt, daß die niedrige Ammoniakausscheidung bei der renalen Acidose Folge der gestörten Urinansäuerung sei. Tatsächlich ist bei dieser Krankheit das Verhältnis zwischen Urin-p_H und Ammoniakausscheidung sogar zugunsten der letzteren verschoben, so daß in der Regel keine Störung der Ammoniakbildung vorzuliegen scheint. Ausnahmen sind äußerst selten. Bei einem solchen Patienten wurde eine normale Glutaminase-Aktivität nachgewiesen. Wenn man beim gesunden Kind die Amino-Stickstoff-Konzentration im Blut durch eine Aminosol-Infusion erhöht, dann kommt es — neben der Aminoacidurie — zu einem deutlichen Anstieg der Ammoniakausscheidung im Urin. Und da dieser Anstieg vom Urin-p_H weitgehend unabhängig ist, könnte eine Aminosol-Infusion bei der renalen Acidose Auskunft über das Ammoniakbildungsvermögen der Nieren geben.

Klinisch lassen sich zwei, in mancher Hinsicht verschiedene Formen der renalen Acidose, welche immer durch einen neutralen oder nur schwach sauren Urin bei einer hyperchlorämischen Acidose im Blut charakterisiert ist, unterscheiden:

Die *passagere Verlaufsform des Säuglingsalters* tritt selten angeboren, am häufigsten im zweiten Lebenshalbjahr auf und ist nur ausnahmsweise familiär. Sie betrifft überwiegend Knaben, und ihre Prognose ist bei einer rechtzeitigen Alkalibehandlung günstig. Diese kann im allgemeinen nach einem halben Jahr reduziert und dann endgültig abgesetzt werden, ohne daß die Krankheit wiederkehren würde. Die Symptome sind uncharakteristisch: Erbrechen, Obstipation, Gewichtsstillstand und irreführendes Fieber, plötzliche Dehydration und Toxikose, in der der Säugling zugrunde gehen kann. Häufig besteht eine Hypercalcämie, aber sozusagen nie eine Rachitis oder eine Hypokaliämie. Kalkniederschläge im Nierenmark können röntgenologisch als milchglasartige Trübung oder als Fingerabdruck-ähnliche Verschattungen schon einen Monat nach Beginn der Krankheit, meistens erst viel später sichtbar werden. LIGHTWOOD hat diese medulläre Nephrocalcinose erstmals beschrieben, nach ihm wird die passagere infantile renale Acidose benannt. Im Gegensatz dazu tritt die *chronische hyperchlorämische Acidose*, auch Albrightsche Krankheit genannt, erst nach dem Säuglingsalter auf. Sie befällt vorwiegend Mädchen, ist oft familiär und wird dann möglicherweise dominant, mit größerer Penetranz beim weiblichen Geschlecht vererbt. Ihre Prognose hängt weitgehend vom Grad der Nierenschädigung durch Nephrocalcinose und Steinbildung bei Beginn der Behandlung ab, welche hier lebenslänglich weitergeführt werden muß. Im Gegensatz zur infantilen Form sind hier hypophosphatämische Rachitis oder Osteomalacie mit auffälliger Ermüdbarkeit, Knochenschmerzen und Kleinwuchs die Regel. Durst, pitressinresistente Polyurie und evtl. Nierenkoliken weisen auf das erkrankte Organ hin.

Die Ätiologie der renalen Acidosen ist nicht bekannt. Für die infantile Form wurde unter anderem eine verzögerte Reifung der Nierenfunktion verantwortlich gemacht. Es ist aber nicht einzusehen, warum eine solche Unreife nicht vor allem im *ersten* Lebenshalbjahr, wo der Säugling am meisten Säure ausscheiden muß, zur Krankheit führt.

Die diagnostischen Kriterien der *renalen Glykosurie* sind Ihnen bekannt. Diese meistens harmlose Anomalie betrifft vorwiegend das männliche Geschlecht und wird dominant vererbt. Im Kindesalter wird die renale Glykosurie um so eher mit einer diabetischen Stoffwechselstörung verwechselt und als solche behandelt, als sie häufig mit einer Ketonurie einhergeht. Spontanhypoglykämien sind auch beim Kind selten. Ausnahmsweise ist die Glykosurie mit anderen diskreten Störungen kombiniert, mit Erniedrigung des Tm_{PAH}-Wertes, der Aminosäuren- und Phosphatrückresorption, außerdem kann die intestinale Glucoseresorption verlangsamt sein. Wir haben bei einem 11jährigen Patienten mit einer renalen Glykosurie von 6—12 g/Tag, einer renalen Glucoseschwelle unter 80 mg-% und einem Glucose-Tm von 60% der Norm einen hohen Phosphat-Tm-Wert von 286 μMol/min und eine niedrige Harnsäure-Rückresorption von nur 77% der filtrierten Menge gefunden. Maximale PAH-Exkretion, endogene Amino-Stickstoff- und Phosphat-Clearance waren normal, ebenso Filtratmenge und PAH-Clearance.

Definitionsgemäß ist die Nierenschwelle für Glucose bei allen Patienten mit renaler Glykosurie herabgesetzt, hingegen kann die maximale Glucoserückresorption unter Belastung in sehr wechselndem Ausmaß erniedrigt sein. Selten ist sie sogar normal, und man spricht dann von einem renalen Pseudodiabetes. Diese Form der renalen Glykosurie ist durch eine abnorm abgeflachte Glucose-Titrationskurve der Nieren charakterisiert, welche entweder durch eine abnorme Glucose-Transportkinetik oder durch eine starke Heterogeneität der Nephronpopulation einer oder beider Nieren bedingt ist. Im Kindesalter ist der renale Pseudodiabetes nur einmal und in Kombination mit einer komplexen Nierenfunktionsstörung beschrieben worden. Eine dritte Form der renalen Glykosurie sei der Vollständigkeit halber erwähnt: Bei einem Kind wurde eine normoglykämische Glykosurie festgestellt, bei der die tubuläre Glucose-Rückresorption im Verlauf einer intravenösen Glucosebelastung überhaupt sistierte.

Eine Störung der tubulären Phosphat-Rückresorption liegt bekanntlich bei der *genuinen Vitamin D-resistenten Rachitis* oder beim sogenannten Phosphatdiabetes vor. Diese Krankheit wird X-chromosomal und inkomplett dominant vererbt und führt beim hemizygoten männlichen Träger zum vollen Krankheitsbild, d. h. zur hypophosphatämischen Rachitis mit Adynamie, Knochenschmerzen, Extremitätenverbiegungen und Kleinwuchs. Die intestinale Calciumresorption ist wie bei der Mangelrachitis gestört. Im Gegensatz zur Vitamin D-Mangelrachitis des Säuglings beginnt aber die Vitamin D-resistente Rachitis erst am Ende des ersten Lebensjahres und kommt erst am Ende des Wachstumsalters zum Stillstand. Beim heterozygoten weiblichen Träger wird die Krankheit durch das normale Allel abgeschwächt und kann sich unter Umständen sogar nur in einer Hypophosphatämie und in einer tubulären Phosphat-Rückresorptionsstörung manifestieren. Im Hinblick auf diese isoliert, ohne Skeletmiterkrankung auftretende Form des renalen Phosphatdiabetes wird man die Tubulopathie nicht mehr als Ursache der Rachitis ansehen dürfen. Die Tubulopathie überhaupt abzustreiten und die renale Phosphatrückresorptionsstörung z. B. als Folge eines sekundären Hyperparathyreoidismus anzusehen, halten wir indessen für falsch. Es wird geltend gemacht, daß bei der resistenten Rachitis sowohl eine phosphorarme Ernährung als auch eine intravenöse Calciuminfusion die Phosphatschwelle der Nieren wie beim Gesunden erhöht und die Phosphatausscheidung im Urin herabsetzt. Eine solche normale Ansprechbarkeit des Tubulusepithels sei aber mit einer Tubulopathie unvereinbar. Ich darf dem entgegenhalten, daß die Adaptationsfähigkeit der Nierenschwelle bei einer erniedrigten Phosphatkonzentration im Serum noch keine normale Tubulusfunktion bedeutet. Der Defekt tritt eben erst dann zutage, wenn die Serumkonzentration durch eine intravenöse Phosphatinfusion vorübergehend normalisiert oder erhöht wird. Unter solchen Umständen findet man regelmäßig eine deutlich reduzierte Rückresorptionskapazität für Phosphat, und diese ist offenbar für die Hypophosphatämie verantwortlich zu machen. Theoretisch lassen sich die beschriebenen Verhältnisse damit erklären, daß bei der genuinen Vitamin D-resistenten Rachitis die Gesamtmenge des tubulären Phosphat-Transportenzyms erniedrigt ist, daß aber die Affinität dieses Enzyms zu seinem Substrat wie beim Gesunden variieren kann. Die tubuläre Phosphatrückresorptionsstörung und die Hypophosphatämie als Folge einer ungenügenden intestinalen Calciumresorption und eines sekundären Hyperparathyreoidismus anzusehen, halten wir ebenfalls für falsch. Denn erfahrungsgemäß bleiben Tubulopathie und Hypophosphatämie unter einer klinisch wirksamen Behandlung mit hohen Vitamin D-Dosen bestehen, obschon diese die Calciumresorption aus dem Darm normalisiert. Ich darf in diesem Zusammenhang beifügen, daß der sekundäre Hyperparathyreoidismus auch bei der Mangelrachitis im Hinblick auf das folgende Experiment problematisch erscheint (Abb. 1). Sie sehen, daß diese beiden rachitischen Säuglinge ihre Hypophosphatämie und ihre renale Phosphat-Rückresorptionsstörung nach einem

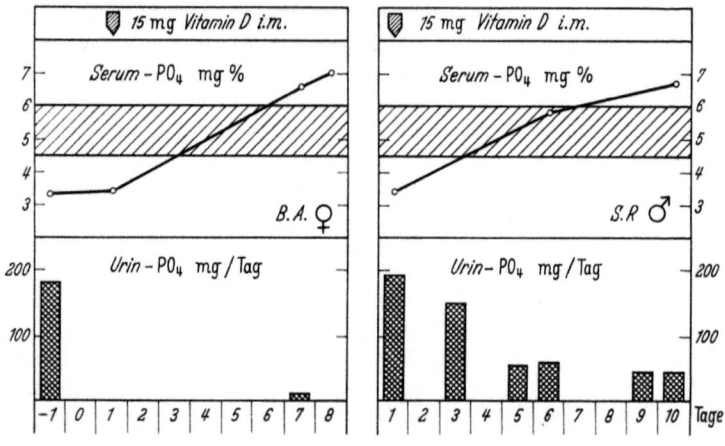

Abb. 1

Vitamin D-Stoß innerhalb einer ganz normalen Zeitspanne normalisiert haben, obschon ihre Nahrung nicht mehr als etwa 5 mg Calcium pro Tag enthielt, das Vitamin D also offensichtlich keinen Einfluß auf die intestinale Calciumresorption haben konnte.

Es sind Tubulopathien beschrieben worden, deren Krankheitsbild demjenigen der genuinen Vitamin D-resistenten Rachitis vollkommen entspricht, bei denen sich die tubuläre Rückresorptionsstörung jedoch nicht auf das anorganische Phosphat beschränkt, sondern zusätzlich die Glucose oder die Aminosäuren oder beide zusammen betrifft. Und schließlich gelangen wir zu derjenigen komplexen idiopathischen Tubulopathie, bei der sich eine renale Acidose, eine pitressinresistente Polyurie und eine Hypokaliämie mit ihren Folgeerscheinungen der Wachstumsstörung, der Rachitis und dem Phosphat-, Glucose- und Aminosäurendiabetes in wechselndem Ausmaß zugesellen. Dieses sogenannte *idiopathische de Toni-Debré-Fanconi-Syndrom* ist Gegenstand eines anderen Vortrages. Sie wissen, daß sowohl bei der infantilen wie bei der Spätform dieser Krankheit eine Verkürzung und Mißbildung der proximalen

Tubuli gefunden wurde. Und übereinstimmend damit haben quantitative Enzymbestimmungen im Nierenbiopsiematerial von drei erwachsenen Patienten eine deutliche Verminderung der Phosphatase- und Milchsäuredehydrogenase-Aktivität ergeben. Aber diese Befunde sind offenbar nicht für alle Erkrankungsformen gültig, denn andererseits wurde bei einem 3jährigen Kind mit allen Symptomen eines de Toni-Debré-Fanconi-Syndroms neben einer erhöhten Filtratmenge ein Glucose-Tm von 200% der Norm und eine normale Rückresorptionskapazität für Aminosäuren unter einer intravenösen Aminosol-Belastung gemessen.

Als *oculo-cerebro-renale Syndrome* wird eine Gruppe von Dysplasien bezeichnet, die mit einer Tubulopathie einhergehen. Die häufigste Form ist das *Lowe-Syndrom*, welches recessiv vererbt wird und hauptsächlich blondhaarige Knaben betrifft. Muskelhypotonie und geistige Entwicklungsstörung, oft Glaukom und Kataraktbildung sowie eine komplexe Tubulopathie kennzeichnen das Krankheitsbild. Wenn eine Rachitis besteht, werden im Urin neben den Aminosäuren noch andere organische Säuren vermehrt ausgeschieden. Auch eine Ammoniakbildungsstörung kommt vor.

Ob man die tubuläre Niereninsuffizienz beim Lowe-Syndrom als primäre Tubulopathie bezeichnen darf oder ob es sich nicht viel mehr um eine renale Miterkrankung bei einer noch unbekannten Stoffwechselstörung handelt, ist ungewiß.

Tatsächlich sind bei vielen angeborenen Stoffwechselkrankheiten solche sekundären Tubulopathien beschrieben worden. Sie manifestieren sich bei der Galaktosämie, Lactosurie und Wilsonschen Krankheit am häufigsten, bei der Progerie und der Hartnupdisease offenbar ausschließlich in einer Aminoacidurie, deren Spektrum bei der Hartnup-disease so typisch ist, daß die Krankheit anhand des Urin-Chromatogramms diagnostiziert werden kann. Die schwerste Form der tubulären Niereninsuffizienz kommt schließlich regelmäßig bei der Cystinose, ausnahmsweise auch bei der Glykogenspeicherkrankheit vor. Die Cystinose ist die häufigste Ursache des de Toni-Debré-Fanconi-Syndroms im Kindesalter. Wider Erwarten ist die Nierenfunktion bei der Hypophosphatasie trotz der extrem erniedrigten Phosphatase-Aktivität im proximalen Tubulusepithel völlig normal. Nur bei einem atypischen Krankheitsbild ohne Skeletveränderungen bestand eine nicht familiäre Glykosurie mit herabgesetztem Glucose-Tm.

Wie soll der Arzt, der mit allen diesen seltenen Krankheiten nicht vertraut ist, eine Tubulopathie erkennen und den Patienten einer rechtzeitigen Behandlung zuführen? Einige allgemeine Hinweise mögen ihm dabei von Nutzen sein. Wachstums- und

Gewichtsstillstand, chronisches Erbrechen und Obstipation, unregelmäßiges Fieber, das unseren Verdacht meistens in eine ganz falsche Richtung lenkt, kurz ein schwerer, unklarer Krankheitszustand, oft mit Dehydratation verbunden, sind die unspezifischen Symptome im Säuglingsalter. Die Diagnose kann mit einfachen Mitteln gesichert werden, sofern man nur daran denkt, daß es sich um eine renale Acidose, einen Diabetes insipidus oder in Gegenwart einer Rachitis um eine Cystinose handeln könnte. Später, im Kindesalter, sind der Zwergwuchs oder die Rachitis mit Verbiegung der Extremitäten, der starke Durst und die Polyurie Leitsymptome der Tubulopathien. Jede Rachitis nach dem ersten Lebensjahr sollte den Verdacht einer genuinen Vitamin D-resistenten Rachitis, einer chronischen renalen Acidose oder eines idiopathischen oder sekundären de Toni-Debré-Fanconi-Syndroms wecken.

Literatur auf Anforderung beim Verfasser.

Diskussion

HÖVELS: Unter Hinweis auf eine eigene Beobachtung wird gefragt, wie die Erfahrungen des Referenten in bezug auf intermediäre Formen der renalen Acidose sind.

STALDER (Schlußwort): Eigene Erfahrungen beschränken sich auf leichte Formen von renaler Acidose, welche im Laufe von generalisierten Tubulusfunktionsstörungen (Cystinose, Schockniere, Nieren-Reticulose) bei älteren Kindern auftraten.

Zur Klinik und Biochemie des de Toni-Debré-Fanconi-Syndroms

Von

A. ROSENKRANZ, Wien

Das de Toni-Debré-Fanconi-Syndrom — in der angloamerikanischen Literatur kurz auch Fanconi-Syndrom bezeichnet — kann in die Gruppe der vorwiegend tubulär bedingten Nephropathien eingereiht werden, wobei die Nierenveränderungen meist im Rahmen von komplexen Stoffwechselanomalien auftreten. In der Mehrzahl der Fälle handelt es sich dabei um angeborene Störungen des Stoffwechsels — sogenannte inborn errors of metabolism —, die eben unter anderen Organveränderungen auch zu tubulären Nierenaffektionen Anlaß geben. Das klinische Bild ist durch Gedeih- und Wachstumsstörungen, Durst, Polyurie, Erbrechen, Obstipation, gelegentlich Fieberschübe und eine nicht hypovitaminotisch bedingte Rachitis charakterisiert, biochemisch bestehen vor allem eine renale Aminoacidurie, Glykosurie, Hyperphosphaturie sowie serumchemisch eine Acidose.

Abgesehen von angeborenen Ursachen eines Fanconi-Syndroms wie Cystinose, Galaktosämie, hereditäre Koproporphyrie, Morbus Wilson oder Gierke kann ein solches Leiden seltener auch im Rahmen von verschiedenen Intoxikationen und anderen Grundkrankheiten zur Beobachtung kommen (*1, 2, 3, 4, 5*).

Zum Unterschied von diesen vielfältigen Stoffwechselstörungen, die nicht immer zum vollen Symptomenkomplex führen müssen, kann ein solches Fanconi-Syndrom auch ohne manifeste Grundkrankheit vorliegen und somit als idiopathische, primär renale Anomalie aufgefaßt und als eine progressive Nierenschädigung mit tubuloglomerulärer Funktionsbeeinträchtigung ("Imbalance") unsicherer Genese umrissen werden. Anatomische und physiologische Untersuchungen erlauben nämlich die prinzipielle Störung des de Toni-Debré-Fanconi-Syndroms in den proximalen Tubulus zu lokalisieren. Einerseits konnten bei dieser Nephropathie anhand von Mikrodissektionen manchmal schwanenhalsartige Veränderungen des proximalen Tubulus (*6*) sowie bei fermentchemischen

Untersuchungen gerade in diesem Bereich des Nephrons eine Verminderung der alkalischen Phosphatase nachgewiesen werden (7), und andererseits liegt bei diesem Syndrom eine Störung der im proximalen Tubulus vor sich gehenden Rückresorption von Glucose, Aminosäuren und Phosphat — gelegentlich auch von Kalium — vor.

Im folgenden sollen eigene Studien an einem seit vier Jahren in unserer Betreuung befindlichen Fall eines sogenannten reinen, also idiopathischen Fanconi-Syndroms zur klinischen und biochemischen Symptomatik dieser an sich seltenen, eigenartigen Nephropathie beitragen. Dabei wird im besonderen die oft recht schwierige Problematik der Abgrenzung gegenüber andersartigen tubulären Nephropathien sowie der Interpretation einzelner Befunde aufgezeigt und schließlich auf die Möglichkeiten und Grenzen einer gewissen therapeutischen Beeinflußbarkeit hingewiesen werden.

Im Februar 1957 kam ein damals knapp 3jähriger Knabe wegen starken Durstgefühls, Polyurie sowie Anorexie, Müdigkeit und Schwächezuständen zur Aufnahme an die Wiener Univ.-Kinderklinik. Wegen der Polydipsie wurde in einem auswärtigen Krankenhaus die Urinuntersuchung auf Zucker durchgeführt, und da diese eine eindeutige Glykosurie ergab, dort eine Diabetesdiät empfohlen. Bemerkenswert in der Anamnese erscheint noch die Angabe über eine Harnwegsinfektion im ersten Lebensjahr, eine schon damals festgestellte Rachitis und eine Verzögerung der statischen und Längenentwicklung.

Bei der Aufnahmeuntersuchung fand sich ein stark dystropher, 18 cm zu kleiner, appetitloser Knabe, der typische rachitische Veränderungen und Deformitäten — vor allem im Sinne von starken O-Beinen — aufwies.

Röntgenologisch bestanden am Skelet die Zeichen einer schweren, floriden, rachitischen Ossifikationsstörung.

Bei der Harnuntersuchung konnte eine konstante Glykosurie und Proteinurie sowie eine deutlich positive Sulkowitch-Reaktion festgestellt werden. Die quantitativen Bestimmungen ergaben eine starke Vermehrung der renalen Ausscheidung von Phosphat und Aminosäuren sowie eine hochnormale bis vermehrte Exkretion von Calcium im Urin. Papierchromatographisch wurde eine massive Ausscheidung von Aminosäuren pathologischen Musters nachgewiesen.

Im Serum bestand anfänglich eine mit Hyperchlorämie einhergehende, späterhin konstant organische Acidose sowie eine ausgeprägte Hypophosphatämie bei stark erhöhter alkalischer Phosphatase. Die endogene Phosphatclearance war stets erhöht. Durch die biochemischen Befunde, wie normaler Blutzuckerspiegel, normaler Wert des Serum-Aminosäuren-N_2 und Hypophosphatämie, konnten die Glykosurie, Aminoacidurie und Hyperphosphaturie durch Rückresorptionsstörung bedingt interpretiert werden. Diese biochemischen Befunde und die mit Rachitis vergesellschaftete Wachstumsstörung gestatteten im Verein mit der bereits erwähnten klinischen Symptomatik die Diagnose eines de Toni-Debré-Fanconi-Syndroms. Da keine auslösende Stoffwechselanomalie nachgewiesen und insbesondere keine Einlagerungen fremdartigen Materials im Knochenmark sowie bei der ophthalmologischen Untersuchung festgestellt werden konnten, läßt sich dieser Fall als ein reines, primäres Fanconi-Syndrom klassifizieren.

Die in solchen Fällen recht interessante Nierenfunktionsdiagnostik ergab zum Zeitpunkt der Aufnahme in die Klinik — abgesehen von einem normalen Rest-N-Wert — einen normalen Konzentrationsversuch sowie eine normale endogene Kreatinin- und Inulinclearance. Der Befund einer verminderten Phenolrotausscheidung erhärtet die vorhin begründete Annahme einer Beeinträchtigung der Funktion im proximalen Tubulus. Untersuchungen der renalen Elektrolytausscheidung mit Hilfe des Harnionogramms zeigten einen normalen Tag-Nacht-Rhythmus sowie ein im wesentlichen übliches Ergebnis bei Ansäuerung, Alkalisierung und Acetazolamidverabreichung. Da bei diesen Prüfungen ein normales Resultat nur bei intakten Regulationsmechanismen des distalen Tubulusapparates möglich ist (8) und insbesondere auch keine ausgesprochene Anacidogenese bestand, konnte mit klinischer Sicherheit die tubuläre Störung auf den proximalen Tubulus eingeengt werden. Somit war trotz Vorliegens einer anfänglich hyperchlorämischen Acidose und einer eher hohen Calciumausscheidung im Urin kein Anhaltspunkt für die Kombination eines Fanconi-Syndroms mit einem Syndrom nach LIGHTWOOD-ALBRIGHT, wie dies gelegentlich beschrieben wird (9).

Da die quantitative Ausscheidung von Ammonium sich im Normbereich bewegte und durch Ammonchloridverabreichung stark gesteigert werden konnte, schien auch der Ausschluß einer gröberen Störung der Ammoniogenese berechtigt. Allerdings betrug die absolute Ausscheidung von NH_4 in unserem Fall 59 mäq pro Tag, bezogen auf Normalkörperoberfläche, und die der Titrationsacidität (TA) 44 mäq pro Tag, ebenfalls auf Körperoberfläche berechnet. Da für eine etwa gleich große Acidose von 14 mäq/l in der Literatur 70—150 mäq NH_4 pro Tag und bis 200 mäq Titrationsacidität pro Tag als Normalwerte gelten (10), muß doch eine — allerdings nur relative, weil zur Acidose in Beziehung gesetzte —

Einschränkung der Ammoniogenese und Acidogenese angenommen werden. Ein solcher Mechanismus könnte theoretisch durch eine, wieder zur Acidose in Relation gesetzte und somit nur relativ verminderte Rückresorption von Bicarbonat im proximalen Tubulus in Gang gesetzt werden. Durch das vermehrte Angebot von Bicarbonat für den distalen Tubulus kann dann weiterhin eine Beeinträchtigung der dort vor sich gehenden Ionenaustauschvorgänge erfolgen. Damit läßt sich dieser Mechanismus aber mit der verminderten Rückresorption von Bicarbonat durch erhöhtes Plasma-Bicarbonat bei normaler Tubulusfunktion vergleichen, woraus wieder eine herabgesetzte NH_4- und TA-Ausscheidung resultiert.

Da kein Verlust an fixen Basen beobachtet werden konnte und ein solcher von Bicarbonat höchstens relativ vorhanden war, könnte die Genese der Acidose — allerdings nur teilweise — unter dem Blickpunkt einer relativen Verminderung der Acido- und Ammoniogenese gedeutet werden. Das Vorliegen einer nicht näher definierbaren Acidose beim Fanconi-Syndrom wird auch von HUNGERLAND erwähnt (11), wobei prinzipiell ursächlich auch eine Vermehrung der Ketonkörper mit im Spiele sein kann.

Therapeutisch wurde zuerst nur ein alkalisches Mischpulver in Dosen von 6—20 g täglich verabreicht, wodurch aber nach 6 wöchentlicher Behandlungsdauer keine Wirkung hinsichtlich der Rachitis und der Acidose erreicht werden konnte. Erst die fortgesetzte Behandlung mit Dihydrotachysterin bzw. Vitamin D in einer durchschnittlichen Dosierung von 1 mg pro Tag oder jeden 2. Tag erbrachte eine eindeutige Besserung der Acidose sowie der Röntgenbefunde der Rachitis und einen Rückgang des Wertes der alkalischen Phosphatase. Jedoch trat während dieses Zeitraumes eine Hyposthenurie ein, und vier Monate nach Behandlungsbeginn konnte röntgenologisch ein reiskorngroßer Kalkschatten in der rechten Nierengegend festgestellt werden, weswegen diese Verabreichung vorübergehend reduziert bzw. unterbrochen werden mußte.

Insgesamt wurde diese Therapie über drei Jahre durchgeführt und ergab am Ende dieses Beobachtungszeitraumes folgendes prinzipielles Resultat. Anorexie, Durst und Dystrophie des Kindes blieben unbeeinflußt; die durchschnittlichen 24-Stunden-Harnmengen wurden größer als vor Einleitung der Behandlung. Die Wachstumskurve zeigt, daß das Längendefizit stärker wurde, wenngleich auch absolut eine Wachstumszunahme auftrat. Während also insgesamt durch die erwähnte Therapie keine wesentliche Beeinflussung des klinischen Bildes eintrat, ergaben die Röntgenuntersuchungen eine weitgehende Reparation der schweren rachitischen Veränderungen.

Biochemisch konnte eine Normalisierung der Serumwerte von alkalischer Phosphatase und der Alkalireserve festgestellt werden, jedoch blieb die Hypophosphatämie trotz der röntgenologischen Heilung der Rachitis mehr oder weniger unbeeinflußt. Da in dieser Hinsicht ein gleiches Verhalten wie bei der Vitamin D-Behandlung der resistenten Rachitis besteht, erscheint die Annahme eines ähnlichen pathogenetischen Mechanismus für diesen Fall eines Fanconi-Syndroms naheliegend. Auch in einer Beobachtungsserie von WORTHEN und GOOD (10) wird bei zwei Fällen von Fanconi-Syndrom eine Behebung der Acidose und der röntgenologischen Rachitisbefunde durch Vitamin D geschildert.

Das Ausbleiben einer Beeinflussung der Hyperaminoacidurie, Hyperphosphaturie und Glucosurie läßt eine Besserung der diesem Syndrom prinzipiell zugrunde liegenden Rückresorptionsstörungen ablehnen. Der in der Literatur mitunter durch Vitamin D erzielte Rückgang der endogenen Phosphatclearance, der Glucoseexkretion sowie der α-Amino-N_2-Clearance und der Bicarbonatausscheidung scheint in der Mehrzahl der Fälle in erster Linie durch eine Verminderung der glomerulären Filtration und weniger durch eine Besserung der Rückresorption bedingt zu sein, da in solchen Fällen auch eine eindeutige Einschränkung der vorher normalen Inulinclearance beobachtet werden konnte (10).

Die Untersuchungen der renalen Elektrolytausscheidung im tageszeitlichen Rhythmus, nach Ansäuerung und Alkalisierung, ergaben bei Beurteilung der Gesamtregulationen ebenso wie die Bestimmung des Rest-N auch am Ende des bisherigen Behandlungszeitraumes einen normalen Befund.

Überblickt man die geschilderten klinischen und biochemischen Befunde, ergibt sich die eindeutige Diagnose eines sogenannten reinen Fanconi-Syndroms, von dem uns einige Besonderheiten — auch im Hinblick auf die therapeutische Beeinflussung — noch einer zusammenfassenden Diskussion besonders bemerkenswert erscheinen.

1. Das Vorliegen der hyperchlorämischen Acidose und die vermehrte renale Calciumexkretion können beim de Toni-Debré-Fanconi-Syndrom Hinweise auf eine Kombinationsform mit dem distal tubulär lokalisierten Lightwood-Albright-Syndrom darstellen.

Da im besprochenen Fall keine ausgesprochene Anacidogenese bestand, kein Verlust an fixen Basen und Bicarbonat im Harn nachweisbar war und die durch renale Elektrolytstudien untersuchten Regulationsmechanismen des distalen Tubulus normal abliefen, konnte ein Übergang oder eine Kombination mit einem

Lightwood-Albright-Syndrom ausgeschlossen werden. Diese Annahme wurde durch die therapeutischen Ergebnisse erhärtet, da die Alkaligaben weder zu einer Normalisierung der Acidose noch zur Abheilung der Rachitis führten, sondern beides erst durch zusätzliche Verabreichung von Vitamin D bzw. Dihydrotachysterin eintrat.

2. Die Acidose läßt sich im geschilderten Fall weder durch Basen- bzw. Bicarbonatverlust noch durch eine schwere Störung der Acido- oder Ammoniogenese erklären. Die erwähnte, zur Acidose in Relation gesetzte und somit nur relative Verminderung der NH_4- und TA-Exkretion könnte wohl bei der Ausbildung einer solchen mitbeteiligt sein. Die Möglichkeit eines weiteren, nicht näher geklärten, dieser Acidose zugrunde liegenden pathogenetischen Mechanismus muß jedoch ebenso wie der Vorgang ihrer Beeinflussung unter Vitamin D offenbleiben.

3. In Übereinstimmung mit dem Fehlen eines renalen Kaliumverlustes fand sich auch ein normaler Blutkaliumspiegel. Da nach der derzeitigen Ansicht die Kaliumrückresorption ebenfalls im proximalen Tubulus vor sich geht (*12, 13*), kann bei diesem Fall eines Fanconi-Syndroms nicht eine komplette Störung sämtlicher Funktionen des proximalen Tubulus, sondern nur eine selektive Beeinträchtigung einzelner Partialfunktionen vorliegen.

4. Das erzielte Behandlungsresultat durch Vitamin D und Alkaliverabreichung weist weitgehende Parallelen zum therapeutischen Ergebnis bei der sogenannten resistenten Rachitis auf.

Auch bei diesem Leiden kann nämlich eine Abheilung der Rachitis und eine Normalisierung der alkalischen Phosphatase ohne Änderung der Hypophosphatämie eintreten. In gleicher Weise kann das Ergebnis des Einbauversuches von P_{32} bei Verwendung von Erythrocytenhämolysat gedeutet werden. Ebenso wie dies HOFMANN-CREDNER, RUPP und SWOBODA (*14*) bei der resistenten Rachitis beschrieben, bestand vor der Behandlung ein niedriger Einbau von markiertem Phosphor in das Adenosintriphosphat im Vergleich zu dem in das Kreatinphosphat und eine Normalisierung dieses Verhaltens während der Therapie.

5. Auch dieser Fall beweist die Tatsache, daß das Risiko einer Vitamin D-Dauertherapie bei einem Fanconi-Syndrom hinsichtlich des Auftretens einer Nephrocalcinose bzw. einer sekundären Nierenschädigung höher zu veranschlagen sein wird, als dies im allgemeinen bei der resistenten Rachitis der Fall ist (*15*). Dies läßt sich auch damit begründen, daß die Calciumausscheidung bei der resistenten Rachitis schon a priori geringer ist als bei einem Fanconi-Syndrom, bei dem manchmal sogar schon vor der Behandlung

eine erhöhte renale Calciumausscheidung nachgewiesen werden kann, die dann durch die Vitamin D-Dauerverabreichung noch weiter gesteigert wird. Allerdings ist beim Fanconi-Syndrom bei Kindern zum Unterschied von solchen Fällen beim Erwachsenen die Calciumausscheidung im Urin auch trotz einer gleichzeitig bestehenden Acidose meist geringgradig (*16*).

6. Die Möglichkeit eines erworbenen Fanconi-Syndroms, das beim Erwachsenen zweifellos vorkommen kann (*9, 17*), ist im besprochenen Fall nicht absolut auszuschließen. Zur Stützung einer solchen Annahme könnte theoretisch der anamnestische Harnwegsinfekt im ersten Lebensjahr und das Vorliegen eines reinen Fanconi-Syndroms ohne manifeste allgemeine Stoffwechselanomalie herangezogen werden. Sicherlich stellt aber ein reines Fanconi-Syndrom beim Kind eine große Seltenheit dar, da auch in der Literatur nur etwa 10 Fälle beschrieben sind.

Literatur

1. REUBI, F.: Nierenkrankheiten. Bern und Stuttgart 1960. — 2. SARRE, H.: Nierenkrankheiten. Stuttgart 1958. — 3. BERGER, H.: Mod. Probl. Pädiat. **1958** III, 259. — 4. DURAND, P.: Mschr. Kinderheilk. **106**, 165 (1958). — 5. HOOFT, C., u. A. VERMASSEN: Ann. paediat. (Basel) **194**, 193 (1960). — 6. CLAY, R. D., E. M. DARMADY and M. HAWKINS: J. Path. Bact. **65**, 551 (1953). — 7. STOWERS, J. M., and C. E. DENT: Quart. J. Med. **16**, 275 (1947). — 8. ROSENKRANZ, A., u. W. SWOBODA: Arch. Kinderheilk. **155**, 109 (1957). — 9. MILNE, M. D., S. W. STANBURY and A. E. THOMSON: Quart. J. Med. **21**, 61 (1952). — 10. WORTHEN, H. G., and R. A. GOOD: Amer. J. Dis. Childr. **95**, 653 (1958). — 11. HUNGERLAND, H.: In THANNHAUSERs Lehrbuch des Stoffwechsels und der Stoffwechselkrankheiten. Stuttgart 1957. — 12. MORELL, N.: 1. Internat. Kongreß für Nephrologie. Genf und Evian 1960 (Documenta Geigy 1960). — 13. KUHNS, K., u. H. WEBER: Ergebn. inn. Med. Kinderheilk. **10**, 186 (1958). — 14. HOFMANN-CREDNER, D., W. RUPP u. W. SWOBODA: Arch. Kinderheilk. **150**, 221 (1955). — 15. SWOBODA, W.: N. Z. ärztl. Fortbild. **49**, 581 (1960). — 16. BICKEL, H., u. C. E. DENT: Zit. bei A. PRADER. Schweiz. med. Wschr. **89**, 565 (1959). — 17. JESSERER, H.: Documenta rheumatol. (Geigy) **14**, 1958.

Diskussion

SWOBODA: Phosphat bzw. Calciumphosphat per os, selbst in hoher Dosis und protrahiert gegeben, vermögen die genuine resistente Rachitis nicht zu beeinflussen. Die intravenöse Phosphatinfusion vermag das Serum-P in den Normalbereich zu heben und führt zu röntgenolog. Abheilung. Die Fortführung einer solchen Behandlung ist technisch begrenzt und führt überdies meist zu einer hypocalcämischen Tetanie. Das Produkt von Serum-PO_4 × Serum-Ca von weniger als 30 wird offensichtlich hartnäckig festgehalten. Wie bei jeder Rachitis führt die Erhöhung dieser Zahl über 30 (PO_4- oder Ca-Infusion) zu Rachitisheilung. Dies hat jedoch bei der resistenten Rachitis nur theoretische, nicht aber praktische Bedeutung.

BERNING: Ich möchte Herrn ROSENKRANZ fragen, ob in seinem Fall der Ausgleich der Mineralstörung durch erhöhte Phosphatzufuhr versucht wurde. Bericht über 2 Fälle von Fanconi-Syndrom der Erwachsenen. Heilung lediglich durch längere orale Zufuhr von Calcium-Phosphat in Dosen, die zu einer pos. Phosphorbilanz führten. Normalisierung aller pathologischen Blutwerte. Knöcherne Heilung der Spontanfrakturen und Umbauzonen, auch völlig konstantes Verschwinden der Glykosurie. Es muß also erworbene funktionelle tubuläre Schädigungen mit Reversibilität geben.

DOST: Was die Rückbildung der rachitischen Epiphysenveränderungen in dem geschilderten Fall anbelangt, so muß wohl auch die Frage zur Diskussion gestellt werden, inwiefern hierbei der Umstand mitgewirkt haben könnte, daß es gelungen war, das Kind vom 3. Lebensjahr bis zum 7. Lebensjahr zu bringen, mithin in ein Alter zu führen, in welchem die chondrale Wachstumstendenz und damit auch eine Voraussetzung für die Entwicklung rachitischer Zeichen im Epiphysengebiet bereits erheblich abgenommen hat. Ich sehe mich zu dieser Bemerkung dadurch veranlaßt, als bei dem Kinde keines der anderen Zeichen der de Toni-Debré-Fanconi-Syndrome eine Besserung erfahren hatte.

REUBI: Vor 10 Jahren hat auch LAMBERT einen Erwachsenen mit Fanconi-Syndrom mit großen Dosen von basischem Ca-Phosphat behandelt. Die Osteomalacie wurde deutlich gebessert, die Glykosurie verschwand aber nicht.

In gewissen Fällen unterliegt die renale Ausscheidung von Aminosäuren funktionellen Einflüssen, was die Beobachtungen von JONXIS und ROGER beweisen, wonach bei der gewöhnlichen Rachitis eine Hyperaminoacidurie besteht, die nach Vitamin D-Behandlung verschwindet.

HÖVELS: Hinweis auf die Arbeiten von FRASER (Toronto), der nach Phosphat-Infusionen Heilung bei genuiner D-resistenter Rachitis erzielte. Hält diese Heilung an, wenn Phosphat-Infusionen eingestellt werden müssen?

HUNGERLAND: Wie kommt es zur Normalisierung der Acidose bei der Vitamin D-Behandlung?

ROSENKRANZ (Schlußwort): Die Zufuhr von Phosphat in Form einer i.v. Dauertropfinfusion erbrachte eine Normalisierung des Serumwertes von Phosphat, mußte jedoch wegen Unverträglichkeitserscheinungen bald abgesetzt werden. Das Risiko einer durch die Hyperphosphatämie bedingten Hypocalcämie — auch mit tetanischen Manifestationen — wurde bereits erwähnt.

Eine Spontanheilung der schweren rachitischen Veränderungen im Laufe der Jahre scheint auf Grund unserer Erfahrungen sehr unwahrscheinlich, zumal während einer längerdauernden Unterbrechung der Vitamin D-Therapie ein ausgeprägtes Rezidiv der rachitischen Veränderungen eintrat.

Im demonstrierten Fall ergab die Vitamin D-Behandlung weder eine quantitative noch eine qualitative Veränderung der Hyperaminoacidurie.

Die Normalisierung der Acidose unter der Vitamin D-Therapie bleibt ungeklärt.

Zum Krankheitsbild der hereditären Nephritis

Von

H. NIETH, Marburg

Es sei mir gestattet, das ursprünglich geplante Thema „Angeborene Nierenerkrankungen im Erwachsenenalter" etwas eigenmächtig abzuändern, und zwar aus folgenden Gründen:
Wie ich mich anhand des Schrifttums überzeugen konnte, bestehen wesentliche Unterschiede der Symptomatologie, Pathophysiologie und Therapie dieser zumeist im Kindesalter beobachteten Erkrankungen gegenüber dem Erwachsenen nicht. Dies wird verständlich, wenn man bedenkt, daß die Nierenfunktion des Kleinkindes im 3. Lebensjahr bereits ausgereift ist.

Dementsprechend sind bei den kongenitalen Tubulopathien wesentliche neue Erkenntnisse durch die Beobachtung erkrankter Erwachsener nicht hinzugekommen. Ich möchte deswegen auf die Referate des heutigen Vormittags verweisen.

Um Wiederholungen zu vermeiden, will ich auf ein seltenes Krankheitsbild, nämlich die hereditäre Hämaturie und Nephropathie, näher eingehen.

Vor 3 Jahren konnten wir folgende Beobachtung machen: Ein 20jähriger Patient wurde im urämischen Zustand aufgenommen. Aus der Vorgeschichte ist zu erwähnen, daß er seit Kindheit schwerhörig war und an häufigen katarrhalischen Infekten litt.

Es ließ sich damals folgender Befund erheben:
Deutlich reduzierter E. und AZ., Größe 1,77, Gewicht 68 kg, Gesicht blaß und gedunsen, urämischer Foetor ex ore. Auffällig war eine Trichterbrust. Über der Lunge physikalisch kein krankhafter Befund. Herz gering linksverbreitert. Blutdruck 205/110. Im EKG Zeichen einer Linksschädigung. Urin: Spontankonzentration 1010, Eiweißflockung, Esbach 2 $^{0}/_{00}$, Zucker negativ, Sediment reichlich Erythrocyten, granulierte und hyaline Cylinder. Phenolrotprobe nach 15, 30 und 60 min: keine Farbstoffausscheidung.

Im Augenhintergrund Arterienstämme und Arteriolen enggestellt und kaliberungleich. An den Venen angedeutete Kreuzungszeichen, geringes peripapilläres Ödem.

Eine ausgeprägte Anämie mit einem Hb von 55% bei 2,7 Mill. Erythrocyten war vorhanden. Das Verhalten des Ionogramms, der Retentionswerte und der Diurese zeigt Ihnen die Abb. 1.

Der deletäre Verlauf ließ sich nicht beeinflussen. Es entwickelte sich eine Perikarditis und eine Hyperkaliämie. Der Patient verstarb im Coma uraemicum.

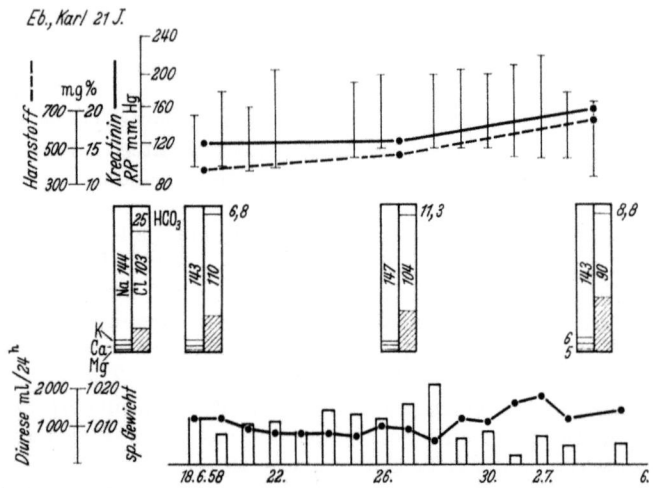

Abb. 1. Verhalten von Diurese, Ionogramm im Blut, Retentionswerten und Blutdruck bei einem 21jährigen Patienten mit hereditärer Nephropathie

Die Autopsie, durchgeführt von Herrn Prof. PRINZ, Marburg, ergab folgenden Befund:

Makroskopisch. Subchronische Glomerulonephritis mit geringgradiger Schrumpfung beider Nieren. Gewicht links 135 g, rechts 125 g. Zeichen der Urämie.

Histologisch. Die mikroskopische Untersuchung von zahlreichen Übersichtsschnitten ergibt an der Oberfläche eine feine Höckerung infolge kleiner Narbenfelder, hyalinisierter Glomeruli und chronisch entzündlicher Infiltration. Manche Glomeruli zeigen verklumpte Schlingen und Halbmondbildungen der Bowmanschen Kapsel. Die Epithelien der meisten Nephren sind verfettet und zeigen eine hyaline tropfige Eiweißspeicherung.

Die Diagnose lautete: Wahrscheinlich chronische Glomerulonephritis.

An und für sich bietet der geschilderte Verlauf keine Besonderheiten. Hinweise über Nierenerkrankungen der Mutter und deren Brüder veranlaßten uns aber, die Familienangehörigen zu untersuchen. Dabei ergab sich folgendes (Abb. 2):

Die Mutter war im Alter von 42 Jahren an einem Nierenleiden mit Wassersucht verstorben. 2 Brüder der Mutter litten an Schwer-

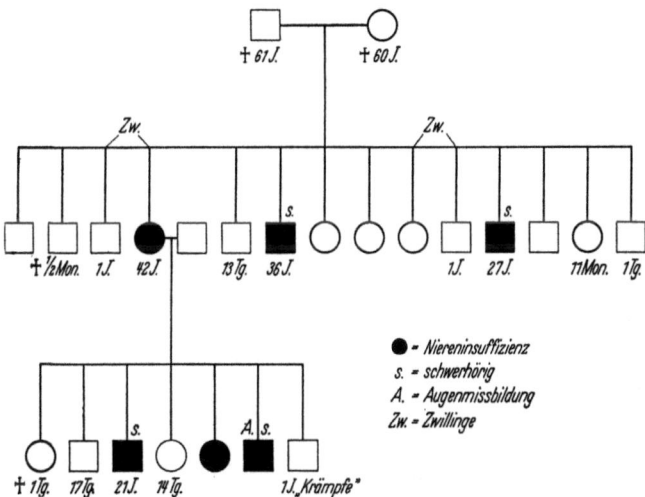

Abb. 2. Stammbaum einer an hereditärer Nephropathie erkrankten Familie

hörigkeit, sie verstarben mit 27 Jahren bzw. 36 Jahren an den Folgen einer Schrumpfniere. Auffällig war ferner, daß 4 Geschwister kurz nach der Geburt oder im Kleinkindesalter verstorben waren.

Bei einer Schwester des Pat. bemerkte man im Alter von 9 Jahren hin und wieder blutigen Urin. Im Harn damals Eiweiß positiv, Sediment: Massenhaft Erythrocyten, vereinzelt granulierte Cylinder. Blutdruck 115/75. Ein Verdünnungs- und Konzentrationsversuch nach VOLHARD verlief normal.

Da bei Lordose die Urinbefunde ausgeprägter waren, nahm man eine lordotische Albuminurie und Erythrocyturie an.

Die Kranke wurde nun im Alter von 19 Jahren bei uns durchuntersucht. Blutdruck 125/70. Urin: Eiweißflockung, Proteinurie bis 9 g in 24 Std, im Sediment reichlich Erythrocyten, vereinzelt granulierte und hyaline Cylinder. Phenolrotprobe 45% nach 15 min.

Konzentrationsversuch: höchstes spezifisches Gewicht 1032, Antistreptolysin-0-titer 320 E. Die Retentionswerte im Serum und das Ionogramm waren unauffällig, wie die Abb. 3 zeigt. Während einer 3jährigen Beobachtung hat sich die Nieren-Funktion nicht verschlechtert. Der Sedimentbefund blieb unverändert bestehen.

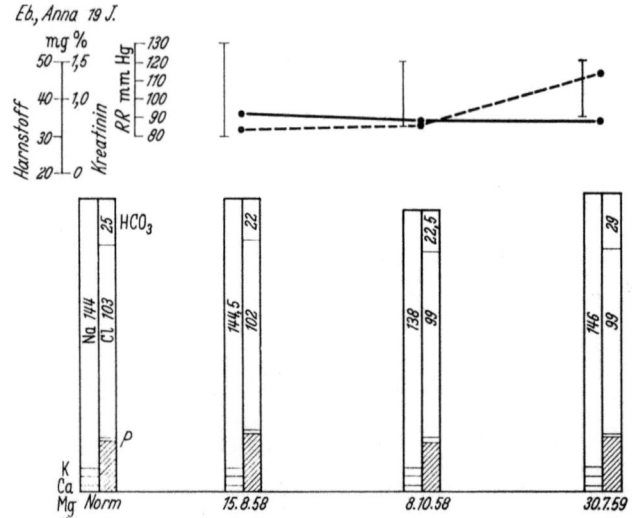

Abb. 3. Verhalten von Retentionswerten, Blutdruck und Ionogramm bei einer 19jährigen Patientin

Ein 18jähriger Bruder litt schon als Kind an einer Schwerhörigkeit. Subjektiv bestanden sonst keinerlei Beschwerden. Blutdruck 160/110, Kreatinin im Serum 1,7 mg-%, Harnstoff 55 mg-% AST 60 E. Am Auge ausgeprägter Kerato-Konus. Proteinurie von maximal 16 g in 24 Std. Sediment: granulierte und hyaline Cylinder, Erythrocyten. Phenolrotprobe 15% nach 15 min. Im Konzentrationsversuch höchstes spezifisches Gewicht 1018. Den Nierenfunktionsproben nach nahmen wir bei beiden Geschwistern eine chronische Glomerulonephritis an.

Während sich die Krankheit bei der Schwester nicht verschlechterte, trat bei dem Jungen eine progressive Niereninsuffizienz auf (Abb. 4). 3 Jahre nach der ersten Untersuchung verstarb der Patient im Coma uraemicum.

Die Autopsie ergab blaß-graue fein gekörnte Schrumpfnieren, eine ausgeprägte exzentrische Hypertrophie der linken Herzkammer und sekundär urämisch bedingte Veränderungen.

Histologisch war die stark verschmälerte Nierenrinde von Narbenfeldern durchsetzt, zwischen denen kleine Inseln eines noch erhaltenen Nierenparenchyms erkennbar sind. Diese bestehen aus Gruppen erweiterter Nierenkanälchen, die mit atrophischen Epithelien ausgekleidet sind. Die meisten Glomeruli sind in kleine

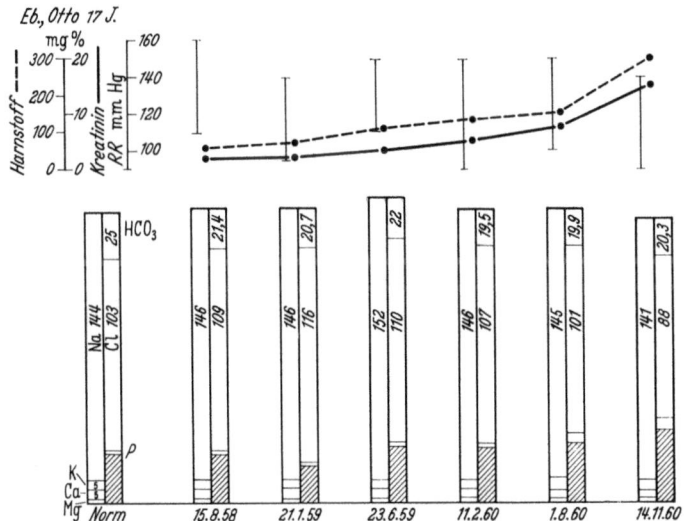

Abb. 4. Verlauf der Niereninsuffizienz bei einem 17jährigen Patienten

hyaline, kugelförmige Gebilde umgewandelt. Die vereinzelt noch erhalten gebliebenen Glomeruli weisen eine Verdichtung ihres Kapselgerüstes um die Bowmansche Kapsel herum auf. Die Fettfärbung ergab im Interstitium reichlich Gruppen von Fettkörnchenzellen.

Die beschriebenen Krankheitsbilder lassen sich zwanglos in das schon länger bekannte Syndrom der hereditären Hämaturie, Nephropathie und Schwerhörigkeit einordnen.

1875 berichtete bereits DICKINSON, 1879 PEL über das gehäufte Auftreten von Nephritiden in mehreren Generationen. WEITZ veröffentlichte eine Familie, bei der 4 Generationen betroffen waren. ALPORT wies 1927 in der bereits von GUTHRIE (1902), KENDALL u. HERTZ (1912) sowie HURST (1923) veröffentlichten Sippe auf die Kombination von Schwerhörigkeit und Niereninsuffizienz hin.

Als weiteres Symptom der von STURTZ und BURKE „hereditäre Hämaturie und Nephropathie" genannten Krankheit beschrieb

SOHAR Augenmißbildungen, Sphärophakie und kongenitalen Katarakt.

Die charakteristischen Merkmale dieses Leidens sind also frühzeitiges Auftreten einer Hämaturie und Proteinurie, progressive Niereninsuffizienz, verbunden mit Schwerhörigkeit, bösartiger Verlauf bei männlichen Individuen, relativ gutartige Prognose bei Frauen.

Über die in der Literatur beschriebenen Befunde hinaus wiesen unsere Fälle einige Besonderheiten auf.

Es fand sich eine renale Zuckerausscheidung von 0,1—0,3 g-%. Diese war nicht konstant vorhanden, sie betrug bis zu 6 g in 24 Std (Abb. 5). Der Zucker ließ sich papierchromatographisch als Glucose identifizieren.

Interessanterweise verschwand die Glucosurie bei dem einen Patienten mit zunehmender Niereninsuffizienz, bei der Patientin ist sie nach wie vor vorhanden.

Ein Diabetes mellitus ließ sich durch normale Blutzuckerwerte von 101, 96 und 94 mg-% und einen unauffälligen Staub-Traugottschen Versuch (Abb. 6) ausschließen. Die Tm-Glucose-Werte waren

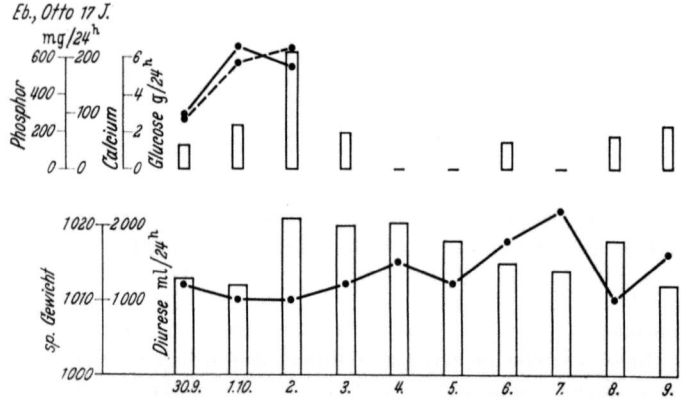

Abb. 5. Zuckerausscheidung, Calcium- und Phosphatausscheidung sowie Diurese bei einem 17 jährigen Patienten mit hereditärer Nephropathie

bei den Probanden herabgesetzt (Tab. 1). Demnach dürfte es sich um eine renale Glucosurie handeln.

Wir fahndeten nach diesen Beobachtungen natürlich nach einem Fanconi-Syndrom und prüften die Aminoacidurie.

Die von Herrn GEROK untersuchte α-Aminostickstoffausscheidung lag bei 121,4 bzw. 204,1 mg in 24 Std. Betrachtet man mit

BERGER eine Ausscheidung von 200 mg bereits als erhöht, so besteht in einem Fall immerhin der Verdacht auf eine Aminoacidurie. In der Tat fanden sich papierchromatographisch Aminosäuren im Urin. Es waren auffälligerweise Cystein und Valin.

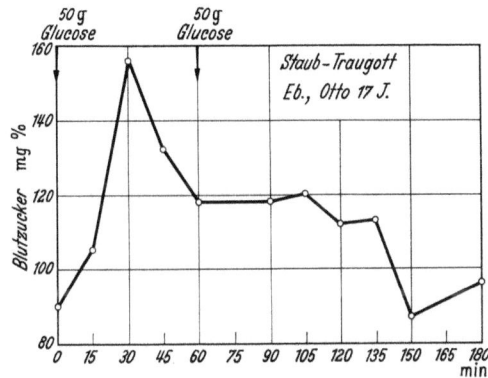

Abb. 6. Verhalten der Staub-Traugottschen Zuckerbelastung

Weitere Befunde, wie sie beim Fanconi-Syndrom zu erheben sind, waren nicht vorhanden: Die Phosphatwerte im Blut lagen bei 4,4 bzw. 3,8 mg-%, Kalium und alkalische Phosphatase zeigten normale Blutspiegel. Die Werte für Phosphat im 24-Stunden-Urin waren nicht signifikant erhöht. Außerdem fehlten Skeletveränderungen vollkommen.

Tabelle 1. *Nierenfunktionsproben bei 3 Patienten mit hereditärer Nephropathie*

	Kreatinin i. S.	Konzentration	P. S. P. (15′)	C (cm³/min)		FF	Tm (mg/min)	
				PAH	Inulin		PAH	Glucose
1. Eb., Karl 21 Jahre	15,7	1010	∅	146	29	20	—	—
2. Eb., Anna 19 Jahre	0,7	1032	45%	662	97	14,7	74	210
3. Eb., Otto 17 Jahre	1,7	1018	15%	230	34	15	52	163

Die Deutung des Krankheitsbildes ist nicht leicht. Schon bei der pathologischen Anatomie beginnen die Schwierigkeiten. Es besteht keine Einigkeit darüber, ob man die Nierenveränderungen als chronische Pyelonephritis oder Glomerulonephritis ansehen soll. Sowohl glomeruläre wie auch tubuläre Veränderungen und interstitielle Infiltrate sind vorhanden. Dementsprechend variieren auch die histologischen Diagnosen im Schrifttum zwischen chronischer Pyelonephritis und chronischer Glomerulonephritis.

Unseren funktionellen und morphologischen Befunden nach neigen wir eher dazu, das Leiden als chronische Glomerulonephritis anzusehen. Diese Anschauung entspricht der von Castleman, der bei seinem Fall ebenfalls an den Glomeruli Veränderungen wie bei chronischer Nephritis und dabei auch interstitielle Infiltrate feststellen konnte. Immerhin ließ sich bei den eigenen Fällen wiederholt E. Coli kulturell im Urin nachweisen, ein Befund, der im Sinne einer bakteriellen Infektion der Harnwege zu deuten ist. Andere Autoren, so z. B. Perkoff u. Mitarb., deuten die gelegentlich beobachtete gute Ansprechbarkeit auf die Chemotherapie im Sinne einer Pyelonephritis. Da weder die klinischen noch die anatomischen Befunde charakteristisch für eine typische Pyelo- oder Glomerulonephritis sind, wird die Bezeichnung „hereditäre chronische Nephritis von unspezifischem Typ mit Sekundärinfektion" von Perkoff vorgeschlagen.

Über die Faktoren, welche bei der Entstehung des Leidens eine Rolle spielen, lassen sich vorläufig nur Spekulationen anstellen. Man hat auf das Vorhandensein abnormer gastro-intestinal-renaler Lymphverbindungen geschlossen, eine Vermutung, welche sich nicht bestätigte.

Eine angeborene Organminderwertigkeit im Sinne der hypogenetischen Nephritis (Babes; Fahr) wurde weiter angeschuldigt.

Dafür fanden sich an unserem Krankengut keine Anhaltspunkte, wobei allerdings zugegeben werden muß, daß bei Nierenmißbildungen die sekundären Nierenveränderungen im Vordergrund stehen können und so eine primäre Fehlbildung leicht übersehen lassen (Zollinger).

Goldbloom berichtet über das gehäufte Vorkommen von Mißbildungen der ableitenden Harnwege bei seinen Kranken.

Die Beteiligung verschiedener Organe auf hereditärer Grundlage läßt an 2 weitere Möglichkeiten denken.

Einmal eine erbliche Erkrankung, bei welcher der genetische Effekt in einem spezifischen Stadium der Embryonalentwicklung ausgelöst wird. Dieser müßte dann gleichzeitig Niere, Innenohr und Auge beeinflussen.

Dagegen spricht der funktionelle und pathologisch-anatomische Befund. Im Frühstadium der Erkrankung fallen die Funktionsproben wie Konzentrationsversuch, Phenolrotprobe und Clearancewerte normal aus. Auch die histologischen Veränderungen sind nur ganz geringfügig ausgeprägt, wie bioptische Untersuchungen gezeigt haben.

Als zweite Möglichkeit käme eine angeborene Stoffwechselstörung in Frage. Hier hat man das Auftreten von Schaumzellen, d. h. von fettspeichernden Makrophagen im Interstitium der Niere, welche gelegentlich auch beim nephrotischen Syndrom zu sehen sind, als Hinweis für eine Fettstoffwechselstörung gewertet.

Tabelle 2. *Verlauf der Serumelektrophorese*

Papierelektrophoresen:

Datum	Ges.-Eiweiß g%	Albumin rel%	α_1	α_2	β	γ-Globulin
Norm	7,0—8,5	55—63	2,5—5,0	5,0—8,5	8—12	14—20
15. 9. 58	7,2	50,6	7,2	13,5	12,9	15,9
28. 1. 59	7,2	55,5	5,1	13,2	12,8	13,4
29. 2. 60	7,0	61,0	4,5	10,5	12,0	12,0
1. 8. 60	7,3	55,0	6,0	13,0	10,0	16,0
14. 11. 60	7,2	52,0	6,0	16,0	10,0	16,0

Tabelle 3. *Quantitativ immunologische Bestimmung der Plasmaproteine*

Präalbumin	0,5% (0,1—0,5%)
Albumin	55,3% (50—62%)
Coeruloplasmin	0,3% (0,2—0,4%)
α_1-Makroglobulin	5,3% (2,0—4,5%)
α_2-Lipoprotein	0,6% (0,5—1,5%)
β-Lipoprotein	10,0% (5,0—9,0%)
Transferrin	5,1% (3,0—6,5%)
γ-Globulin	11,3% (16,5—22,0%)

Eine solche Fettstoffwechselstörung äußert sich jedenfalls nicht in den Serumfettwerten, welche bei unseren Fällen nahezu unauffällig waren. Sie könnte immerhin lokaler Natur sein und die Niere gegen Infekte empfänglicher machen.

Als dritte Möglichkeit käme eine angeborene Störung des Eiweißstoffwechsels in Frage. Ein solcher Stoffwechseldefekt könnte zu einer verminderten Resistenz gegenüber Infekten oder einer abnormen immunologischen Reaktion der Niere führen.

Auffällig war in der Serumelektrophorese eines unserer Fälle (EB. OTTO) ein relativ niederes γ-Globulin (Tab. 2). Die quantitativ-immunologische Bestimmung einiger Plasmaproteine, welche wir Herrn Prof. SCHULTZE verdanken, zeigte folgendes Bild (Tab. 3). Abweichend von der Norm war deren Gehalt von α-Makroglobulin und β-Lipoproteinen. Beide Proteine waren leicht über die Norm erhöht. Der γ-Globulinspiegel war deutlich vermindert. Der Verdacht auf ein Antikörpermangelsyndrom ließ sich jedoch bis jetzt nicht weiter absichern.

Die Vererbung des Leidens scheint nach dem Schrifttum dominant geschlechtsgebunden zu sein. Eigene Untersuchungen darüber sind noch im Gange.

Seit der geschilderten Beobachtung fanden wir eine weitere Familie, bei der es sich wahrscheinlich um ein ähnliches Krankheitsbild handelt. Es waren von 12 Geschwistern die 9 männlichen Angehörigen im Alter von 15—30 Jahren an einer Schrumpfniere gestorben.

Literatur

ALPORT, A. C.: Brit. med. J. **1927**, 504.
BABES, V.: Sem. méd. (Paris) **25**, 63 (1905).
CASTLEMAN, W.: New Engl. J. Med. **257**, 1231 (1957).
DICKINSON, W. H.: Zit. nach H. WERNER.
FAHR, TH.: Virchows Arch. path. Anat. **301**, 140 (1938).
GOLDBLOOM, R. B., F. C. FRASER, D. M. WAUGH, M. ARONOVITCH and F. W. WIGHLESWORTH: Pediatrics **20**, 241 (1957). — GUTHRIE, L. G.: Lancet **1902**, 1243.
HURST, A. F.: Guys's Hosp. Rep. **73**, 368 (1923).
PEL, P. K.: Z. klin. Med. **38**, 122 (1899). — PERKOFF, G. T., E. E. STEPHENS, D. A. DOLOWITZ and F. H. TYLER: Arch. intern. Med. **88**, 191 (1951).
SOHAR, E.: Harefuah **47**, 161 (1954). — STURTZ, G. S., and E. C. BURKE: New Engl. J. Med. **254**, 1123 (1956).
WEITZ, W.: Die Vererbung innerer Krankheiten. Stuttgart: Enke 1934. — WERNER, H.: In: Handbuch der Erbbiologie, IV/II. Berlin: Springer 1940.
ZOLLINGER, H. U.: Verh. dtsch. Ges. inn. Med. **64**, 358 (1959).

Diskussion

REUBI: Wir haben auch vor kurzem eine benigne familiäre Hämaturie bei 3 Kindern beobachtet. Die Patienten waren 11-, 15- und 19 jährig. Die Hämaturie bestand (wahrscheinlich) seit der Geburt. Trotzdem waren die Nierenfunktionen (und auch das Glomerulumfiltrat) normal, ebenso der Blutdruck. Die Nierenbiopsie wurde bei 2 von den 3 Patienten durchgeführt. Sie zeigte minimale glomeruläre Läsionen. Die Eltern waren gesund, eine unspezifische familiäre Belastung war jedoch sicher vorhanden: Mütterlicherseits Großvater mit 32 Jahren an Urämie gestorben. Väterlicherseits 3 Onkels an Nierensteinen leidend, und Großmutter an Hochdruck gestorben. Die Tatsache, daß in der gleichen Familie schwere und benigne Fälle vorkommen und daß nebeneinander glomeruläre, tubuläre, interstitielle und vasculäre Läsionen angetroffen werden, macht es schwierig, die Natur des vererbbaren Defekts näher zu definieren (Minderwertigkeit des Nierenparenchyms, Anfälligkeit gegen Infekte?).

HEINTZ: Bei der Diskussion, ob primär und vorwiegend eine Glomerulonephritis oder Pyelonephritis vorliegt, sollte man vielleicht berücksichtigen, daß mitunter auch bei sicher erworbener diffuser Glomerulonephritis im klinischen Bild mit Leukocyturie und Bacteriurie und histologisch eine (wahrscheinlich) sekundäre Pyelonephritis vorhanden ist. Viel häufiger ist dagegen die interstitielle Begleitnephritis bei Glomerulonephritis, die jedoch keine entsprechenden klinischen Symptome macht.

WEPLER: Ich müßte als Pathologe einige Bemerkungen zu dem vorliegenden Problem machen. Es ist ganz sicher, daß die histologische Unterscheidung der Glomerulonephritis von bestimmten Formen der interstitiellen Nephritis im fortgeschrittenen Stadium sehr schwierig sein kann. Es gibt zwar sicher Fälle, in denen bei einer fortgeschrittenen Glomerulonephritis sekundär eine interstitielle Nephritis — vielleicht im Sinne einer Pyelonephritis — auftritt. Ich habe aber Bedenken dagegen, daß dies in 20% der Fälle auftreten soll. Man muß dabei wohl mit der Möglichkeit rechnen, daß interstitielle Infiltrate bei der Glomerulonephritis überbewertet und als selbständige interstitielle Erkrankung gedeutet werden. Es ist nicht möglich, sich anhand der soeben von Herrn NIETH gezeigten histologischen Bilder eine sichere Vorstellung von dem morphologischen Befund der Nieren zu machen. Man kann aber doch so viel sagen, daß sichere Beweise für das Vorliegen einer Glomerulonephritis in den Bildern nicht enthalten waren. Ich habe danach doch eher den Eindruck, daß der Prozeß bevorzugt und primär im Zwischengewebe liegt. Dabei taucht die Frage auf, ob es sich bei den vorliegenden Nierenveränderungen überhaupt um eine echte Entzündung handelt. Man muß vielmehr an die Möglichkeit denken, daß die nachweisbaren „entzündlichen" Infiltrate der Ausdruck eines resorptiven Geschehens sind beim protrahierten Abbau von renalem Parenchym. Der Pathologe sieht solche Bilder nicht so selten bei der sogenannten hypogenetischen Schrumpfniere. Dabei spielt nicht selten die Zirkulationsstörung der Niere durch unvollständige Ausbildung bzw. Weite der Nierenarterien eine Rolle. Sind Untersuchungen über den Zustand der Nierenarterien bei diesen familiären „Nierenentzündungen" gemacht worden?

ROSENKRANZ: Durch subtile Nierenfunktionsuntersuchungen können in der Pädiatrie Fälle von sogenannter essentieller Hämaturie teilweise als durch Pyelonephritis bedingte Zustände erkannt werden. Ein pathologisches Ergebnis bei der Phenolrotprobe sowie bei den Untersuchungen der renalen Elektrolytausscheidung erlaubt bei hämaturischen Kindern die Diagnose einer entzündlichen Veränderung im pelvicorenalen Grenzbezirk (Calicopapillitis).

BERNING: Bestand ein Medikamentenabusus bei den Familien?

NIETH (Schlußwort) zu REUBI: Bis jetzt bestehen nur Vermutungen über die Ursache des hereditären Defektes. Eine angeborene Störung des Eiweißstoffwechsels oder ein anderer Enzymdefekt wurde bisher nicht nachgewiesen, obwohl eine solche Ursache naheliegt.

Zu HEINTZ: Auch nach unseren Erfahrungen läßt sich die Frage Glomerulonephritis-Pyelonephritis bei dem besprochenen Krankheitsbild nicht sicher entscheiden, zumal es in den Endstadien — wir verfügen über keine bioptischen Befunde — oft schwierig ist, eine Glomerulo- von einer Pyelonephritis abzugrenzen. Immerhin könnte eine sekundäre Pyelonephritis, wie sie gelegentlich bei chronischen Glomerulonephritiden zu beobachten ist, durchaus vorgelegen haben.

Eine Bakteriurie bei chronischer Glomerulonephritis sehen wir überschlagsweise bei etwa 20% unserer klinisch als chronische Glomerulonephritis diagnostizierten Fälle. Dies läßt an eine sekundäre Pyelonephritis denken, ohne daß ich dabei Bakteriurie gleich chronische Pyelonephritis setzen will.

Zu WEPLER: Uns selbst haben, wie gesagt, die ausgeprägten interstitiellen Infiltrate imponiert und eher an eine chronische Pyelonephritis denken lassen.

Seit den Untersuchungen von STAEMLER sowie WEISS und PARKER ist ja bekannt, daß zahlreiche Fälle von chronischer Pyelonephritis früher als Glomerulonephritiden gedeutet wurden. Die Zahl 20% beruht auf keinen exakten Unterlagen, sondern lediglich auf einer Schätzung.

Es ist sehr wohl möglich, daß die Infiltrate Ausdruck eines resorptiven Geschehens sind, etwa im Sinne einer interstitiellen Nephritis von ZOLLINGER.

Nähere Untersuchungen über den Zustand der Nierenarterien wurden meines Wissens nicht gemacht.

Zu BERNING: Für einen Medikamentenabusus bestand in unseren 3 Familien kein Anhalt, so daß eine ,,Phenacetinniere" ausgeschlossen ist.

Diabetes insipidus neurohormonalis

Von

HEINRICH RODECK, Datteln

Die zentrale Regulation des Wasserhaushaltes ist eine allgemein anerkannte Tatsache. Diese heute selbstverständlich erscheinende Feststellung ist jedoch noch nicht so sehr alt. So deutete man bis gegen Mitte des vergangenen Jahrhunderts den Diabetes insipidus (D. i.) als eine Nierenerkrankung. Erst die Untersuchungen CLAUDE BERNARDs brachten entscheidende neue Einsichten. Trotz dieser eindeutigen Befunde hielt man den D. i. noch lange für eine Psychose. Erst um die Jahrhundertwende wiesen klinische, tierexperimentelle und pathologisch-anatomische Untersuchungen auf die Bedeutung der Neurohypophyse für die Regulation des Wasserhaushaltes hin. Fast gleichzeitig wurden bereits damals Beobachtungen mitgeteilt, nach denen Verletzungen im Bereich des Hypothalamus einen Diabetes insipidus auslösen können. Um so erstaunlicher ist es, daß man ganz allgemein bis vor gar nicht ferner Zeit in der Literatur die Meinung vorfindet, lediglich der Neurohypophyse komme eine regulative Funktion des Wasserhaushaltes zu. Wesentlich beigetragen zu dieser immer wieder vertretenen Ansicht hat zweifellos die Mitteilung von GEILING und LEWIS, die später insbesondere durch GRIFFITHS vertreten wurde, nach der Vasopressin in Gewebekulturen der Neurohypophyse von den Pituicyten gebildet werden soll. Diese Meinung findet ihren Ausdruck in der Bezeichnung „Hypophysenhinterlappenhormone" (HHLH).

Bereits 1926 gelang TRENDELENBURG und SATO der Nachweis von HHLH im Hypothalamus. MELVILLE und HARE fanden antidiuretisches Hormon (ADH) im Nucleus supraopticus. Diese Befunde wurden inzwischen vielfach bestätigt. Sie sind für die Deutung der Ätiologie des D. i. von entscheidender Bedeutung geworden — werfen sie doch die Frage nach einem morphologisch und funktionell einheitlichen Regulationssystem des Wasserhaushaltes im Hypothalamus auf. Der morphologische Nachweis dieses Systems gelang 1926 GREVING und PINES, die den Tractus supraoptico-hypophyseus als Verbindung zwischen den hypothalamischen Kerngebieten Nucleus paraventricularis und Nucleus supra-

Strukturformel von Vasopressin

Strukturformel von Oxytocin

opticus einerseits und Neurohypophyse andererseits erkannten. Eine glänzende Bestätigung fanden diese Befunde durch die für die Deutung des D. i. so wichtigen tierexperimentellen Beobachtungen der Ransonschen Schule.

Inzwischen wurde auch durch Beobachtungen an Gewebekulturen aus der Neurohypophyse der Nachweis erbracht, daß die Pituicyten keineswegs als primäre Sekretionsstätte der HHLH angesprochen werden können, da in derartigen Gewebekulturen

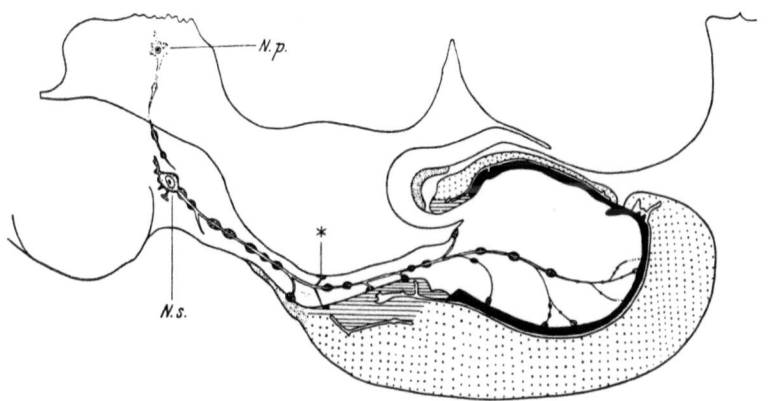

Abb. 1. Schematische Darstellung des neurosekretorischen hypothalamisch-hypophysären Systems beim Hund (medianer Sagittalschnitt, in Anlehnung an eine Abbildung von ROMEIS) aus BARGMANN Z. Zellf. **34** (1949). N.p. Nucleus paraventricularis. N.s. Nucleus supraopticus mit dem Tractus supraoptico-hypophyseus, der sich in der Neurohypophyse aufzweigt. * Sekret unmittelbar unter dem Ependym. Punktiert Vorderlappen, schwarz Pars intermedia.

nach kurzer Zeit weder eine antidiuretische noch eine vasopressorische, noch eine oxytocische Aktivität nachgewiesen werden kann.

Wesentliche Einblicke gewährten die Untersuchungen von SCHARRER und BARGMANN und ihrer Arbeitskreise. Danach ließ sich durch entsprechende Färbemethoden das „neurosekretorische System" — bestehend aus Nucleus paraventricularis (in der Wand des 3. Ventrikels), Nucleus supraopticus (oberhalb des Tractus opticus bzw. diesen von oben umgreifend), Tractus supraopticohypophyseus (bestehend aus den in die Neurohypophyse ziehenden Axonen dieser Kerngebiete) und Neurohypophyse — elektiv darstellen (Abb. 1). Neurosekret stellt sich nach vorheriger Oxydation bei Anfärbung mit GOMORIs Chromalaunhämatoxylin tiefblauschwarz dar (Abb. 2). Es hat eine granuläre Struktur und findet sich in den Ganglienzellen der Kernareale je nach deren Funktionszustand mehr oder weniger dicht (Abb. 3). Im Tractus zeigt es eine

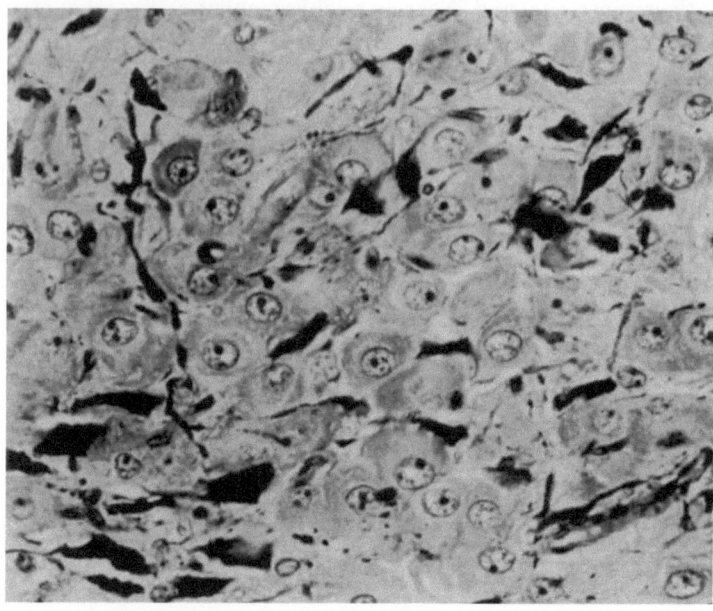

Abb. 2. Reicher Neurosekretbestand im Nucleus paraventricularis der Ratte. Neurosekretbeladene Neuriten mit Herring-Körpern. Frontalschnitte, 6 μ Schnittdicke, Chromalaunhämatoxylin-Phloxinfärbung nach GOMORI. Vergr. 450fach, aus RODECK Z. Kinderheilk. 81 (1958)

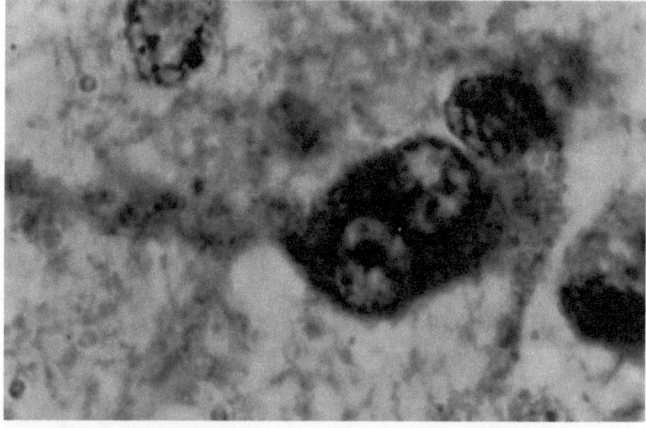

Abb. 3. Doppelkernige, neurosekrethaltige Ganglienzelle im Nucleus supraopticus des Menschen. Beachte die granuläre Struktur des Neurosekrets. Vergr. 1400fach (Ölimmersion)

charakteristische perlschnurartige Anordnung von Sekretanhäufungen, deren dickste mit den Herring-Körpern identisch sind (Abb. 4). Eine besondere Konzentrierung erfährt es in den pericapillären Nervenfaseraufsplitterungen der Neurohypophyse (Abb. 5). In keinem anderen hypothalamischen Areal lassen sich Neurosekret bzw. HHLH nachweisen. So ergibt sich die Frage nach

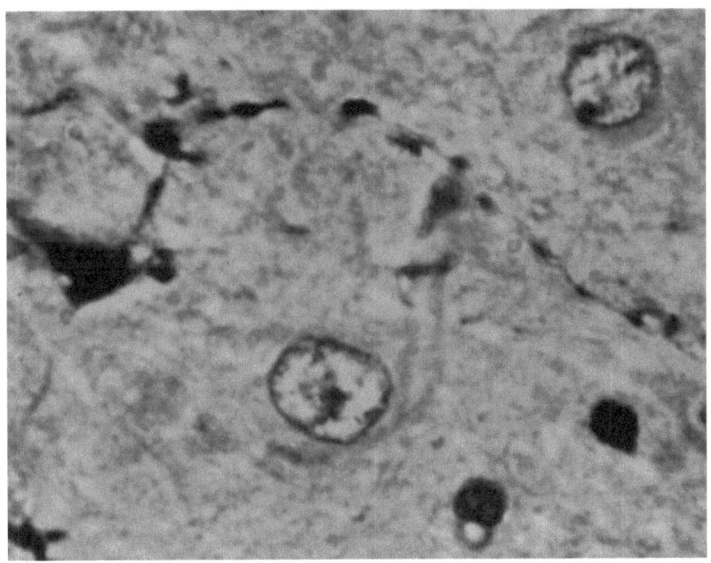

Abb. 4. Neurosekretführende Nervenfaser der Ratte mit charakteristischen perlschnurartig angeordneten Sekretverdickungen, deren dickste als Herring-Körper imponieren. Vergr. 1400fach, aus RODECK Z. Kinderheilk. 81 (1958)

Zusammenhängen zwischen Neurosekret und HHLH. Derartige Zusammenhänge werden schon auf Grund tierexperimenteller Untersuchungen für sehr wahrscheinlich gehalten — bei Durstenlassen bzw. Belastung der Versuchstiere mit hypertonischen Lösungen verschwinden sowohl Neurosekret als auch HHLH (insbesondere Vasopressin) aus dem gesamten System. Auffällig ist dabei die enge, parallel laufende Relation von Neurosekret und HHLH. VERNEYs Untersuchungen erbrachten den eindeutigen Nachweis, daß im Hypothalamus lokalisierte (nach HILD und ZETLER evtl. mit den Ganglienzellen von Nucleus supraopticus bzw. Nucleus paraventricularis identische) ,,Osmoreceptoren" den osmotischen Druck des Blutplasmas aufnehmen und je nach Erfordernis des Organismus eine mehr oder weniger ausgeprägte

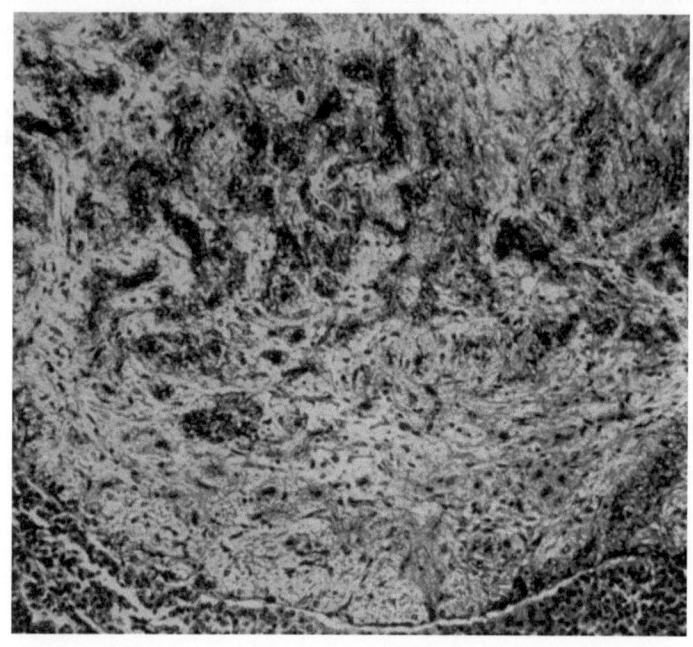

Abb. 5. Perivasculäre Neurosekretablagerungen in der Neurohypophyse des Meerschweinchens, Vergr. 125fach

Tabelle 1. *Steuerung der Diurese durch das System Hypothalamus-Neurohypophyse-Niere* (▼Abnahme, ▲ Zunahme) (nach TALBOT), aus A. LABHART: Klinik der inneren Sekretion, 1957

	Hämokonzentration	Hämodilution
Plasma	H_2O cm³/mosM ▼	H_2O cm³/mosM ▲
Hypothalamus	Osmoreceptoren	Osmoreceptoren
Neurohypophyse	Vasopressinausschüttung	Hemmung d. Vasopressinsekretion
Blut	Vasopressin ▲	Vasopressin ▼
Niere	Fakultative Rückresorpt. ▲ H_2O	Fakultative Rückresorpt. ▼ H_2O
Urin	H_2O cm³/mosM ▼ spezifisches Gewicht ▲	H_2O cm³/mosM ▲ spezifisches Gewicht ▼

Ausschwemmung von ADH mit verstärkter tubulärer Wasserrückresorption bewirken (Tab. 1). Eine außerordentlich wertvolle Erweiterung unserer Kenntnisse von der Regulation des Wasserhaushaltes erbrachte die Entdeckung der Volumregulation, an der Prof. GAUER maßgeblich beteiligt war.

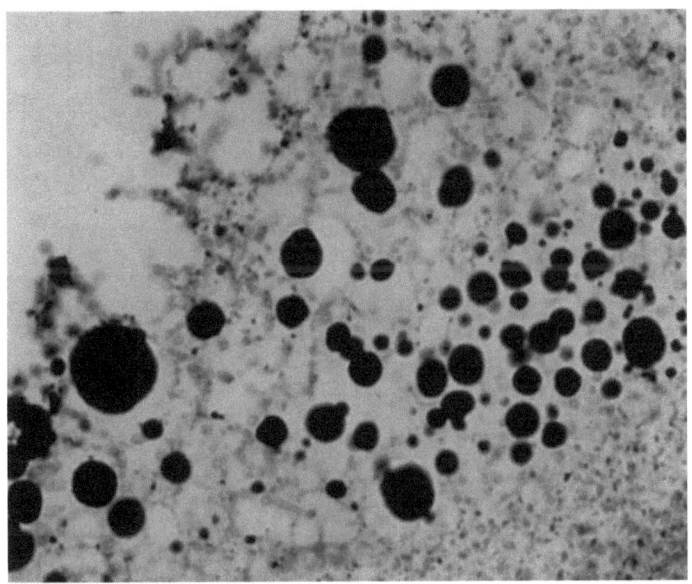

Abb. 6a. In Agar-Agar aufgenommener Rückstand aus einem Konzentrat eines Hypophysenhinterlappenextraktes (Hypophysin). Gut abgegrenzte, tiefschwarz angefärbte, „gomoriphile" Tropfen, die wie Herring-Körper imponieren. Vergr. 890fach. Aus RODECK Z. ges. exper. Med. 132 (1959)

Weitere Untersuchungen ergaben, daß HHLH bei Anwendung der Gomori-Färbung sich in gleicher Weise anfärben lassen wie Neurosekret (Abb. 6a und b). Die Anfärbung beruht offensichtlich auf der Oxydation von Cystin bzw. Cystein innerhalb der HHLH-Moleküle zu Cysteinsäure. Danach sind Neurosekret und HHLH möglicherweise chemisch nahe verwandt oder identisch. Andererseits ist jedoch auch ein relativ hoher, d. h. färbbarer Cystein- bzw. Cystingehalt des Neurosekrets („Trägersubstanz" nach SCHARRER und BARGMANN, „Muttermolekül" nach VAN DYKE, „Neurophysine" nach ACHER) zu diskutieren.

Nach diesen Vorbemerkungen, ohne die heute ein Verständnis des D. i. kaum möglich ist, möchte ich mich nun diesem interessanten Krankheitsbild zuwenden.

Der Diabetes insipidus-Kranke kann wegen des Fehlens von ADH seinen Harn nicht oder nur ungenügend konzentrieren. Die aufgenommenen und wieder ausgeschiedenen Flüssigkeitsmengen

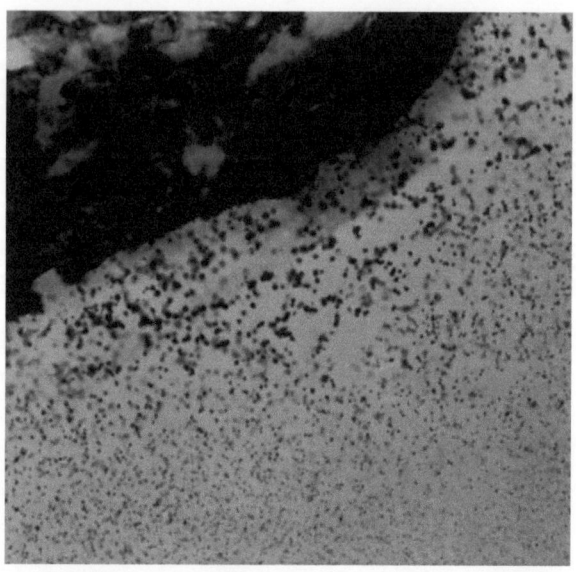

Abb. 6b. Trockenpulver von synthetischem Oxytocin (Syntocinon), aufgenommen in Agar-Agar. Links oben besonders starke Anhäufung von „gomoriphilem" Material, von dort ausgehend deutliche Diffusion. Abnahme der Tröpfchengröße mit zunehmender Entfernung. Vergr. 880fach. Aus RODECK Z. ges. exper. Med. **132** (1959)

betragen selten mehr als 10—15 Liter/Tag. Bei diesen Fällen ist noch eine gewisse Restfunktion des hypothalamo-neurohypophysären Systems anzunehmen (Abb. 7). Bei Totalausfall werden 20—25 l Harn/Tag ausgeschieden. Das entspricht etwa dem Anteil der fakultativen Rückresorption (13%) aus dem Glomerulumharn (180—200 Liter/Tag). Nur das Ausmaß der fakultativen Rück-

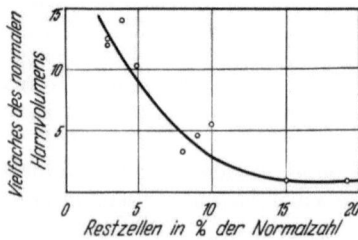

Abb. 7. Anzahl der Restzellen in den Nuclei supraoptici im Verhältnis zum Ausmaß der Polyurie nach Durchtrennung des Tractus supraoptico-hypophyseus bzw. nach Neurohypophysektomie. Abscisse: Ganglienzellen in Prozent der Norm. Ordinate: Harnvolumen bezogen auf die normale tägliche Harnausscheidung des jeweiligen Hundes (= 1). Aus HEINBECKER und WHITE: Amer. J. Physiol. **133** (1941)

Tabelle 2. *Die verschiedenen Ursachen des Diabetes insipidus*,
aus A. LABHART: Klinik der inneren Sekretion, 1957

I. Vasopressin-Ausfall	II. Vasopressin unwirksam
1. Schädigungen des Hypothalamus-Neurohypophysensystems, symptomatischer Diabetes insipidus a) Tumoren, besonders Cysten, Kraniopharyngeome, Gliome, HVL-Tumoren, Metastasen-Speichergranulome (HAND-SCHÜLLER-CHRISTIAN)[1] b) Entzündliche Erkrankungen: Encephalitiden, Meningitiden, granulomatöse Prozesse wie Tbc, Lues, M. Boeck c) Degenerative, insbesondere vasculäre Schädigungen d) Traumatische Schädigungen e) Nach therapeutischer Hypophysektomie 2. Hereditärer Diabetes insipidus, pathologisch-anatomisch meist nicht faßbar 3. Primärer, „idiopathischer" Diabetes insipidus unbekannter Ursache	1. Nephrogener, hereditärer vasopressinresistenter Diabetes insipidus 2. Transitorischer Diabetes insipidus: durch Vasopressin inaktivierende Substanzen (SMITH)

resorption im distalen Tubulusschenkel unterliegt der Kontrolle des neurosekretorischen Systems. Die obligatorische Rückresorption im proximalen Tubulus verläuft völlig unabhängig vom ADH.

Hinsichtlich der *Ätiologie* unterscheidet man den symptomatischen und den idiopathischen D. i. neurohormonalis (Tab. 2, Tab. 3).

Der *symptomatische* D. i. entsteht entweder als Folge der Ausschaltung der hypothalamischen Kerngebiete oder nach Läsionen des Tractus bzw. nach Zerstörung der Neurohypophyse. Er kann sehr verschiedene Ursachen haben. Häufig ist er die Folge von *Tumoren* — sowohl Primärtumoren als auch Metastasen (besonders von Mamma- und Bronchuscarcinom). Unter den Primärtumoren sei besonders das Kraniopharyngeom hervorgehoben. Aber auch alle anderen Tumoren können bei entsprechender Lokalisation zur Ausbildung eines D. i. führen.

Eine große Bedeutung für die Entstehung des D. i. haben *Traumen*. Erstaunlicherweise geht nach einiger Zeit oft das Ausmaß von Polydipsie und Polyurie zurück. Möglicherweise mag der Rückgang des kollateralen traumatischen Ödems in vielen Fällen

---

[1] Die für den Hinterlappen und den Hypophysenstiel typischen Sternberg-Prieselschen Knötchen, die gelegentlich größere, auch als Tumorettengeschwülste bezeichnete Tumoren bilden können, führen in der Regel nicht zu endokrinen Störungen.

Tabelle 3. *Ätiologie des Diabetes insipidus*

a) Nach der Zusammenstellung von FINK (1928)	Zahl der Fälle	b) Nach der Zusammenstellung von JONES (1944)	Zahl der Fälle
Hirntumoren	68	Hirntumoren	13
Lues	14	davon mit Beteiligung d.	
Trauma	11	Hypophyse	11
Tuberkulom bzw. Meningitis tbc.	5	mit Einschluß des Hypothalamus	2
Andere entzündl. Prozesse	9	Encephalitis	7
	107	Xanthomatose	4
		Trauma	3
		Lues	3
		Hirnblutung	2
		Infarkt d. Neurohypophyse	1
		Nach Delirium unbekannter Genese	1
		Ungeklärte Ursache	8
			55

c) Nach der Zusammenstellung von BLOTNER (1951)	Zahl der Fälle	d) Nach der Zusammenstellung von RODECK (1960)	Zahl der Fälle
Idiopathisch (davon 3 evtl. psychogene Polydipsie, möglicherweise 6 nach Traumen)	50	idiopathisch	29
		Hirntumoren	7
		postoperativ	4
Hirntumoren	36	Trauma	9
Lues	7	postencephalitisch	7
Hereditär	3	Durchblutungsstörung	4
Postencephalitisch	3	Lues	1
Xanthomatose	2	Granulom	1
Myeloische Leukämie	2		62
Chorea	2		
Lymphom	1		
Schädelbruch	1		
Cerebrale Arteriosklerose	1		
Geburtsschädigung	1		
Verkalkung der A. carotis interna	1		
Nach Pockenschutzimpfung	1		
Basilararachnoiditis	1		
	112		

die neurosekretorische Bahn wieder freigeben. Andererseits konnte in Tierexperimenten gezeigt werden, daß es — vor allem, wenn die Durchtrennung der neurosekretorischen Axone sehr weit distal erfolgt ist — oberhalb der Läsion zum Sekretanstau mit der Ausbildung einer „Ersatzhypophyse" (STUTINSKI, BARGMANN) kommt (Abb. 8).

Als Folge einer *Encephalitis* ist der D. i. nicht selten. Alle Arten von Encephalitis können durch Befall der neurosekretorischen Kernareale das Krankheitsbild auslösen, insbesondere gilt dies für die Encephalitiden nach akuten Infektionskrankheiten bzw. nach Pockenschutzimpfung. Das Ausmaß der Polyurie hängt dabei wesentlich von der Menge der untergegangenen neurosekretorischen Neurone ab.

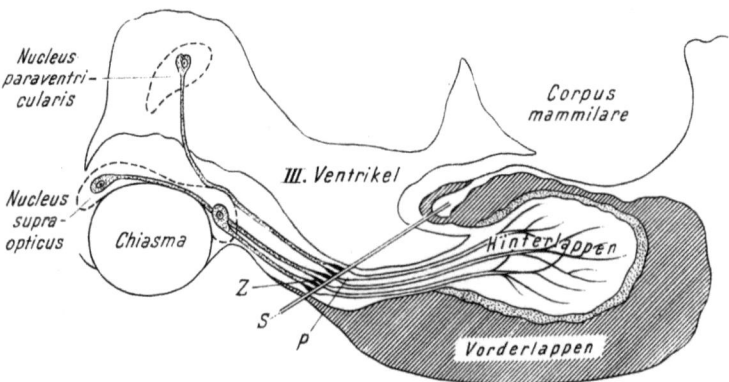

Abb. 8. Schematische Darstellung der neurosekretorischen Bahn beim Hund mit der Lage des Operationsschnittes (*S*). *Z*: Zentraler Stumpf des Tractus supraoptico-hypophyseus mit Andeutung der Neurosekretanstauung („Ersatzhypophyse"), *P*: Peripherer Stumpf des Tractus. Aus HILD und ZETLER: Pflügers Arch. 257 (1953)

Der Diabetes insipidus gehört zur klassischen Symptomtrias der *Hand-Schüller-Christianschen Erkrankung* (Diabetes insipidus, Exophthalmus, „Landkartenschädel"). Neurohypophyse und Infundibulum sind dabei oft in ihrer Gesamtheit von xanthomatösen Massen durchsetzt. Bei entsprechender Metastasierung können auch leichtere Formen dieser Lipoidstoffwechselstörung (eosinophiles Granulom, Hautxanthomatosen und dgl.) die neurosekretorische Bahn unterbrechen und so einen D. i. auslösen.

Früher sah man gelegentlich das Krankheitsbild als Folge einer *Lues*, und zwar sowohl bei Zerstörung des neurosekretorischen Systems durch Gummata als auch durch luische Encephalitis. Auch das *Tuberkulom* soll in seltenen Fällen einen D. i. ausgelöst haben.

Weitere Krankheiten, in deren Folge die Harnruhr beobachtet wurde, sind *Arteriosklerose, Hirnblutungen, Embolien, Leukämie, Besnier-Boeck-Schaumannsches Sarkoid, Ostitis deformans generalisata, Ostitis deformans Paget, Toxoplasmose* u. a. In einigen Fällen wurde der D. i. als Folge eines *psychischen Traumas* beschrieben.

Während der symptomatische D. i. eindeutig auf Läsionen des neurosekretorischen Systems zurückgeführt werden muß, ist der sog. *idiopathische D. i.* ätiologisch mitunter nicht eindeutig zu klären. In der Regel ist er dem Formenkreis des hereditären D. i. zuzuordnen. Beim idiopathischen D. i. ist kein eindeutiger pathologisch-anatomischer Befund zu erheben — neuere exakte morphologische Untersuchungen mit Anwendung der Gomori-Methode bzw. mit Bestimmung des Gehaltes an ADH im neurosekretorischen System liegen leider noch nicht vor. Einige Autoren wollen eine mehr oder weniger ausgeprägte Degeneration dieses Systems gefunden haben. Wir möchten diese Fälle nicht dem idiopathischen D. i. zuordnen, vielmehr glauben wir VEIL und STURM beipflichten zu müssen, daß es sich dabei oft um Folgeerscheinungen nach unbemerkten Encephalitiden bzw. Traumen handelt.

Bezüglich *Disposition, Klinik, Diagnose* und *Heredität* sei auf die einschlägigen Übersichtsreferate der letzten Jahre verwiesen. Hinsichtlich Differentialdiagnose und Testverfahren s. Tab. 4.

Tabelle 4. *Differentialdiagnose der Polyurie* (nach TALBOT), aus A. LABHART: Klinik der inneren Sekretion, 1957

	Urin-menge Liter/ 24 Std	Maximales spezifisches Gewicht	Vasopressinwirkung	Durstversuch	HICKEY-HARE-Test	Besonderheiten
Diabetes insipidus	5—20	<1008	+	—	—	
Hypophysektomie	1—9	<1016	+	—	— od. +	
Nephrogener Diabetes insipidus	5—20	<1015	—	—	—	Konnatal, oft hereditär
Chron. Nephritis	1—5	1010	—	—	—	Albuminurie, Rest-N ↗
Diabetes mellitus	1—5	1030	+	+	+	Glucosurie

Zur *Therapie* sei noch einiges angeführt, was nach unserer eigenen klinischen Erfahrung oft nicht genügend beachtet wird. Bevor man mit entsprechender Substitutionsbehandlung beginnt, sollte man sich darüber klar werden, daß zunächst das Grundleiden behandelt wird — denn häufig ist der D. i. eben nur ein Symptom. Immer sollte man daher zunächst einen symptomatischen D. i. ausschließen. Erst wenn alle Untersuchungen keinen Anhalt dafür bieten, darf man sich mit der Diagnose idiopathischer D. i. zufriedengeben.

Beobachtungen von MAINZER sowie eigene Versuche zeigen, daß mit steigender Dosierung die Wirkung der Hormonpräparate nachläßt. Das „Wasseräquivalent", das heißt die rückresorbierte

Wassermenge pro iE, sinkt dabei nicht linear, sondern logarithmisch ab. So fanden wir bei den meisten Patienten eine zu hohe Dosierung der teuren Präparate. Zudem ist von den meisten Kranken anzunehmen, daß sie aus Gewohnheit mehr trinken, als die Läsion ihres neurosekretorischen Systems erfordert — MEYER-BISCH spricht von der „aufgepfropften Polydipsie". Trinkmengen bis zu 40 l/Tag sind beschrieben, d. h. also Flüssigkeitsaufnahmen, die weit über das Ausmaß der dem ADH unterworfenen fakultativen Rückresorption hinausgehen. Durch langsame Flüssigkeitseinschränkung, unterstützt durch geeignete diätetische Maßnahmen und evtl. auch durch Sedativa, gelingt es meist, die Zusatzpolydipsie zu beseitigen. Die diätetische Behandlung ist dabei sehr wichtig. Polydipsie und Polyurie lassen sich insbesondere durch die Darreichung einer kochsalzarmen Kost erstaunlich reduzieren. Auch die Einschränkung von Eiweiß kann die Flüssigkeitsaufnahme erheblich herabsetzen. Erst wenn man unter Berücksichtigung dieser Faktoren das effektive Ausmaß von Polyurie und Polydipsie ermittelt hat, sollte man mit der Substitutionstherapie beginnen.

Kürzlich haben LINKE und andere Untersucher bei Anwendung der neuen quecksilberfreien Diuretica gute therapeutische Erfolge erzielt. Dabei wird anscheinend einerseits durch Beseitigung der Hyperosmolarität des Blutplasmas der adäquate Reiz auf das Durstzentrum (Osmorezeptoren) abgeschwächt, andererseits durch Herabsetzung des Blutvolumens die Volumregulation so beeinflußt, daß die Harnproduktion abfällt.

Auf eine dauernde verständnisvolle ärztliche Führung des Patienten, der in der Regel durch sein Leiden psychisch sehr belastet ist, sei besonders hingewiesen.

Bislang gab es keine katamnestischen Untersuchungen bei diesem chronischen Leiden. Einer Anregung von Herrn Prof. LINNEWEH folgend, gingen wir wegen der Frage der *Spätprognose* des D. i. anhand von 62 Fällen der Katamnese der Erkrankung nach. Dabei ergaben sich einige bemerkenswerte Beobachtungen. Gerade beim D. i. ist streng zu unterscheiden zwischen der Prognose quoad vitam und quoad sanationem. Quoad vitam ist sie bei allen Fällen von idiopathischem D. i. gut. WEIL spricht von einem „sehr gesunden Leiden". Die Prognose des symptomatischen D. i. ist weitgehend abhängig von der Grundkrankheit. Sie ist in der Regel schlecht bei Tumoren, gut ist sie beim posttraumatischen und postencephalitischen D. i. Die Prognose quoad sanationem ist beim idiopathischen D. i. absolut infaust. Alle Fälle von symptomatischem D. i., bei denen eine weitgehende Degeneration des neurosekretorischen Systems eingetreten ist, sind gleichfalls in der Prognose quoad sanationem als infaust anzusehen. Der posttraumatische bzw. postoperative D. i. hat die beste Prognose. In den meisten Fällen handelt es sich nur um einen transitorischen D. i. — von unseren 9 posttraumatischen Fällen gingen 6 nach wenigen Wochen in Heilung aus, von unseren 4 postoperativen Fällen behielt nur ein Patient einen dauernden D. i. Seltener ist ein transitorischer D. i. nach Embolie bzw. Durchblutungsstörungen, nach Lues bzw. Tuberkulose. Entsprechende rasch einsetzende Therapie kann aber auch bei derartigen Fällen eine Besserung des Leidens herbeiführen.

Literatur

ACHER, R.: Etat naturel des principes oxytocique et vasopressique de la neurohypophyse. In 2. internat. Symposium über Neurosekretion, Lund (1. —6. 7. 1957). Berlin-Göttingen-Heidelberg: Springer 1958.
BARGMANN, W.: Zusammenfassende Darstellung „Das Zwischenhirn-Hypophysensystem". Berlin-Göttingen-Heidelberg: Springer 1954.
BLOTNER, H.: Diabetes insipidus. New York: Oxford University Press 1951.
CALESNICK, B., and S. A. BRENNER: An observation of hydrochlorothiazide in diabetes insipidus. J. Amer. med. Ass. **176**, 1088 (1961).
VAN DYKE, H. B., B. F. CHOW, R. O. GREEP and A. ROTHEN: The isolation of a protein from the pars neuralis of the ox pituitary with constant oxytocic, pressor and diuresis-inhibiting activities. J. Pharmacol. exp. Ther. **74**, 190 (1942).
FINK, E. B.: Diabetes insipidus. A clinical review and analysis of necropsy reports. Arch. Path. (Chicago) **6**, 102 (1928). — FISHER, C., W. R. INGRAM and S. W. RANSON: Diabetes insipidus and the neurohormonal control of water balance; a contribution to the structure and function of the hypothalamo-hypophyseal system. Ann Arbor (Michigan): Edwards Broths. Inc. 1938.
GAUER, O. H., u. J. P. HENRY: Beitrag zur Homöostase des extraarteriellen Kreislaufs. Klin. Wschr. **1956**, 356. — GAYER, J., u. W. KAUFMANN: Zur Therapie des Diabetes insipidus mit Salidiuretica. Dtsch. med. Wschr. **86**, 1256 (1961). — GEILING, E. M. K.: Posterior hypophysis. J. Amer. med. Ass. **54**, 738 (1935). — GEILING, E. M. K., and M. R. LEWIS: Further information regarding melanophoric hormone of the hypophysis cerebri. Amer. J. Physiol. **113**, 534 (1935). — GEILING, E. M. K., and F. K. OLDHAM: The neurohypophysis. J. Amer. med. Ass. **116**, 302 (1941). — GOMORI, G.: Observations with differential stains on human islets of Langerhans. Amer. J. Path. **17**, 315 (1941); — Aldehyd-fuchsin: a new stain for elastic tissue. Amer. J. clin. Path. **20**, 665 (1950). — GREVING, R.: Beiträge zur Anatomie der Hypophyse und ihrer Funktion. I. Eine Faserverbindung zwischen Hypophyse und Zwischenhirnbasis (Tractus supraoptico-hypophyseus). Dtsch. Z. Nervenheilk. **89**, 179 (1926); — Beiträge zur Anatomie der Hypophyse und ihrer Funktion. II. Das nervöse Regulationssystem des Hypophysenhinterlappens (des Nucleus supraopticus und seine Fasersysteme). Zbl. Neurol. Psychiat. **104**, 466 (1926). — GRIFFITHS, M.: Studies on the pituitary body. I. The phyletic occurrence of pituicytes, with a discussion of the evidence for their secretory nature. Proc. Linn. Soc. New Sth. Wales **63**, 81 (1938); —

Secretory elements of the pars nervosa of the pituitary. Nature (Lond.) **141**, 286 (1938); — The relationship between the secretory cells of the pars nervosa of the hypophysis and classical neuroglia. Endocrinology **26**, 1032 (1940).
HENRY, J. P., O. H. GAUER and J. REEVES: Evidence of the atrial location of receptors influencing urine flow. Circulat. Res. **4**, 85 (1956). —
HENRY, J. P., and J. W. PEARCE: The possible role of cardiac atrial stretch receptors in the induction of changes in urine flow. J. Physiol. (Lond.) **131**, 572 (1956). — HILD, W., u. G. ZETLER: Experimenteller Beweis für die Entstehung der sog. Hypophysenhinterlappenwirkstoffe im Hypothalamus. Pflügers Arch. ges. Physiol. **257**, 169 (1953).
INGRAM, W. R., C. FISHER and S. W. RANSON: Experimental diabetes insipidus in the monkey. Arch. intern. Med. **57**, 1067 (1936).
JONES, G. M.: Diabetes insipidus: clinical observations in forty-two cases. Arch. intern. Med. **74**, 81 (1944).
LABHART, A.: Klinik der inneren Sekretion. Berlin-Göttingen-Heidelberg: Springer 1957. — LINKE, A.: Die Behandlung des Diabetes insipidus insipidus mit saluretischen Sulfonamiden. Med. Welt **18**, 968 (1960).
MAINZER, F.: Über Fragen der Hinterlappentherapie des Diabetes insipidus. Wien. Arch. inn. Med. **26**, 101 (1934). — MELVILLE, E. V., and K. HARE: Antidiuretic material in supraoptic nucleus. Endocrinology **36**, 332 (1945). — MEYER-BISCH, R.: Diabetes insipidus. In G. u. F. KLEMPERER: Neue Deutsche Klinik, Bd. 2. Berlin-Wien 1928.
ORTHNER, H.: Pathologische Anatomie und Physiologie der hypophysärhypothalamischen Krankheiten. In Handbuch der speziellen pathologischen Anatomie und Histologie. 13. Bd., 5. Teil. Berlin-Göttingen-Heidelberg: Springer 1955.
PINES, J.-L.: Über die Innervation der Hypophysis cerebri. I. Mitt. J. Psychol. Neurol. (Lpz.) **32**, 80 (1926); — Über die Innervation der Hypophysis cerebri. II. Mitt. Zbl. ges. Neurol. Psychiat. **100**, 123 (1926).
RANSON, S. W., C. FISHER and W. R. INGRAM: The hypothalamic-hypophyseal mechanism in diabetes insipidus. Res. Publ. Ass. nerv. ment. Dis. **17**, 410 (1938). — RANSON, S. W., and H. W. MAGOUN: The hypothalamus. Ergebn. Physiol. **41**, 56 (1939). — RODECK, H.: Diabetes insipidus und primäre Oligurie (Antidiabetes insipidus). Ergebn. inn. Med. Kinderheilk. N. F. **6**, 185 (1955); — Zusammenhänge zwischen Neurosekret und den sogenannten Hypophysenhinterlappenhormonen. I. Mitt.: Untersuchungen an getrocknetem und pulverisiertem Hypophysenhinterlappengewebe (Schnupfpulver). Z. ges. exp. Med. **130**, 247 (1958); — Zusammenhänge zwischen Neurosekret und den sogenannten Hypophysenhinterlappenhormonen. II. Mitt.: Untersuchungen an handelsüblichen Hypophysenhinterlappenextrakten. Z. ges. exp. Med. **132**, 113 (1959); — Zusammenhänge zwischen Neurosekret und den sogenannten Hypophysenhinterlappenhormonen. III. Mitt.: Untersuchungen zur färberischen Darstellung von synthetischem Oxytocin. Z. ges. exp. Med. **132**, 122 (1959); — Zusammenhänge zwischen Neurosekret und den sogenannten Hypophysenhinterlappenhormonen. IV. Mitt.: Untersuchungen an schwefelhaltigen Aminosäuren. Z. ges. exp. Med. **132**, 225 (1959); Diabetes insipidus centralis. In F. LINNEWEH: Die Prognose chronischer Erkrankungen. Berlin-Göttingen-Heidelberg: Springer 1960.
SATO, G.: Über die Beziehung des Diabetes insipidus zum Hypophysenhinterlappen und zum Tuber cinerum. Naunyn-Schmiedebergs Arch. exp. Path. Pharmak. **131**, 45 (1928). — SCHARRER, E. u. B.: Neurosekretion. In Handbuch der mikroskopischen Anatomie des Menschen. Bd. IV/5. Berlin-

Göttingen-Heidelberg: Springer 1954. — SMITH, H. W.: The kidney. New York: Oxford University Press 1951. — TALBOT, N. B., E. H. SOBEL, J. W. MCARTHUR and J. D. CRAWFORD: Functional endocrinology. Cambridge: Harvard University Press 1952. — TRENDELENBURG, P.: Anteil der Hypophyse und des Hypothalamus am experimentellen Diabetes insipidus. Klin. Wschr. **1928**, 1679. — TRENDELENBURG, P., u. G. SATO: Über den Einfluß von Hypophyse und Tuber cinerum für den Wasserhaushalt. Verh. dtsch. Ges. Pharmakol. **1927**, 114; Klin. Wschr. **1927**, 1827.
VEIL, W. H., u. A. STURM: Die Pathologie des Stammhirns. Jena: Gustav Fischer 1946. — VERNEY, E. B.: The antidiuretic hormone and the factors which determine its release. Proc. roy. Soc. London, S. B. **135**, 25 (1947); — Agents determining and influencing the functions of the pars nervosa of the pituitary. Brit. med. J. **1948**, 119; — Die Hemmung der Wasserdiurese durch Erhöhung des osmotischen Druckes im Carotisplasma und ihre Vermittlung über die Neurohypophyse. Naunyn-Schmiedebergs Arch. exp. Path. Pharmak. **205**, 387 (1948).
WEIL, A. sen.: Über die hereditäre Form des Diabetes insipidus. Virchows Arch. path. Anat. **95**, 70 (1884).

Diskussion

ROSENKRANZ: Die Therapie des Diabetes insipidus neurohormonalis kann im Kleinkindesalter mitunter schwierig sein, da bei jungen Kleinkindern einerseits die parenterale kontinuierliche Verabreichung von ADH nicht leicht exakt durchführbar und andererseits die Hormonzufuhr über die Nasenschleimhaut meist unmöglich ist. Es wird daher angefragt, ob Einwände bestehen, ein Kleinkind längere Zeit mit ADH — etwa bis Beginn des Schulalters — unbehandelt zu lassen, sofern für genügend Flüssigkeitszufuhr gesorgt wird. Weiterhin scheint manchmal bei Fällen von echtem Diabetes insipidus neurohormonalis eine zusätzliche, psychogen bedingte Polydipsie und Polyurie vorzuliegen.

SCHNEEGANS: Die Kinder zwischen 12 Monaten und 2 Jahren, also größere Säuglinge, müssen behandelt werden. Sie nehmen sonst nicht an Gewicht und Größe zu.

DROESE: Die Frage, ob ein Säugling mit einem Diabetes insipidus zusätzlicher Wassergaben zu seiner Nahrung bedarf, hängt davon ab, wie konzentriert die gefütterte Nahrung ist. Bei Frauenmilch und selbst bei Ernährung mit $^1/_2$-Milch-Mischungen ist der Anfall harnpflichtiger Substanzen so gering, daß auch ohne zusätzliche Wassergaben kaum die Gefahr einer Dehydration besteht, es sei denn, daß durch Fieber usw. der Wasserhaushalt beansprucht wird. Anders liegen die Verhältnisse, wenn, wie heute vielfach üblich, mit kuhmilchreichen Mischungen ernährt wird.

GESSLER: Nach Behandlung von Patienten mit akutem Nierenversagen mit der künstlichen Niere sehen wir postanurisch eine erhebliche Polyurie. Liegen Untersuchungen vor, welche Veränderungen bei solchen Kranken in der Neurosekretion eintreten? Sind Tierversuche mit dieser Fragestellung durchgeführt worden?

REUBI: Betreffs des Wirkungsorts des ADH: DARMADY hat nach Verabreichung von radioaktivem ADH renale Autoradiogramme untersucht. Dabei wurde die höhere ADH-Konzentration nicht im Bereich der Sammelrohre, wie es theoretisch zu erwarten wäre, sondern im Bereich des distalen

Konvoluts gefunden. Kann die von DARMADY angewandte Methode als zuverlässig betrachtet werden oder sind Artefakte nicht auszuschließen?

HEINTZ: Herr RODECK hat die Restfunktion des Hypothalamus-HHL-Systems erwähnt, die bei vielen Patienten mit Diabetes insipidus noch vorhanden ist. Gibt es Möglichkeiten, diese Restfunktion zu steigern und damit das Krankheitsbild zu bessern? Wir haben 2 Patienten mit Diabet. insip. durch Tumor-Metastasen in dem HHL beobachtet, bei welchen sich schlagartig nach einem kurzdauernden interkurrenten Fieberzustand Polyurie und Polydipsie besserten. In einem Falle hielt die Besserung 10—12 Tage nach Ende des Fiebers, im anderen mehrere Wochen lang bis zum Tode am Grundleiden an. Wir haben bei anderen Diabetes-insip.-Patienten durch Fieberbehandlung das Krankheitsbild zu beeinflussen versucht, allerdings ohne Erfolg. Dazu ist zu bemerken, daß nach eigenen Untersuchungen die antidiuretische Aktivität des Plasmas bei gesunden Menschen unter Fiebertherapie ansteigt. Bei Pat. mit Diabetes insip. konnten wir das bisher in keinem Fall beobachten.

Welcher Hirnop. wurden die Pat. unterzogen, bei welchen nach der Op. ein Diabet. insip. auftrat, aber nach einigen Wochen wieder verschwand? Wenn es sich um totale Hypophysektomien handelte, so dürfte der Diabet. insip. in der ersten postop. Periode durch den akuten Ausfall des HHL zu erklären sein, während nach einigen Wochen der indirekte „antidiuretische" Effekt des HVL via Ausfall der glandotropen HVL-Hormone zur Wirkung kam. Die Minderung der NNR- und Schilddrüsenaktivität beeinträchtigt bekanntlich die renale Wasserausscheidung, die durch Verabreichung von Hydrocortison u. ä. in diesen Fällen gebessert werden kann. Zur Behandlung mit Pitressintannat wäre vielleicht zu erwähnen, daß man in seltenen Fällen lokale allergische Reaktionen an der Injektionsstelle, aber auch Allgemeinreaktionen wie Fieber, Abgeschlagenheit u. ä. beobachten kann.

JARAUSCH: 1. Für die Wirksamkeit des ADH scheint das Trägereiweiß (es läuft bei der Ratte mit den β-Globulinen) eine wichtige Rolle zu spielen: Bei Schwangeren gefundenes Vasopressin zeigte bei Ratten keine Wirksamkeit. Erst nach Wochen (wohl Denaturierung des Eiweißmoleküls) zeigt das Vasopressin die volle Wirksamkeit.

Auf die Bedeutung des Trägereiweißes für die Haftung des Vasopressins am Receptor in der Niere wird hingewiesen.

2. Möglicherweise gibt es neben dem Diabetes insipidus centralis und renalis noch eine 3. Form, bei der bei normaler ADH-Ausschüttung und normaler Nierenfunktion das ADH auf dem Wege von der Neurohypophyse zur Niere abgeschwächt oder inaktiviert wird. Hinweis auf Arbeit von HANKISS (Münch. med. Wschr. 1959).

KOCH: Es verstarb uns nach 8jähriger Behandlung eine 35jährige Frau mit einem Sheehan-Syndrom an einem hypoglykämischen Schock. Herr Doz. SCHORN, Pathol.-Anat. Inst. Gießen, fand nicht nur die erwartete völlige Zerstörung und Fibrosierung des Hypophysenvorderlappens sowie Atrophie von NNR, Schilddrüse und Gonaden, sondern auch eine ganz exzessive Vermehrung der Gomori-Substanz im Hinterlappen und Nucleus supraopticus. Wir haben keine Erklärung dafür und auch nichts in der Literatur gefunden. Können Sie etwas dazu sagen?

BUCHBORN: Ebenso wie ADH im neurohypophysären Neurosekret offenbar an Trägersubstanzen angelagert sind, fanden wir auch nach präparativer Auftrennung der Serumeiweiße (Stärkeelektrophorese) eine Transportbindung von in vitro zugesetztem synthetischen (eiweißfreien) ADH. Die Bindungskapazität dieser Transportglobuline ist limitiert, da überschüssig zugesetztes ADH im elektrischen Feld außerhalb der Eiweißfraktionen wandert. Ähnliche Befunde hat THORN mitgeteilt.

DULCE: Wie wurde der Durstversuch durchgeführt? War es Durst und Hunger oder nur Durst? Und sind Kontrollen der Neurosekretion bei reinem Hunger durchgeführt worden? Die Neurosekretabnahme könnte ja auch unspezifisch auf den Nährstoffmangel zurückzuführen sein.

SCHWAB: Herr RODECK hat kurz den sogenannten psychogenen Diabetes insipidus erwähnt. Es wird darauf hingewiesen, daß die bisher veröffentlichten Fälle von Diabetes insipidus, für die eine psychogene Entstehung verantwortlich gemacht wurde, einer kritischen Überprüfung der Diagnose nicht standhalten. Vielmehr dürfte es sich in diesen Fällen um primäre Polydipsien gehandelt haben.

KLINGMÜLLER: 1. Herrn ULLRICH und Herrn SCHWAB möchte ich fragen, ob sie mit der folgenden Definition übereinstimmen: Diurese ist die Wasserausscheidung im Harn, also die Summe aller Einzelvorgänge im Nephron. Eine Diurese von Salzen gibt es nicht; mit „NaCl-Diurese" darf man nur eine durch Kochsalz stimulierte Wasserausscheidung bezeichnen, nicht die Ausscheidung eines Stoffes wie NaCl.
2. Herrn RODECK möchte ich fragen, ob die vermehrte Ausscheidung im Vorstadium eines großen epileptischen Anfalles ein Teilergebnis einer peripher ausgelösten Reizung der Neurohypophyse in der Art eines „Zwischenhirngewitters" sein kann.

J. FREY: Zur Frage Oxytocin-Vasopressin: Gibt man Versuchspersonen kontinuierlich eine bestimmte Wassermenge durch einen Duodenalschlauch, so erhält man eine Wasserdiurese, die dem Diabetes insipidus gleicht.
Durch i.v.-Gaben von Vasopressin erzielt man eine bekannte Antidiurese mit Abnahme des Harnminutenvolumens und Zunahme der Elektrolytkonzentrationen des Harns. Diese antidiuretische Wirkung des Vasopressins bleibt aus, wenn man vorher Oxytocin, das selbst keinen Einfluß auf die Wasserdiurese ausübt, injiziert. Man kann deshalb an eine kompetitive Wirkung der beiden Oktapeptide der Posthypophyse denken und die Meinung äußern, daß an der Regulation des Wasserbestandes des Körpers das Oxytocin modifizierend eingreifen kann (Untersuchungen von J. FREY, L. KERP und REICHARDT).

STRACK: Zum Durstproblem: Mit Glycerin — besonders bei Dauerinfusionen — kann man in kurzer Zeit schon einen starken Durstzustand erzeugen.

RODECK (Schlußwort): Die Therapie des Diabetes insipidus bei Säuglingen ist sicher schwierig. Das liegt zunächst einmal daran, daß das Krankheitsbild beim Säugling mit seinem „physiologischen Diabetes insipidus" klinisch kaum erkannt werden kann. Der relativ große Stoffumsatz pro Gewichtseinheit, die morphologische und funktionelle Unreife der Niere und des ADH-produzierenden Systems erfordern eine erhebliche Wasseraufnahme und bedingen so eine entsprechende Polyurie. Eine ADH-Gabe führt beim gesunden Erwachsenen immer zur Diureseeinschränkung — das ist beim jungen Säugling durchaus nicht der Fall. H. HELLER konnte zeigen, daß auch bei Verabreichung großer ADH-Dosen bei jungen Säuglingen praktisch keine Verminderung der Harnproduktion eintritt, d.a das unreife Tubulussystem noch nicht auf ADH anspricht. Ist beim älteren Säugling bzw. beim Kleinkind jedoch die Diagnose Diabetes insipidus gestellt, dann muß das Kind behandelt werden, da sonst infolge der immer wieder auftretenden

Exsiccose schwere Beeinträchtigungen der körperlichen und geistigen Entwicklung (Minderwuchs, Hirnschäden) auftreten können. Zweckmäßigerweise gibt man diesen Kindern — ähnlich wie Patienten mit Diabetes insipidus renalis — den Wasserkonsum frei und stellt sie erst später (etwa im Schulalter) auf ADH ein.

Selbstverständlich wird bei osmotischer Belastung bzw. bei einem stärkeren Anfall von harnpflichtigen Substanzen eine größere Flüssigkeitsaufnahme erforderlich. Das gilt auch für das Säuglingsalter. Bei einer derartigen Belastung kann ein bis dahin latent vorhandener Diabetes insipidus infolge der Exsiccose offensichtlich werden.

Die Harnflut nach Wiederingangkommen der Diurese beim akuten Nierenversagen ist ein bekanntes und doch immer wieder eindrucksvolles Ereignis. Man staunt oft über die ungeheuren Harnmengen. Zweifellos sind diese bedingt durch den Zwang, die angestauten harnpflichtigen bzw. osmotisch wirksamen Stoffe auszuscheiden. Untersuchungen am neurosekretorischen System derartiger Patienten bzw. vergleichbare Tierexperimente sind bisher nicht gemacht worden.

Prüfungen der ADH-Konzentration innerhalb der einzelnen Nierenabschnitte sind bisher kaum gemacht worden. Die spärlichen Befunde müssen erst nachgeprüft werden, bevor eine endgültige Deutung möglich ist.

Der sogenannte transitorische bzw. passagere Diabetes insipidus ist nach Schädeltraumen und Hirnoperationen ein durchaus nicht seltenes Ereignis. Durch „Fernwirkung" (Hirnödem!) können auch Läsionen bzw. Operationen in Arealen, die nicht in unmittelbarer Nachbarschaft des ADH-produzierenden Systems liegen, zu einer vorübergehenden Minderung der ADH-Produktion bzw. zu einem vorübergehenden herabgesetzten Ansprechvermögen der Osmoreceptoren führen — die Polyurie ist dann die Folge.

Der Verdacht auf das Vorliegen von Hypothalamustumoren sollte hinsichtlich der Anwendung von sogenannten Regulationsprüfungen immer zu äußerster Zurückhaltung zwingen. Wir erlebten es öfter, daß bei derartigen Belastungen sehr rasch die Tod in Form eines „Zwischenhirngewitters" (Zusammenbruch der vegetativen Funktionen) erfolgte.

Zur Frage des Ansteigens der antidiuretischen Aktivität des Plasmas unter Fiebertherapie möchte ich darauf hinweisen, daß etwas Derartiges nach jedem körperlichen „Stress" (Operation, Krampfanfall, Fieber, Schmerzen), aber auch nach psychischen Erregungen (Sorgen, Angst) beobachtet werden kann. Es konnte auch im Tierexperiment gezeigt werden, daß dabei erhebliche Mengen ADH mobilisiert werden. Das neurosekretorische System von Ratten war nach derartigen Belastungen weitgehend von Neurosekret entleert. Selbstverständlich dürfen bei der Beurteilung des Regulationsmechanismus der Diurese der HVL bzw. die peripheren Sekretdrüsen nicht außer Betracht gelassen werden (von HANN, A. D. KELLER u. a.).

Die Frage nach der Trägersubstanz der HHL-Hormone bewegt zur Zeit viele Biochemiker und Morphologen. Etwas Abschließendes kann dazu vom heutigen Stand der Dinge aus wohl noch nicht gesagt werden. Immerhin erscheint bedeutungsvoll, daß sowohl die Hormone selbst als auch die Trägersubstanz sich mit den oxydativen Färbemethoden eindeutig erfassen lassen. Auf die Bedeutung des Cystin-Cystein-Komplexes bei dem Färbeprozeß habe ich schon hingewiesen.

Eine Neurosekretanstauung oberhalb der Läsion der neurosekretorischen Bahn wurde im Tierexperiment von HILD beim Frosch, von HILD und ZETLER beim Hund (in den folgenden Jahren von anderen Autoren mehrfach bestätigt) bzw. nach Unterbrechung dieser Bahn durch einen Tumor von MÜLLER beschrieben.

Ganz sicher ist bei vielen Patienten eine Restfunktion des hypothalamo-neurohypophysären Systems vorhanden. Die zwangsläufig erfolgende Aufnahme großer Wassermengen läßt den Patienten mit Diabetes insipidus oft das Gefühl für Relationen verlieren. Wir waren oft erstaunt, wie niedrig manche Patienten ihre tägliche Flüssigkeitsmenge einschätzen. Kranke mit 10 bis 12 l Trinkmenge täglich waren oft der Meinung, sie nähmen etwa 5 l auf. Wenn von der psychischen Seite des Diabetes insipidus die Rede ist, dann ist damit immer nur eine derartige „aufgepfropfte Zusatzpolydipsie" gemeint. Die Auffassung eines echten, lediglich im Psychischen fixierten bzw. psychisch bedingten Diabetes insipidus ist im Gegensatz zur Meinung älterer Autoren heute wohl nicht mehr vertretbar. Man spricht besser von der psychogenen Polydipsie, denn der echte Diabetes insipidus setzt eine morphologische bzw. funktionelle Läsion des neurosekretorischen Systems voraus. Er ist fast immer durch entsprechende Tests von der psychogenen Polydipsie abzugrenzen.

Auf die verstärkte ADH-Produktion bzw. die gesteigerte tubuläre Wasserrückresorption bei den verschiedenen Belastungen — so auch beim Krampfanfall — wurde vorhin schon hingewiesen. Wir glauben, daß es sich dabei wohl um Erregungen handelt, die von übergeordneten Zentren auf den Hypothalamus und damit auf das ADH-produzierende neurosekretorische System einwirken. Die Antidiurese ist ja nur *ein* Zeichen des hypothalamischen Mitbetroffenseins. Vorübergehende Blutdruck-, Blutzucker-, Temperaturschwankungen sind weitere Symptome dieser Art.

Daß Oxytocin etwas mit der Regulation des Wasserhaushaltes zu tun hat, haben inzwischen viele Beobachtungen gezeigt. Nur sind diese Beobachtungen und vor allem die Deutungen so divergierend, daß man sich ein endgültiges Urteil wohl noch nicht erlauben darf.

Versuche, mit Glycerin-Dauertropfinfusionen eine Exsiccose zu erzeugen, sind mir nicht bekannt. Ich bin jedoch für den Hinweis sehr dankbar.

Sowohl im Durst- und im Hungerversuch als auch im kombinierten Durst-Hunger-Versuch ist eine Neurosekretabnahme zu beobachten. Beim Durst ist sie durch die ADH-Mobilisierung infolge der Tendenz des Organismus, möglichst viel Wasser einzusparen, bedingt. Beim Hunger darf man eine ähnliche Reaktion des ADH-produzierenden Systems wie bei sonstigen Stress-Situationen annehmen (s. oben).

Neugeborenen- und Frühspasmophilie

Von

W. Swoboda, Wien

Die Bezeichnung „Spasmophilie" kann als ausgesprochen pädiatrischer und deutschsprachiger wissenschaftlicher Begriff gelten. Zweifellos gehört der Name wegen seiner ausdrucksvollen Prägung schon lange zum ärztlichen Sprachschatz, und es ist berechtigt anzunehmen, daß durch ihn für die unklaren Vorstellungen früherer Zeiten ein ausgezeichneter Sammelbegriff geschaffen worden war. Wahrscheinlich war es H. Schlesinger (1891), der die Spasmophilie der Kinder durch die Gleichstellung mit dem Begriff der latenten Tetanie zum ersten Mal klarer umriß. Willi versuchte später, die Bezeichnung auf jene Fälle von Konvulsionen des Neugeborenen zu beschränken, die sich durch das Fehlen der bei der Tetanie so typischen Karpopedalspasmen von den klassischen tetanischen Erscheinungen unterscheiden. Trotz beträchtlicher Erweiterung unserer Kenntnisse auf dem Gebiete der Stoffwechselvorgänge hat sich aber in der pädiatrischen Nomenklatur die Bezeichnung „Spasmophilie" noch immer erhalten. Diese Tatsache unterstreicht nicht nur den bekannten Konservatismus, der vielen Vorstellungen und Denkvorgängen in der Medizin eigen ist, sondern sie spiegelt auch die immer noch vorhandenen Schwierigkeiten wider, den Begriff der Tetanie befriedigend zu erfassen und zu umfassen (vgl. Jesserer).

Im folgenden soll auf die Problematik der manifesten Tetanie und der latenten Tetaniebereitschaft („Spasmophilie", „Prätetanie") in der Neugeburtsperiode und im frühesten Säuglingsalter näher eingegangen werden. Die in ihrer Pathogenese weitgehend aufgeklärte rachitogene Tetanie wird bekanntlich von der sogenannten „Frühspasmophilie" grundsätzlich und mit Recht abgetrennt, weshalb sie in der folgenden Übersicht außer Betracht bleiben darf.

I. Spasmophilie und Tetanie der Neugeborenen

Bei der Krampfbereitschaft und den Krämpfen in der Neugeburtsperiode bilden Reifungsstörungen oder Läsionen in gewissen Hirnbezirken sowie Regulationsstörungen im Calcium-Phosphat-

Stoffwechsel offensichtlich die wichtigsten ätiologisch-pathogenetischen Grundlagen. Durch das Zusammenwirken dieser (und vermutlich noch anderer) Faktoren ist es im konkreten Fall oft schwierig, die Rolle der einzelnen Faktoren abzuschätzen. Da im Rahmen dieses Symposiums die Bedeutung der Mineralstoffwechselveränderungen diskutiert wird, sollen die Fragen der zentralnervösen Faktoren in der Pathogenese der frühkindlichen Tetanie bewußt vernachlässigt werden.

Serumcalcium und -phosphat beim Neugeborenen. Auf Grund einer ganzen Reihe von Untersuchungen (u. a. BAKWIN; BRUCK und WEINTRAUB; DODD; GITTLEMAN u. Mitarb.; SAVILLE und KRETCHMER; STUR; TODD u. Mitarb.) ist ein Abfall des Serumcalciums um 1—2 mg-% in den ersten Lebenstagen eine fast regelmäßige Erscheinung. Man könnte somit von einer „physiologischen Hypocalcämie des Neugeborenen" sprechen. Kritische Werte unter 8 mg-% findet man bei ausgetragenen Neugeborenen jedoch selten, nämlich nur in 1,2% der Fälle (GITTLEMAN u. Mitarb.). Dies steht in Übereinstimmung mit der Tatsache, daß spasmophile Erscheinungen beim reifen Neugeborenen nicht häufig vorkommen, nämlich nur in 1—1,5°/₀₀ aller Geburten (SAVILLE u. KRETCHMER).

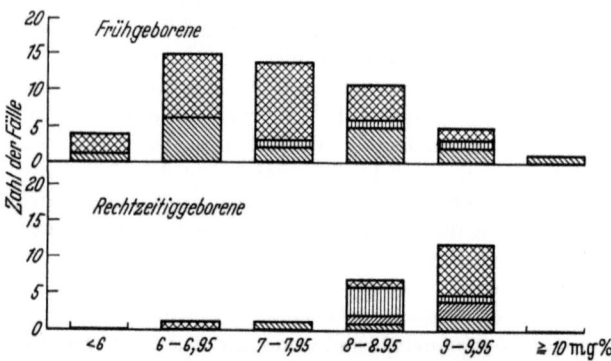

Abb. 1. Minimalwerte des Serumcalciums in der Neugeborenenperiode (nach BRUCK und WEINTRAUB). Werte unter 8 mg-% sind bei Reifgeborenen selten, bei Frühgeborenen häufig. Zeichenerklärung: ▓ Kuhmilch, ▓ Kuh- und Frauenmilch ▓ Frauenmilch, ▓ ohne Milchzufuhr

Frühgeborene zeigen jedoch diesen Blutkalkabfall viel häufiger und auch in stärkerem Grade (Abb. 1). Bei 66 Frühgeborenen in der Untersuchungsserie von GITTLEMAN trat in der Hälfte der Fälle eine Hypocalcämie unter 8 mg-% auf, wobei sich der Grad derselben mit abnehmendem Geburtsgewicht verstärkte. Ferner konnte mehrfach in statistisch signifikanter Weise nachgewiesen werden, daß bei verzögerter, komplizierter Geburt (z. B. Steißlage, Zange, Kaiserschnitt) und nach pathologischem Graviditätsverlauf die neonatale Hypocalcämie höheren Grades häufiger auftritt und überdies dabei tetanische Manifestationen oft zu beobachten sind.

Das anorganische Serumphosphat zeigt in den ersten Lebenstagen oft eine leichte Erhöhung von 1—3 mg-% über den in dieser

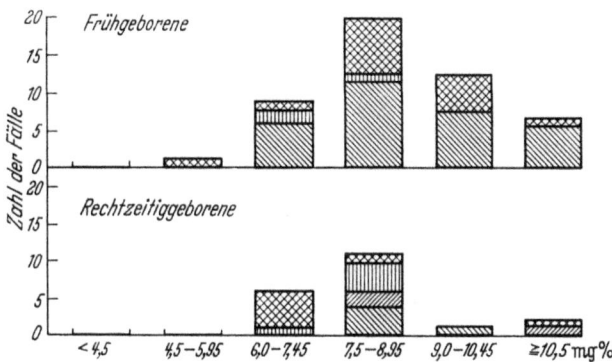

Abb. 2. Maximalwerte des Serumphosphors in der Neugeborenenperiode (nach BRUCK und WEINTRAUB). Kein Unterschied zwischen Reif- und Frühgeborenen. Zeichenerklärung wie Abb. 1

Altersstufe an und für sich schon hohen Normalbereich. Es ist interessant, daß in dieser Hinsicht die Unterschiede zwischen reif und unreif Geborenen nur sehr geringfügig sind (BRUCK und WEINTRAUB) (Abb. 2).

Einfluß der Ernährung. Vor allem von amerikanischen Untersuchern (BAKWIN; GARDNER) wurde darauf hingewiesen, daß die Neugeborenentetanie unter dem Einfluß der Verabreichung der phosphatreichen Kuhmilch viel häufiger auftritt als bei Fütterung von Frauenmilch. Da sich aber auf diese Weise die tetanischen Erscheinungen des 1. und 2. Lebenstages nicht erklären lassen, konnte sich diese pathogenetische Auffassung nicht recht durchsetzen. Aber auch spätere Studien (GITTLEMAN und PINCUS) konnten den verschiedenartigen Einfluß von Frauenmilch auf die Verschiebungen des Serumcalciums bzw. -phosphats des Neugeborenen bestätigen. Dabei wurde die Verabreichung von Frauenmilch als sicherste Vorbeugungsmaßnahme zur Verhinderung eines weiteren, unter Umständen kritischen Serumcalciumabfalles bzw. Phosphatanstieges gefunden. Die Analyse von 125 Fällen von Neugeborenentetanie durch SAVILLE und KRETCHMER scheint die Widersprüche

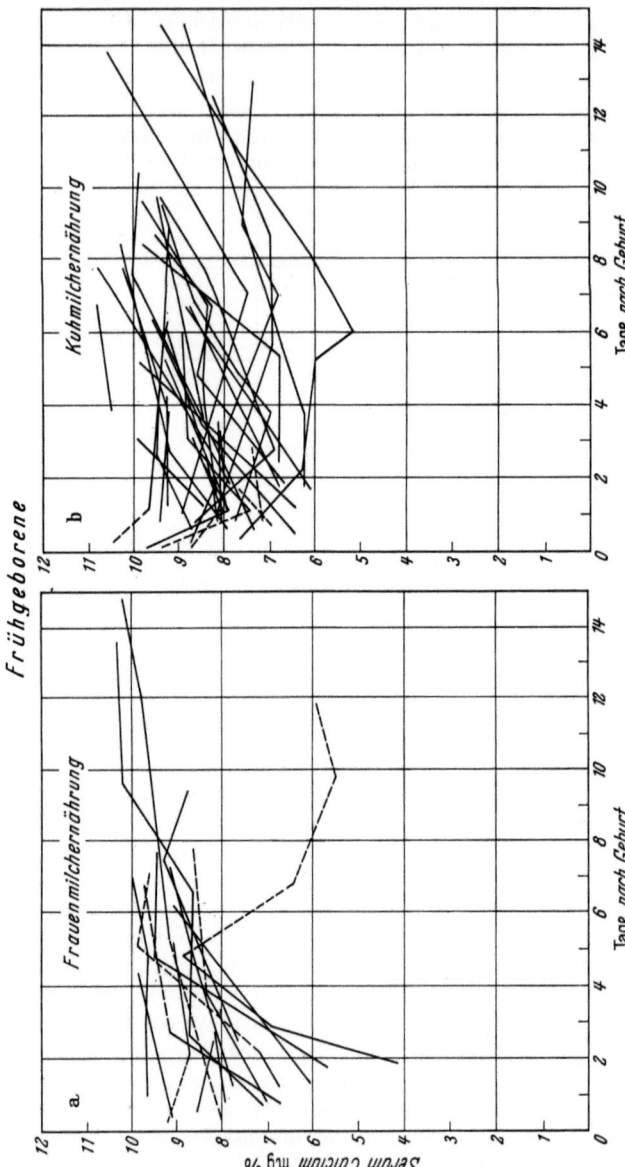

Abb. 3. Verlaufsuntersuchungen des Serumcalciums bei Frühgeborenen unter verschiedenartiger Milchernährung: a) (links) bei Frauenmilch (die unterbrochenen Linien bedeuten Perioden mit Kuhmilchbeigabe), b) (rechts) bei Kuhmilch (unterbrochene Linien bedeuten Perioden ohne Milchzufuhr)

aufgeklärt zu haben. Diese Untersucher fanden nämlich, hinsichtlich der zeitlichen Häufigkeit des Auftretens der ersten tetanischen Erscheinungen, einen Gipfel am ersten Lebenstag und einen anderen um den 5. bis 6. Lebenstag. Für diesen zweiten, etwas niedrigeren Häufigkeitsgipfel ließ sich ein deutlicher Zusammenhang mit der verabreichten Milchart nachweisen, denn von 26 Kindern dieser Gruppe waren nur 3 mit Frauenmilch ernährt worden. Das Auftreten tetanischer Symptome am ersten Lebenstag zeigte dagegen eine deutliche Korrelation mit Schwangerschafts- und Geburtskomplikationen.

Ganz allgemein darf aber doch gesagt und besonders aus den Studien von BRUCK und WEINTRAUB herausgelesen werden, daß Kuhmilchfütterung eher zu einem Anstieg des Serumphosphats und Abfalls des Calciums führt, während Frauenmilchernährung keinen weiteren Serumcalciumabfall bedingt (Abb. 3). Trotz starker individueller Unterschiede gilt diese Beobachtung für reifwie frühgeborene Kinder. Verlängerung der neonatalen Fastenperiode führt zu einem langsamen weiteren Serumcalciumabfall, während das Serumphosphat unter diesen Umständen keine Veränderungstendenz aufweisen soll.

Einfluß anderer Faktoren der Homoiostase. Für die latente und manifeste Tetanie der Neugeborenen scheinen die übrigen, für das Zustandekommen metabolisch ausgelöster Krämpfe wichtigen Faktoren von untergeordneter Bedeutung zu sein. Es sind dies bekanntlich das Plasmagesamteiweiß mit seinem Calciumbindungsvermögen, der Blutzucker, das Blut-pH und die Alkalireserve sowie Kalium und Magnesium. Hinsichtlich keiner der genannten Faktoren konnten bisher signifikante Verschiebungen, die zur Auslösung der tetanischen Symptome hätten herangezogen werden können, gefunden werden. Bezüglich der für die Nebenschilddrüseninsuffizienz späterer Altersstufen charakteristischen Hypocitratämie (HARRISON) liegt für die Neugeburtsperiode eine Studie von GITTLEMAN u. Mitarb. (1955) vor, wobei unabhängig von der Ernährungsweise ein beträchtlicher Abfall des Serumcitrats um den 5. Lebenstag gefunden wurde. Der Grad dieses Abfalles ging mit der Stärke der Hypocalcämie parallel.

Die Rolle des Vitamin D. Die blutkalksteigernde Wirkung des Vitamin D in höheren Dosen und dessen Bedeutung für die Behebung der rachitogenen Tetanie sind bekannt. Was die Neugeborenentetanie betrifft, so konnte an einer großen Serie (SAVILLE und KRETCHMER) eine deutliche Häufung der Fälle in den Monaten Januar bis März nachgewiesen werden. Dies wird damit erklärt, daß der jahreszeitlich verstärkte Vitamin D-Mangel der Schwangeren zu einem Hyperparathyreoidismus und unmittelbar nach der Entbindung zur Manifestierung eines verstärkten Parathormonmangels beim Neugeborenen führen könnte. Verabreichung kleiner Vitamin D-Mengen bei Neugeborenentetanie war wirkungslos, weshalb GITTLEMAN diese Therapie ablehnt, weil sie den Hypoparathyreoidismus des Neugeborenen durch Dämpfung der Nebenschilddrüsentätigkeit verstärke. Nach unserer Meinung kann allerdings kein Zweifel darüber bestehen, daß durch entsprechend hohe Dosen von Vitamin D auf andere Weise, nämlich durch intensive Kalkresorption im Darm, der Blutkalkspiegel doch gesteigert werden kann.

Die Rolle der Niere. Unter der Annahme des Primates der Phosphatstoffwechselstörung für die Auslösung der Hypocalcämie (ALBRIGHT) wurde die Unreife der Nierenfunktion hinsichtlich Eliminierung des durch die Nahrung zugeführten Phosphors lange Zeit als entscheidender pathogenetischer Mechanismus beim Auftreten der Neugeborenenspasmophilie bzw. -tetanie angesehen. An einer Verminderung der Phosphatclearance in der frühesten Kindheit ist auf Grund übereinstimmender Untersuchungen verschiedener Autoren nicht zu zweifeln (DEANE und MCCANCE, GARDNER u. Mitarb., MCCRORY u. Mitarb., RICHMOND u. Mitarb.). Die Auswirkungen dieser transitorischen renalen Unreife auf den Serumphosphor und damit indirekt auf das Serumcalcium können allein aber nicht ohne weiteres als zur Auslösung tetanischer Erscheinungen ausreichend angesehen werden.

Die Rolle der Parathyreoidea. Die beim Auftreten einer Tetanie besonders naheliegende Vermutung einer Nebenschilddrüseninsuffizienz als Grundlage der Erscheinungen auch beim Neugeborenen zu beweisen, ist bisher nicht einwandfrei gelungen. Die Schwierigkeiten liegen in der Unmöglichkeit der Bestimmung des (bzw. der) wirksamen Hormons(e) der Nebenschilddrüsen. Indirekte Nachweismethoden unterstützten zum Teil die These einer transitorischen neonatalen Nebenschilddrüseninsuffizienz (GARDNER; TALBOT) oder legten den Verdacht auf einen „Pseudohypoparathyreoidismus" infolge Nichtansprechens der Nierentubuli auf die Stimulierung durch das Parathormon nahe (Abb. 4). Der zur Stützung beider Auffassungen herangezogene Parathormontest nach ELLSWORTH-HOWARD hat sich jedoch in den letzten Jahren als eine zu wenig verläßliche Untersuchungsmethode erwiesen. Die auf diese Weise erhobenen Befunde halten somit einer strengen Kritik nicht stand (BUCHS; JESSERER; FRANÇOIS). Pathologisch-histologische Untersuchungen der Nebenschilddrüsen Neugeborener erwiesen sich ebenfalls als unverwertbar, weil sich herausstellte, daß die schon seit langem bekannten Blutungen in diese Drüsen in keinem sicheren kausalen Zusammenhang mit den klinischen Zeichen der Tetanie oder Spasmophilie stehen können, und überdies Hinweise dafür vorliegen, daß die Blutungen erst nach der Geburt auftreten, nämlich dann, wenn sich die Parathyroidea aus

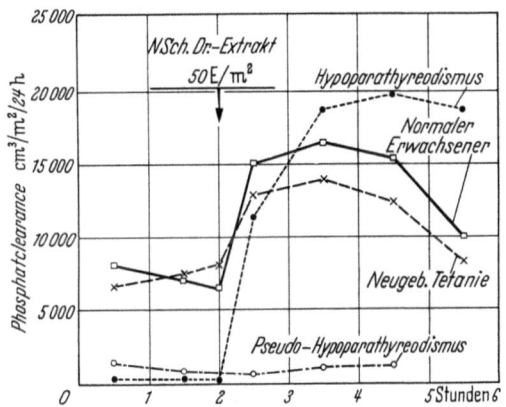

Abb. 4. Phosphaturietest (ELLSWORTH-HOWARD) bei verschiedenen Formen der Tetanie (nach TALBOT u. Mitarb.)

den verschiedensten Gründen in einem Zustand erhöhter Funktion befindet (MOSCA).

Die Rolle der Nebennieren. Auf Grund der bekannten Tatsache, daß bei Neugeborenen in den ersten Lebenstagen die Corticoidausscheidung stark ansteigt, wurde die neonatale Hypocalcämie auch mit einem transitorischen Hyperadrenocorticismus in ursächlichen Zusammenhang gebracht. Die Annahme eines solchen Mechanismus würde gestützt durch das verstärkte Auftreten der Hypocalcämie bei Frühgeborenen, weil im 3. Trimenon der Gravidität die Corticoidproduktion der Graviden besondes hoch ist; ferner durch die Häufigkeit hypocalcämischer Erscheinungen bei Neugeborenen diabetischer und besonders prädiabetischer Frauen (GITTLEMAN u. Mitarb., 1959; STUR; ZETTERSTRÖM und ARNHOLD). Auch dabei dürfte eine adrenocorticale Dysfunktion bestehen, speziell dann, wenn der Diabetes schlecht eingestellt ist. Die blutkalksenkende Wirkung von Cortison ließ sich nicht nur im Tierexperiment (vgl. Abb. 5), sondern auch klinisch bei Patienten mit echtem Hypoparathyreoidismus nachweisen (MOEHLIG und STEINBACH). Ob es sich bei der wirksamen Nebennierensubstanz allerdings um Hydrocortison handelt, erscheint zweifelhaft, weil die neonatale Tetanie von SAVILLE und KRETCHMER auch bei einem Kind mit kongenitalem adrenogenitalem Syndrom — das bekanntlich mit einem Produktionsmangel für Hydrocortison einhergeht — gefunden wurde.

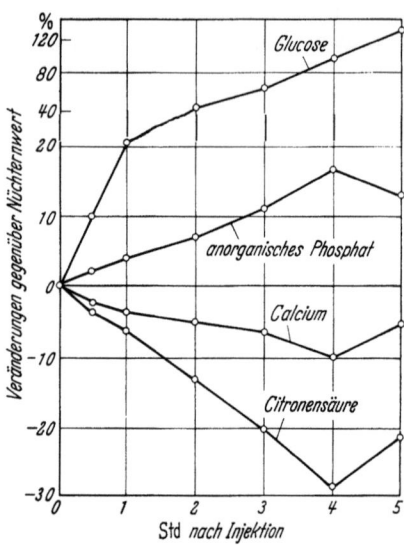

Abb. 5. Wirkung von Cortison auf Calcium, anorgan. Phosphat, Citronensäure und Glucose im Serum von Versuchstieren (nach MOEHLIG und STEINBACH)

Zusammenfassend ist somit zur Frage der Pathogenese der Neugeborenenspasmophilie bzw. -tetanie zu sagen, daß es sich um ein komplexes Geschehen handeln muß (SWOBODA). An der Regulationsstörung der Calcium-Phosphat-Homoiostase sind Nebenschilddrüsen, Nieren, Ernährungsform und wohl auch die Nebennierenfunktion in wechselndem Grade beteiligt. Eine zentral-nervös ausgelöste Dysregulation kann postuliert, konnte jedoch bisher noch nicht mit Sicherheit bewiesen bzw. lokalisiert werden. Für die Manifestation der tetanischen Symptomatik spielen Hirnschäden jedoch sicher insofern eine entscheidende Rolle, als sie das geeignete Wirkungsfeld für die Hypocalcämie auf Grund einer herabgesetzten Reizschwelle darstellen.

In klinischer Hinsicht kann die Spasmophilie bzw. Tetanie der Neugeburtsperiode im allgemeinen als gutartige, transitorische Regulations- oder Reifungsstörung gelten. Da aber im Einzelfall die Zuverlässigkeit und Schnelligkeit der Spontanreparation eines an sich lebensgefährlichen Zustandes nicht abzusehen ist, muß an der symptomatischen Therapie mit oralen Calciumchlorid- oder intravenösen Calciumgluconatgaben festgehalten werden. Dabei ist der peroralen Verabreichung des in weit höherem Grade ionisierten Calciumchlorids prinzipiell der Vorzug zu geben. Hinsichtlich der Ernährungsform in den ersten Lebenstagen ist zweifellos die Frauenmilch der Kuhmilch wegen ihrer günstigeren Calcium-Phosphor-Relation überlegen. Wir sind aber der Ansicht, daß gegebenenfalls durch eine gleichzeitige Gabe einer einmaligen größeren Vitamin D-Dosis diese Nachteile der Kuhmilchzufuhr ausgeschaltet werden können. Für die Tetanie des ersten Lebenstages muß die Prognose wegen der dabei stärker im Vordergrund stehenden zentralnervösen und allgemeinen Schäden unter Umständen vorsichtiger gestellt werden. Das gleiche gilt auch für die Tetanie bei diabetogener Fruchtschädigung, bei der noch weitere Stoffwechselentgleisungen die Situation komplizieren. Was schließlich die Frage der Spätprognose betrifft, so geht aus dem vorliegenden Krankengut hervor, daß die Manifestation einer permanenten Nebenschilddrüseninsuffizienz bereits in der Neugeborenenperiode eine Rarität sein dürfte.

II. Sogenannte „Frühspasmophilie" (nicht-rachitogene Tetanie) des Säuglings

Darunter versteht man jene Fälle von latenter oder manifester Tetanie, die erst nach der Neugeburtsperiode, also nach der Normalisierung der „physiologischen neonatalen Hypocalcämie", und ohne Vorliegen einer Rachitis auftreten. Auch in dieser, vor allem altersmäßig umgrenzten Gruppe der Tetanie kann man, allerdings im jeweiligen Falle erst retrograd, eine transitorische benigne von einer chronischen Form unterscheiden. Zur Illustration der Verhältnisse möge die folgende eigene Beobachtung dienen.

Kasuistik: B., Gerhard, geb. 20. 4. 1960. — Unauffällige Familienanamnese. Normaler Schwangerschaftsverlauf. Protrahierte Geburt mit manueller Placentalösung. Geburtsgewicht 3500 g. In den ersten Lebenstagen auffallende Cyanose. Icterus neonatorum prolongatus (3 Wochen), der in eine anämische Graufärbung des ganzen Körpers überging. Ab der 4. Lebenswoche feinschlägige Zuckungen teils im Gesicht, teils auch an den Extremitäten. Das Kind wurde seit dem 5. Lebenstag künstlich ernährt. Wegen der Krampfbereitschaft und der zunehmenden Anämie mit Cyanose wurde Pat., der aus einem ländlichen Bezirk Niederösterreichs stammt, unter dem Verdacht auf eine in dieser Gegend bereits mehrfach beobachtete Methämoglobinvergiftung durch ungeeignetes Brunnenwasser an die Univ.-Kinderklinik Wien eingewiesen.

Bei der Aufnahme bestätigte sich die Verdachtsdiagnose: Methämoglobin im Blut 21,5%. Zusätzlich bestand eine beträchtliche Anämie (vgl. Abb. 6). Sofort nach der Klinikaufnahme wurden auch die tonisch-klonischen Zuckungen am gesamten Körper beobachtet. Serum-Ca 5,5 mg-%, Serum-P 6,3 mg-%, Gesamtplasmaeiweiß 3,8 g-%. Die Behandlung bestand in Calcium gluconicum intravenös, Sauerstoffzelt und hohen Vitamin C-Gaben. Die Krampfanfälle sistierten, die Methämoglobinämie sank innerhalb

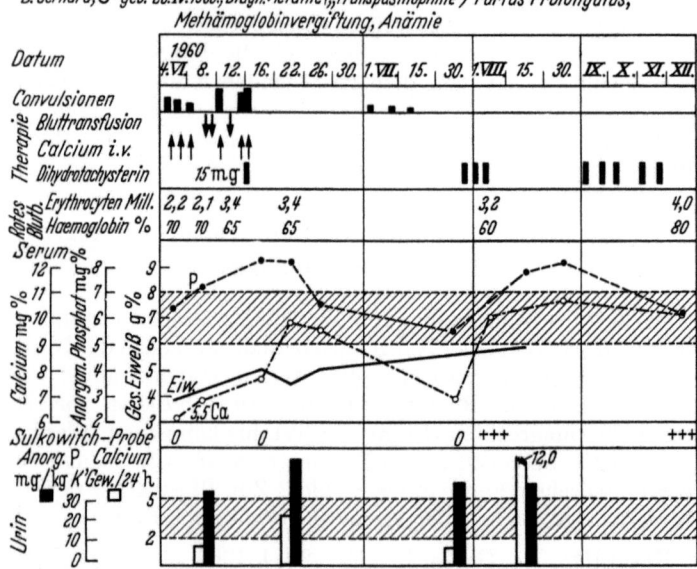

Abb. 6. Kurvenmäßige Übersicht des Ablaufes der biochemischen Befunde und der Therapie bei dem eigenen Patienten mit Frühspasmophilie. (Ergänzung: Serumchemismus *ohne* Therapie seit Dez. 1960 unverändert normal!)

von 2 Tagen auf einen Wert von 1% ab. Wegen der hochgradigen Anämie zwei Citratbluttransfusionen. Darauf schlagartiges Wiedereinsetzen der Konvulsionen und Behebung durch Calcium. Bei einer dritten Citratbluttransfusion wiederholte sich das geschilderte Ereignis in völlig gleicher Weise. Da der Blutkalkspiegel nur geringgradig angestiegen war, erhielt das Kind nun 15 mg Dihydrotachysterin. Darauf rascher Anstieg des Serum-Ca und vollkommenes Sistieren der Krämpfe. Besserung des roten Blutbildes und des Serumeiweißwertes. Unter Kuhmilchernährung normalisierte sich schließlich das Serumcalcium, der Phosphatwert stieg aber auch beträchtlich an. Die Kalkausscheidung im Urin war anfangs sehr niedrig und normalisierte sich nach kurzer Zeit ebenfalls. Entlassung 3 Wochen nach Aufnahme in gutem Allgemeinzustand.

Nach vollkommen therapiefreiem Intervall von 1 Monat neuerliche Aufnahme zur stationären Kontrolle. In der Zwischenzeit hätten die Eltern wieder sehr leichte Zuckungen im Gesicht und an den Extremitäten beobachtet. Wie aus der Abb. 6 erkennbar, war der Serum-Ca-Spiegel neuerlich beträchtlich abgefallen. Auf 3 Dihydrotachysterin-Dosen zu je 15 mg per os innerhalb kürzester Zeit Normalisierung der Blut- und Harnkalkwerte mit übermäßigem Ansteigen des Serumphosphats. Klinisch erscheinungsfrei und gutes Gedeihen bei Kuhmilchernährung. Nach Entlassung erhielt das Kind in monatlichen Abständen noch einige Dihydrotachysterinstöße, insgesamt somit 8mal 15 mg. Bei einer ambulatorischen Nachuntersuchung im Alter von 8 Monaten ausgezeichneter Allgemeinzustand, keinerlei Spasmen mehr, normaler Serumchemismus. Die Therapie wurde daraufhin abgesetzt, ohne daß Krämpfe aufgetreten wären. Serumchemische Kontrolle im Dezember 1961: Normale Befunde.

Epikrise: Bei einem $5^1/_2$ Wochen alten Knaben, der nach einer schwierigen Entbindung zur Welt gebracht worden war, trat infolge Ernährung mit einem Milchgemisch auf Basis nitrithaltigen Brunnenwassers eine Methämoglobinvergiftung mittleren Grades auf, die mit tonisch-klonischen Krämpfen vergesellschaftet war. Die Methämoglobinämie war durch hohe Vitamin C-Gaben innerhalb kürzester Frist zu beheben. Die Konvulsionen entwickelten sich offensichtlich auf der Grundlage einer schweren Hypocalcämie, die mit einer für diese Altersstufe nur mäßigen Hyperphosphatämie gekoppelt war, und sistierten auf intravenöse Calciumgaben. Nach Citratbluttransfusionen traten sie jedoch regelmäßig von neuem auf. Erst auf eine hohe perorale Dosis von Dihydrotachysterin kam es zur Normalisierung des Serumcalciums und der Harnkalkausscheidung. Die Hypocalcämie rezidivierte unter Kuhmilchernährung innerhalb von 4 Wochen nach der einmaligen Dihydrotachysteringabe, und auch kleinere Zuckungen traten wieder auf, weshalb unter der Annahme eines primären Hypoparathyreoidismus noch weitere perorale Dihydrotachysterinstöße in der Gesamtdosis von 120 mg gegeben wurden. Daraufhin konvulsionsfreie und auch sonst ausgezeichnete Entwicklung des Kindes mit normalen Serum- und Harnkalk- bzw. Phosphatwerten.

Es handelte sich bei unserem Patienten offensichtlich um eine ,,Frühspasmophilie" bzw. ,,Frühtetanie", als deren auslösende Ursache die Hypocalcämie anzusehen ist. Die besondere Disposition zur Ausbildung von Krämpfen könnte in dem vermuteten Hirntrauma anläßlich der Geburt und vielleicht auch in der Schädigung des Zentralnervensystems durch die Methämoglobinvergiftung zu suchen sein. Es ist derzeit freilich noch keine endgültige Aussage darüber erlaubt, ob es sich um eine transitorische Hypocalcämie komplexer Genese oder um den Beginn einer dauernden kryptogenetischen Nebenschilddrüseninsuffizienz (idiopathischer Hypoparathyreoidismus) handelt.

Pathogenetische Überlegungen zur sogenannten Frühspasmophilie. Anpassungs- und Reifungsvorgänge der Neugeburtsperiode lassen sich zur Erklärung der Entstehungsweise einer ,,Frühspasmophilie" nur bedingt heranziehen. Die im ersten Teil dieser Übersicht erwähnten Verschiebungen des Serumcalcium- und -phosphatspiegels sind in der Regel im Alter von 2 Wochen behoben, und nur in wenigen Ausnahmefällen scheinen protrahierte benigne neonatale Hypocalcämien von mehreren Wochen bis wenigen Monaten Dauer vorzukommen (FRANÇOIS). Was die Nierenfunktion betrifft, so dauert die Reifung einzelner Partialfunktionen zweifellos länger. Der im frühen Kindesalter bekanntlich viel höhere Phosphatspiegel des Serums wird aber nicht durch mangelhafte renale Ausscheidung erklärt, sondern von manchen Autoren auf den Einfluß des somatotropen Hypophysenvorderlappenhormons bezogen. Durch den Ablauf der Ereignisse bei unserem Patienten könnte man ferner für die mehrfach geäußerte Theorie einer den Nebenschilddrüsen übergeordneten zentralnervösen Calcium-Phosphor-Regulation eine gewisse Stütze finden. JESSERER hebt jedoch vollkommen berechtigt hervor, daß bisher alle Anhänger dieser Auffassung den Beweis für die Richtigkeit ihrer Theorie schuldig geblieben sind. In keinem der so interpretierten Fälle wurde nämlich durch Autopsie oder Operation das Vorhandensein von Nebenschilddrüsen nachgewiesen. Nur dadurch aber kann die andere Deutung, daß es sich nämlich in diesen Fällen doch um eine Nebenschilddrüseninsuffizienz auf Grund von Hypo- oder Aplasie der Parathyreoidea handelt, ausgeschlossen werden. Daß eine kryptogenetische Nebenschilddrüseninsuffizienz ihre ersten Erscheinungen bereits im frühen Säuglingsalter machen kann, ist durch einige exakte Beobachtungen sichergestellt (vgl. JESSERER).

Zusammenfassend kann somit zur Frage der sogenannten Frühspasmophilie gesagt werden, daß dabei (normale Ernährungsweise, Vitamin D-Versorgung und Fehlen anderer, speziell renaler Krankheiten vorausgesetzt) an eine aus nicht immer erkennbaren und analysierbaren Gründen ,,protrahierte Neugeborenensymptomatik" mit eher günstiger Prognose oder an den Beginn eines echten idiopathischen Hypoparathyreoidismus auf der Grundlage einer sogenannten kryptogenetischen Nebenschilddrüseninsuffizienz mit chronischem Verlauf und mit allen seinen offenen und versteckten

Gefahren zu denken sein wird. Bezüglich der Manifestation tetanischer Erscheinungen kommen dabei einerseits alle chemischen Einflüsse in Betracht, die zu einer Verminderung des ionisierten Blutcalciums führen, wie Zufuhr von Citrat (Blutkonserven!), Bicarbonat oder basischen Phosphaten, ferner auch eine relativ reichliche Bindung des Calciums an das Plasmaeiweiß. Andererseits können präformierte zentralnervöse Läsionen auch bei diesen Verlaufsformen die Disposition für das Auftreten manifester tetanischer Erscheinungen bilden.

In *klinischer Hinsicht* verlangen die Fälle von Frühspasmophilie somit sorgfältigste Überwachung, um die chronische Nebenschilddrüseninsuffizienz nicht zu übersehen. Die laufende Überprüfung und auch eine gewisse Selbstkontrolle sind mittels der Sulkowitch-Probe leicht und einigermaßen zuverlässig möglich. In regelmäßigen Intervallen muß jedoch die serumchemische Sicherstellung der augenblicklichen Situation unbedingt erfolgen. Die Therapie der akuten Erscheinungen basiert wieder auf der bereits früher besprochenen Calciumzufuhr. Von weit größerer Bedeutung ist aber die Stabilisierung des Serumcalciumspiegels mittels Dihydrotachysterin- oder Vitamin D-Dosen in geeigneter Höhe, d. h. im Milligrammbereich, und geeigneter Applikationsweise, d. h. per os oder intravenös. Erst auf diese Weise sind die beiden erwähnten Substanzen in etwa gleichwertiger Weise imstande, ihre blutkalksteigernde Wirkung zu entfalten. Fortsetzung, Zeitdauer und allfällige Unterbrechung der Vitamin D- bzw. Dihydrotachysterintherapie hängen von den Umständen des jeweiligen Falles ab. Wegen der Möglichkeit von anfallsfreien Latenzperioden bis zu vielen Monaten dürfen die Patienten nicht aus den Augen verloren werden, da sich sonst unbemerkt irreparable Hirn- und Augenschäden entwickeln können.

Literatur

BAKWIN, H.: J. Pediat. **14**, 1 (1939). — BRUCK, E., and D. H. WEINTRAUB: Amer. J. Dis. Child. **90**, 653 (1955). — BUCHS, S.: Ann. paediat. **184**, 364 (1955).
DEANE, R. F., u. R. A. MCCANCE: J. Physiol. [Lond.) **107**, 182 (1948). — DODD, K., and S. RAPOPORT: Amer. J. Dis. Child. **78**, 357 (1949).
FRANÇOIS, R.: XVIIe Congrès de l'association des Pédiatres de langue française. 1959.
GARDNER, L. I.: Pediatrics **9**, 534 (1952). — GITTLEMAN, I. F., and J. B. PINCUS: Pediatrics **8**, 778 (1951). — GITTLEMAN, I. F., J. B. PINCUS, B. KRAMER, A. E. SOBEL and E. SCHMERTZLER: Pediatrics **15**, 124 (1955). — GITTLEMAN, I. F., J. B. PINCUS, E. SCHMERTZLER and M. SATO: Pediatrics **18**, 721 (1956). — GITTLEMAN, I. F., J. B. PINCUS, E. SCHMERTZLER and F. ANNECHIARICO: Amer. J. Dis. Child. **98**, 342 (1959).

HARRISON, H. E.: Pediatrics 17, 442 (1956). — HÖVELS, O., O. G. THILE-NIUS and S. KRAFCZYK: Z. Kinderheilk. 83, 508 (1960). — HUNGERLAND, H.: Calcium- und Phosphatstoffwechsel. In Thannhausers Lehrbuch des Stoffwechsels und der Stoffwechselkrankheiten. Stuttgart: G. Thieme 1957. JESSERER, H.: Tetanie. Stuttgart: G. Thieme 1958. — JESSERER, H.: Klin. Wschr. 37, 394 (1954).
McCRORY, W. W., C. W. FORMAN, H. MCNAMARA and H. L. BARNETT: Amer. J. Dis. Child. 80, 512 (1950). — MOEHLIG, R. C., and A. L. STEINBACH: J. Amer. med. Ass. 154, 42 (1954). — MOSCA, L.: Biol. lat. (Milano) 8, 1331 (1955).
RICHMOND, J. B., H. KRAVITZ, W. SEGAR and H. A. WAISMAN: Proc. Soc. exp. Biol. (N. Y.) 77, 83 (1951).
SAVILLE, P. D., u. N. KRETCHMER: Biol. Neonat. 2, 1 (1960). — SCHLE-SINGER, H.: Z. klin. Med. 19, 468 (1891). — STUR, O.: (In Vorbereitung). — SWOBODA, W.: Die Nebenschilddrüsen. In F. LINNEWEH: Die Physiologische Entwicklung des Kindes. Berlin-Göttingen-Heidelberg: Springer 1959. — TALBOT, N. B., E. H. SOBEL, J. W. MCARTHUR and J. D. CRAWFORD: Functional endocrinology from birth through adolescence. Cambridge, Mass., 1954. — TODD, W. R., E. G. CHUINARD and M. T. WOOD: Amer. J. Dis. Child. 57, 1278 (1939).
WILLI, H.: Mschr. Kinderheilk. 80, 309 (1939).
ZETTERSTRÖM, R., u. R. G. ARNHOLD: Acta paediat. (Uppsala) 47, 107 (1958).

Diskussion

KLINKE: Zentral-nervöse Regulationen stehen bei diesem komplexen Krankheitsbild wohl im Mittelpunkt. EEG-Untersuchungen zeigen in jedem Falle von Frühgeborenentetanie Krampfabläufe. Wie weit die zentrale Schädigung selbständig das Krampfgeschehen auslösen kann oder auf dem Umweg über periphere Drüsen wirkt, ist nicht bekannt. Fast in jedem Fall ist ein Hydrocephalus internus vorhanden.

SCHNEEGANS: Zur Frage der Diagnose: Bei der Suche nach Fällen von Frühspasmophilie kamen wir auf ein besonderes Krankheitsbild, das uns nicht sehr selten schien. Wir konnten 12 Fälle finden. Wir sahen Krämpfe bei Frühgeborenen ohne Zeichen von Spasmophilie, besonders waren keine Facialis-, keine Lust-Zeichen und keine Trousseau-Stellung der Hand zu beobachten. Das Elektromyogramm war negativ. Das Elektroencephalogramm zeigte dieselben charakteristischen Spitzen wie bei der Epilepsie. Der Blutkalkspiegel war stark herabgesetzt, auf 60 oder 65 mg-$^0/_{00}$. Nach Calcium-Behandlung verschwanden die Krämpfe. Die Blutkalkwerte wurden wieder normal. Das Elektroencephalogramm blieb aber noch lange Zeit gestört. Wir denken, daß es sich um infraklinische Epilepsien handelte, die erst durch Hypocalcämie zum Vorschein kam. Wir fanden bei allen diesen Fällen, besonders bei Frühgeborenen, daß sie bei Geburt klinische und Liquor-Zeichen von Meningeal-Blutungen hatten. Diese Fälle sollten nicht in die Frühspasmophilie eingereiht werden. Zur Symptomatik: Ich frage Herrn SWOBODA, ob er die Zeichen, die LELONG und PAUPE vor kurzer Zeit beschrieben haben, auch beobachtet hat. Es handelte sich um ein funktionelles Erbrechen und eine oberflächliche schnelle Atmung (respiratorisches Flattern) oder um eine sonderbare Tachykardie bis 200 Pulsschläge in der Minute. Andere Kinder hatten eine allgemeine Erregbarkeit, die sich bei Geräuschen zeigte. Die Autoren beschrieben zwei Formen: Die Frühspasmophilie mit Hypocalcämie der Adaptationszeit und die Spasmophilie, die in den ersten Wochen zum Vorschein kam.

RODECK: Wir hörten, daß die Neugeborenenspasmophilie bemerkenswert oft bei cerebral geschädigten Kindern auftritt. Wahrscheinlich ist einiges von der komplexen Symptomatik bedingt durch gleichzeitige geburtstraumatische Schäden des Gehirns.

STRACK: Ein Teil der beschriebenen Symptome bei der Frühspasmophilie treten auch auf, wenn Störungen im intermediären Stoffwechsel bestehen, wie z. B. bei Thyreotoxikosen. Ist etwas darüber bekannt, ob bei diesen Kindern der Stoffwechsel in dieser Richtung gestört ist? Der Calciumspiegel im Blut könnte evtl. sekundär über Phosphatumlenkungen beeinflußt worden sein.

HÖVELS: Hinweis auf Untersuchungen von MCCANCE u. Mitarb., daß nach schweren Geburten der Anfall von endogenem Phosphat höher ist. Es ist demnach sehr schwierig, zwischen zentralen und metabolischen Regulationsstörungen zu unterscheiden.

DULCE: Bei der Verwendung von Parathormon ist zu beachten, daß die angegebenen Collip-Einheiten der deutschen Präparate nicht stimmen, man sich deshalb von der Wirksamkeit der Präparate selbst überzeugen muß. Auf der Unwirksamkeit der Präparate beruht wahrscheinlich der oft nicht eindeutige Ellsworth-Howard-Test. Zur Strukturaufklärung des Parathormons wäre zu sagen, daß RASMANE ein hochwirksames Hormon isoliert hat, das ein Polypeptid von etwa 8000 Mol-Gew. darstellt und gleichermaßen phosphaturisch und hypercalcämisch wirkt. Zwei Wirkungskomponenten sind zunächst nicht anzunehmen.

SWOBODA (Schlußwort): Die Diskussionsbemerkungen demonstrieren deutlich, daß für die Manifestation einer Tetanie im Neugeborenenalter im allgemeinen das Zusammentreffen der mehr oder weniger „physiologischen Neugeborenenhypocalcämie" mit einer zweiten Schädigung verlangt werden muß. Diese zweite Schädigung ist eine zentral-nervöse Läsion bzw. Unreife. Auf Grund der Anamnese oder der klinischen Erscheinungen ist diese nicht immer sicherzustellen. Kommt es spontan oder durch therapeutische Maßnahmen zur Besserung einer der beiden oder beider Faktoren (Adaptationsbzw. Reifungsvorgang, Calciumzufuhr, evtl. Vitamin D oder Dihydrotachysterin), dann imponiert dies als „Behebung der Tetanie".

Zu SCHNEEGANS: Bei unserem relativ kleinen eigenen Beobachtungsgut ist uns die von LELONG und PAUPE hervorgehobene Symptomatik nicht besonders aufgefallen.

Zu STRACK: Neugeborenenspasmophilie kommt, wie erwähnt, häufig bei Kindern diabetischer Mütter vor. Es fragt sich, ob dabei die Stoffwechselstörung als solche oder eine Anoxie des fetalen Gehirnes als auslösende Ursache anzusehen ist. Thyreotoxikosen im frühesten Säuglingsalter sind eine Rarität, über Calciumstoffwechselstörungen dabei ist mir nichts bekannt.

Die idiopathische Hypercalcämie

Von

O. HÖVELS und U. STEPHAN, Erlangen

Die idiopathische Hypercalcämie ist als definiertes klinisches Krankheitsbild seit knapp 10 Jahren bekannt (*4, 14, 15, 46, 60, 65*). Am Anfang ihrer Geschichte traten zwei so voneinander abweichende Erscheinungsformen auf, daß man zunächst glauben mußte, zwei verschiedene Erkrankungen vor sich zu haben (*52*). Beobachtungen von intermediären Formen (*3, 43, 44, 62, 64, 69*) und über die langsame Entwicklung schwerer Zustände aus Krankheitsbildern, die zunächst nur Symptome der leichten Formen zeigten (*9, 68*), lassen die Abtrennung problematisch erscheinen (*25, 61, 65, 71, 72, 75, 76, 79, 81, 82*).

Bei der Schilderung des Krankheitsbildes wird so verfahren, daß von der unkomplizierten, leichten Form der idiopathischen Hypercalcämie ausgegangen wird und anschließend Besonderheiten der schweren Form erwähnt werden. Die Erkrankung tritt fast ausschließlich im Säuglingsalter auf und betrifft nur Säuglinge, die mit Kuhmilch gefüttert werden. Von dieser Regel ist meines Wissens bisher nur eine Ausnahme beobachtet worden (*58*). Schon bei flüchtiger Durchsicht der Literatur fällt auf, daß weitaus die meisten Berichte über die leichte Form der idiopathischen Hypercalcämie aus Großbritannien stammen (*2, 5, 6, 7, 8, 10, 21, 23, 24, 25, 26, 46, 47, 54, 55, 56, 57, 58, 60, 62, 67, 70, 71, 72*). Während mit Ausnahme von Finnland (*31, 32, 33, 34, 38, 39*) aus anderen europäischen Ländern (*16, 43, 75, 80*) und auch aus den USA (*3, 79*) nur vereinzelte Mitteilungen vorliegen, machte z. B. in Dundee (450000 Einwohner) zwischen dem 1. 10. 1953 und 30. 9. 1955 die Zahl der Patienten, die wegen idiopathischer Hypercalcämie in den Kinderkliniken behandelt werden mußten, 4,6% aller aufgenommenen Kinder zwischen 6 und 12 Monaten aus (*58*).

Von der Erkrankung werden Knaben und Mädchen in gleicher Weise betroffen (*82*). Sie beginnt zwischen der 6. Lebenswoche und dem 10. (*81*), im Durchschnitt im 5. Lebensmonat (*72*). Ihre ersten Erscheinungen sind so uncharakteristisch, daß im Mittel zwei bis drei Monate vergehen, ehe die richtige Diagnose gestellt wird (*82*). Die Kinder bekommen eine hartnäckige Anorexie und Obstipation, erbrechen und nehmen nicht mehr an Gewicht zu oder sogar ab. Dies ist ein so konstantes Symptom, daß es zur näheren Charakterisierung der Krankheit gewählt wurde: Idiopathische Hypercalcämie mit Gedeihstörung. Weitere Symptome: Durst, Polyurie, Fieber, Anämie, Mattigkeit, Mißlaunigkeit, statische Unterentwicklung, verzögertes Längenwachstum, Hochdruck, systolisches Herzgeräusch und Muskelhypotonie sind nicht immer vorhanden (*71, 72*). Anzeichen einer geistigen Rückständigkeit sind auf die schwere Form der Erkrankung beschränkt (*65*). Sie fehlten nur bei einem von 20 durch HOOFT und VERMASSEN aus der Literatur zusammengestellten Fällen. Patienten mit schwerer idiopathischer Hypercalcämie haben außerdem einen charakteristischen, durch folgende Merkmale gekennzeichneten Gesichtsausdruck (Abb. 1, 2): Es besteht ein Hypertelorismus mit Epicanthus bei tiefliegender Nasenwurzel und Stupsnase. Die Oberlippe ist fleischig und hängt tief herab. Das gleiche gilt meist von der Unterlippe. Die Ohren setzen häufig etwas tief an. Die Gesamtheit dieser, nicht nur auf Verknöcherungsstörungen zurückzuführenden Veränderungen verleiht den Patienten ein koboldartiges Aussehen und läßt sie untereinander ähnlich erscheinen. Mikrocephalie und Craniostenose infolge vorzeitiger Nahtverkalkung sind bei schweren Erkrankungen nicht selten (*41, 42, 43, 45, 65*). Im Durchschnitt beginnen die Beschwerden bei diesen Patienten früher als bei den leichten Erkrankungen. Einzelne Symptome waren bei 5 von 11 Patienten bereits unmittelbar nach der Geburt vorhanden. Und zwar lag in zwei Fällen eine Anorexie vor. Ein weiteres Kind erbrach. Ein anderes war obstipiert (*65*). Bei einem dritten bestanden seit Geburt Anorexie, Obstipation, Erbrechen und Gedeihstörung (*68*).

Im Vergleich zur leichten Form ist der Verlauf nicht selten protrahierter, so daß bis zur Diagnose im Durchschnitt fünfzehn Monate verstreichen (*9*).

Diese wird durch den Nachweis der Hypercalcämie gesichert. Anscheinend geht die Hypercalcämie allein zu Lasten des ultrafiltrablen Calciums (*17*), doch dürften darüber kaum hinreichend zuverlässige Untersuchungen vorliegen.

Der Hypercalcämie entspricht meistens eine Hypercalciurie (*55, 82*), die durch die Sulkowitch-Reaktion im Harn nachzuweisen ist. Abgesehen davon, daß die Hypercalciurie gelegentlich einmal fehlen kann (*75, 80*), wird sie zuweilen geringer gefunden, als es der Serumcalciumwert vermuten lassen könnte (*66*). Unterschiede im Ausmaß der vermehrten renalen Calciumausscheidung bestehen zwischen den beiden Formen nicht. Auch weitere Urinbefunde zeigen keine wesentlichen Differenzen (*8, 43, 65, 71, 72, 75*): Und zwar findet man häufig, aber nicht regelmäßig eine leichte Pyurie, gelegentlich eine Albuminurie. Auch werden nicht selten granulierte Cylinder im Sediment beobachtet. Die Befunde können über Monate bestehen bleiben. Sie verschwinden mit dem Rückgang der Hypercalciurie (*43*), können aber auch durch Superinfektionen der Harnwege unterhalten werden (*65*).

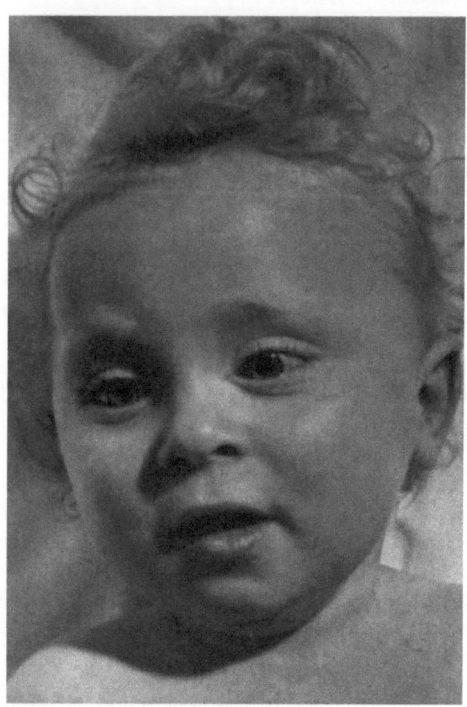

Abb. 1

Dagegen sind die Störungen der Nierenfunktion bei den schweren Formen der idiopathischen Hypercalcämie ausgeprägter und unter Umständen irreparabel (*17, 65, 82*). Sie betreffen sowohl den glomerulären als auch den tubulären Anteil der Niere. Als Folge einer starken Einschränkung der glomerulären Filtration, die bis auf 20% zurückgehen kann (*17*), kommt es zu beträchtlichen Anstiegen des Serumharnstoffwertes bzw. des Rest-N, die auf gut das Dreifache des oberen Normalwertes ansteigen können (*71, 72*). Die Hyperazotämie kann bei den schweren und intermediären Formen, wo sie nur in einem von 20 Fällen vermißt wurde (*41, 42*), über Monate andauern (*74*). Bei den leichten Formen, bei denen sie nicht selten fehlt, verschwindet sie nach Beginn der Behandlung innerhalb weniger Wochen (*71, 72*) (Abb. 3). Entsprechend der verminderten Filtrationsleistung sind Harnstoff-, Inulin- und Kreatininclearance bei der schweren Form erheblich eingeschränkt (*17, 18, 19, 65, 71, 72, 82*). Dieser Befund kann die klinische Reparation lange überdauern (*17, 68*). In leichten Fällen können Kreatinin- (*56*) oder Harnstoff- und Inulinclearance (*66*) nur wenig beeinträchtigt (*56*) oder normal sein (*66*).

Polyurie mit Polydipsie, Hypo- oder Isosthenurie können bei beiden Formen, bei dem schwereren Krankheitsbild vielleicht etwas häufiger vorkommen (*41, 42*). Nicht so selten werden auch Störungen der Urinacidogenese beobachtet (*44, 46, 47, 49, 60, 65, 71, 72, 80*), die zur hyperchlorämischen renalen Acidose führen. Diese Störung ist in der Regel vorübergehender Natur. Der tubulären Nierenschädigung entspricht eine Einschränkung der PAH-Clearance (*18, 19, 74*). Auch ist der Nierenplasmastrom vermindert (*74*). Man kann daraus schließen, daß ganze Nephrone ausgefallen sind.

Die besprochenen Funktionsstörungen entsprechen erheblichen Strukturveränderungen der Nieren, die bereits makroskopisch durch ihre geringe Größe, die verkleinerte Rindenzone und gelegentlich durch eine Nephrocalcinose auffallen (*65*). Histologisch finden sich ausgedehnte Zerstörungsprozesse in Rinde und Mark mit hyalinisierten und fibrös umgewandelten Glomeruli sowie vacuolig degenerierten Tubuluszellen. Im Innern der Tubuli, in den Basalmembranen und im teilweise fibrös umgewandelten Interstitium können mehr oder weniger ausgedehnte Verkalkungen auftreten, die sich besonders an der Rinden-Mark-Grenze finden (Abb. 4) (*43, 62, 65*). Die tubulären Schäden sind bei beiden Formen der idiopathischen Hypercalcämie sehr ähnlich und entsprechen den bei Vitamin D-Intoxikation gefundenen Veränderungen (*71,*

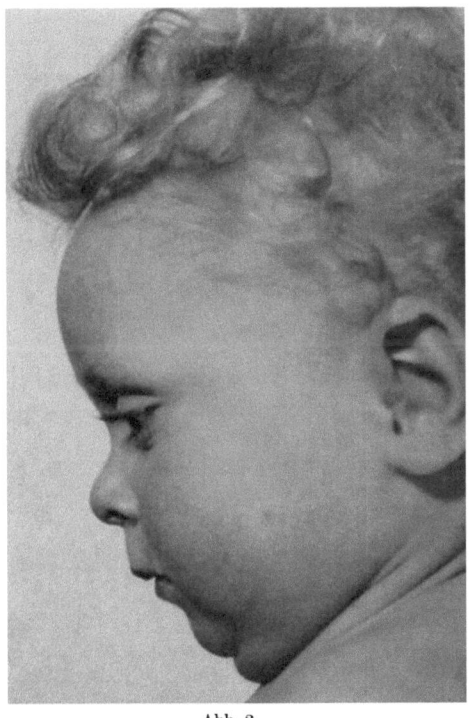

Abb. 2
Abb. 1 und 2. Typische Gesichtsbildung bei intermediärer idiopathischer Hypercalcämie: Hypertelorismus, Epicanthus, eingesunkene Nasenwurzel, lange fleischige Oberlippe

72, 82). Dagegen sind die glomerulären Schäden bei der leichteren Form geringer (62). Die Nephrocalcinose läßt sich erst von einem gewissen Ausmaß an durch das Röntgenbild nachweisen (43).

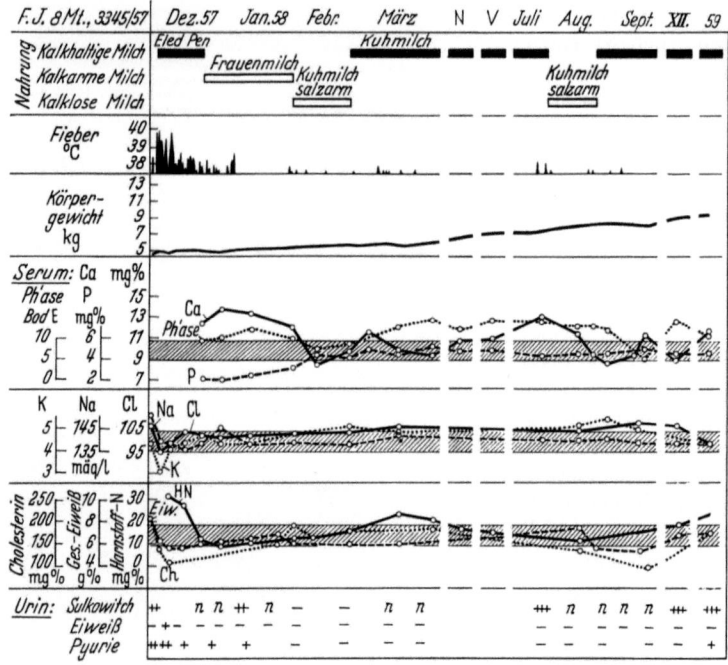

Abb. 3. Darstellung des Verlaufes bei einem Patienten mit intermediärer idiopathischer Hypercalcämie (ILLIG und PRADER). Beachte: a) Den Zusammenhang zwischen kalkloser Nahrung (1. Reihe) u. Absinken des Serum-Ca-Spiegels (4. Reihe). b) Das anfangs bestehende Fieber (2. Reihe). c) Die anfänglich beobachtete Erhöhung des Harnstoff-N (6. Reihe)

Dagegen können Röntgenbilder des Skeletsystems die Diagnose der idiopathischen Hypercalcämie sichern helfen. Die dort nachweisbaren Veränderungen sind allerdings für diese Erkrankung nicht pathognomonisch, sondern werden in gleicher Weise bei der Vitamin D-Intoxikation gefunden. Immerhin finden sich zwischen leichter und schwerer Form gewisse quantitative Unterschiede. Während leicht erkrankte Patienten in der Regel keine generalisierte Osteosklerose zeigen (82), finden sich bei ihnen häufig Verdichtungen der Abschlußplatten an den Epiphysen. In den metaphysären Bezirken kommen gelegentlich unscharf abgegrenzte bandförmige Aufhellungen der Knochenstruktur (Abb. 5) vor

(*75, 79, 80*). Die Patienten mit schweren Verlaufsformen zeigen ausgedehnte, bandförmige Verkalkungen im Bereich der Epi- und Metaphysen der langen Röhrenknochen (*17, 35, 41, 42, 43, 45, 65*).

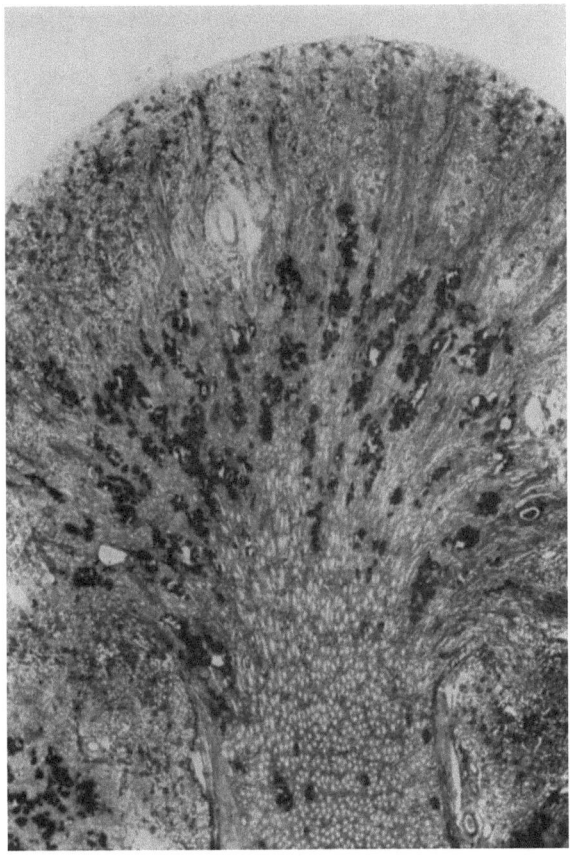

Abb. 4. Ausgeprägte Nephrocalcinose mit vorwiegend in der Grenzzone zwischen Rinde und Mark lokalisierten Kalkablagerungen (RHANEY und MITCHELL)

In der Regel ist die Schädelbasis ebenfalls von der Osteosklerose betroffen (Abb. 6), die auch an den Darmbeinschaufeln (Abb. 7), den Wirbelkörpern (*30*) und selbst an der Schädelkalotte nachweisbar sein kann (*45, 65*).

Eine Anzahl von Patienten mit leichten Erkrankungen bedarf keiner besonderen Therapie, da sich die Beschwerden innerhalb von

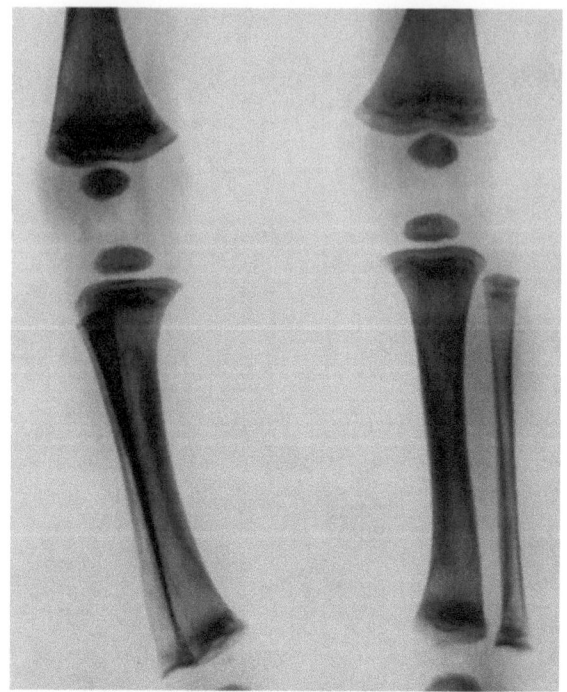
Abb. 5. Bandförmige Verschattungen der Metaphysen

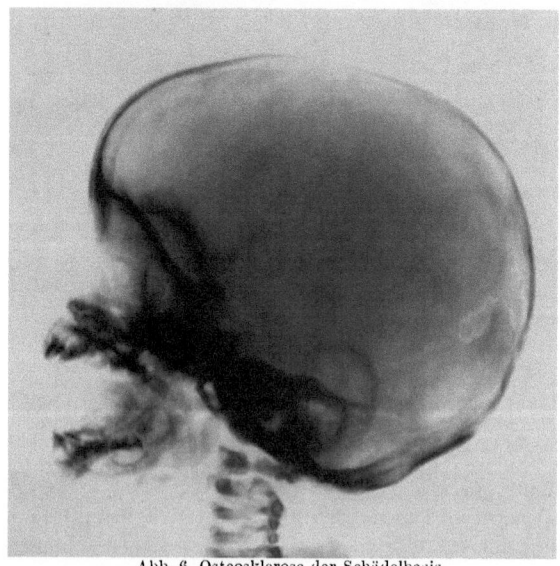
Abb. 6. Osteosklerose der Schädelbasis

Wochen spontan zurückbilden können (*71, 72, 75*). Dies ist bei der Mehrzahl der Kinder allerdings nicht der Fall. Zur Behandlung dieses Krankheitsbildes haben sich, von der Ausschaltung jeglicher Vitamin D-Zufuhr abgesehen, im wesentlichen zwei Maßnahmen

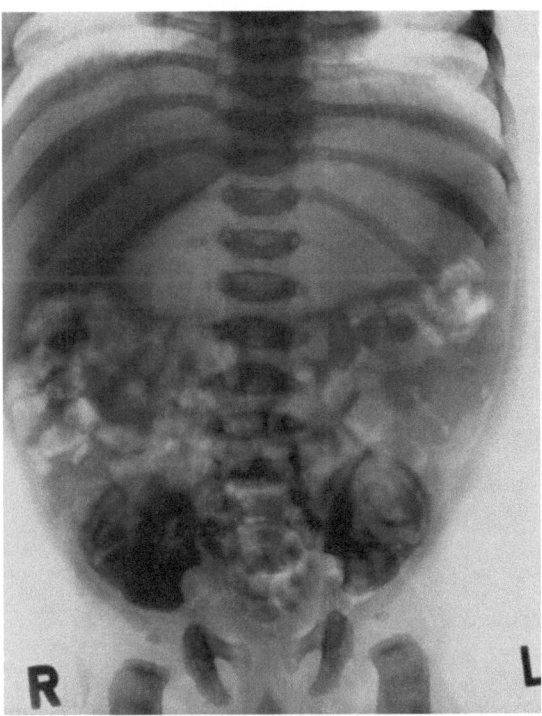

Abb. 7. Osteosklerose der Darmbeinschaufeln und Wirbelkörper

bewährt: 1. Eine drastische Verminderung der Calciumzufuhr mit der Nahrung, 2. die Anwendung von Cortison oder seinen Derivaten.

Die Herstellung einer calciumarmen Nahrung, die höchstens 1—2 mMol Ca pro Tag enthalten sollte (*17*), mit Hilfe von Ionenaustauschern (*11*) ist weder technisch einfach noch leistungsfähig (*75*). Die ausgezeichnete Wirkung der Calciumeinschränkung läßt die nächste Abbildung (Abb. 8) erkennen (*72*): Durch Senkung der Calciumzufuhr wird die bei allen Formen der idiopathischen Hypercalcämie sehr hohe Calciumretention (*1, 2, 7, 11, 18, 19, 24, 30, 45, 55, 58, 71, 72*) vermindert, und die Calciumbilanz wird negativ, da trotz Einschränkung der oralen Calciumzufuhr die Calciumausscheidung im Urin hoch bleibt (*20, 55*). Die Senkung des erhöhten Serumcalciumwertes durch eine weitgehende Einschränkung der oralen Calciumaufnahme tritt bei leichten und mittelschweren Formen innerhalb weniger Tage bis Wochen (*55*) ein (Abb. 3), kann jedoch trotz Besserung des Krankheitsbildes bei schweren Erkrankungen auf sich warten lassen (*43*). Sie ist gelegentlich nur nach gleichzeitiger Anwendung von Cortison zu erzielen (*1, 57*).

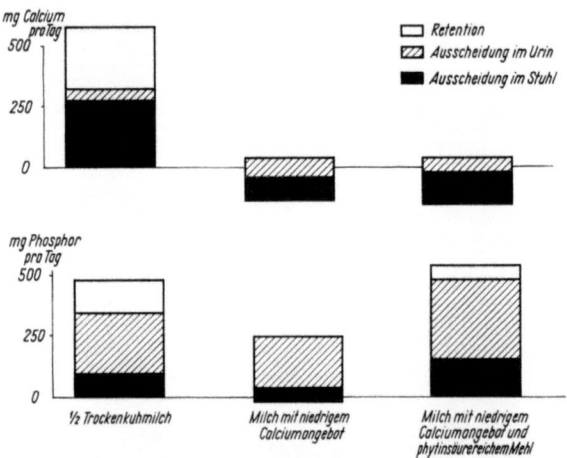

Abb. 8. Calcium- und Phosphorbilanzen bei einem Patienten mit leichter idiopathischer Hypercalcämie, der mit Halbmilch und mit einer nur wenig Calcium enthaltenden Milch ernährt wurde. In der 3. Stoffwechselperiode wurde der calciumarmen Milch phytinsäurereiches Mehl zugesetzt (STAPLETON; MACDONALD und LIGHTWOOD 1956, 1957)

Es hatte zunächst den Anschein, als ob Cortison in gleicher Weise wirke wie eine starke Einschränkung der Calciumzufuhr: Nämlich über die Verminderung der Calciumretention infolge Vermehrung der Calciumausscheidung im Stuhl (*55, 58*). Dieser Schluß ist selbst aus Experimenten von Autoren, die sich für diese Ansicht ausgesprochen haben, nur mit großer Einschränkung zu ziehen (*58*). Trotz günstiger Beeinflussung des Krankheitsbildes und des Serumcalciumspiegels können Patienten mit idiopathischer Hypercalcämie unter Cortisonbehandlung stark positive Calciumbilanzen haben (Abb. 9) (*22, 30, 44, 45*). Für das Ausmaß der Retention scheint allerdings die Höhe des Calciumangebotes nicht gleichgültig zu sein.

Daß der Einfluß des Cortisons auf die enterale Calciumaufnahme schwerlich der ausschlaggebende Faktor für die Senkung

Die idiopathische Hypercalcämie 117

des Calciumspiegels sein kann, zeigen Untersuchungen über den zeitlichen Verlauf der Plasmacalciumwerte nach einmaliger Gabe

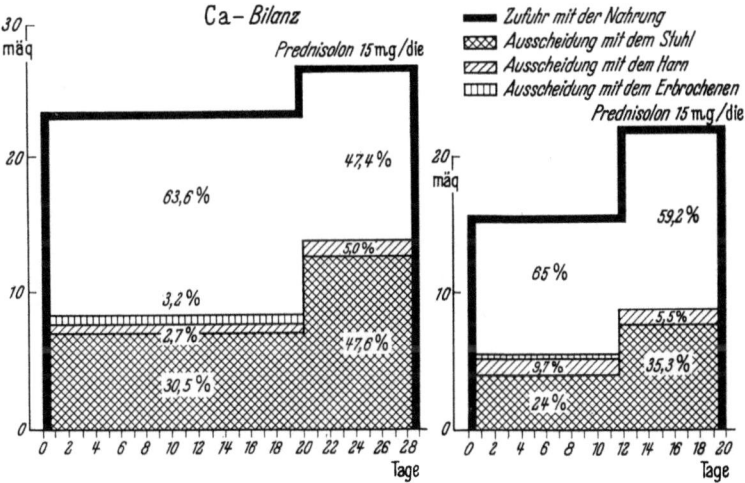

Abb. 9. Calciumbilanzen bei schwerer idiopathischer Hypercalcämie vor und während Prednisolonbehandlung (HAGGE)

von 25 mg Cortison bei Patienten mit idiopathischer Hypercalcämie (Abb. 10). Der bereits nach Stunden eintretende günstige Effekt kann nicht gut mit einer Veränderung der Resorption erklärt werden (57).

Man kann den Einfluß der therapeutischen Maßnahmen auf den Serumcalciumspiegel an einem Modell erklären, in dem die Verhältnisse bewußt vereinfacht dargestellt sind (Abb. 11). Die sehr fein regulierte und nur in engen Grenzen schwankende Serumcalciumkonzentration muß aus einem Gleichgewicht zwischen enteraler Calciumaufnahme, renaler Calciumausscheidung, Einbau von Calcium

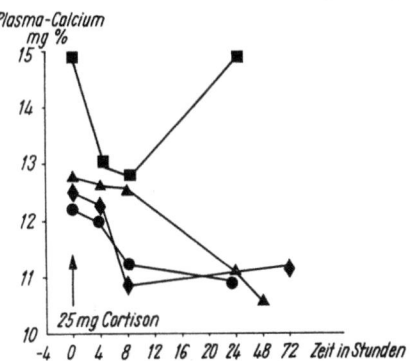

Abb. 10. Einfluß einer einmaligen Cortisongabe auf den Plasmacalciumwert bei Patienten mit idiopathischer Hypercalcämie (MITCHELL 1960)

in das Skelet und Mobilisation von Calcium aus dem Knochen resultieren. Es wurde bereits darauf hingewiesen, daß bei beiden Formen der idiopathischen Hypercalcämie eine gesteigerte

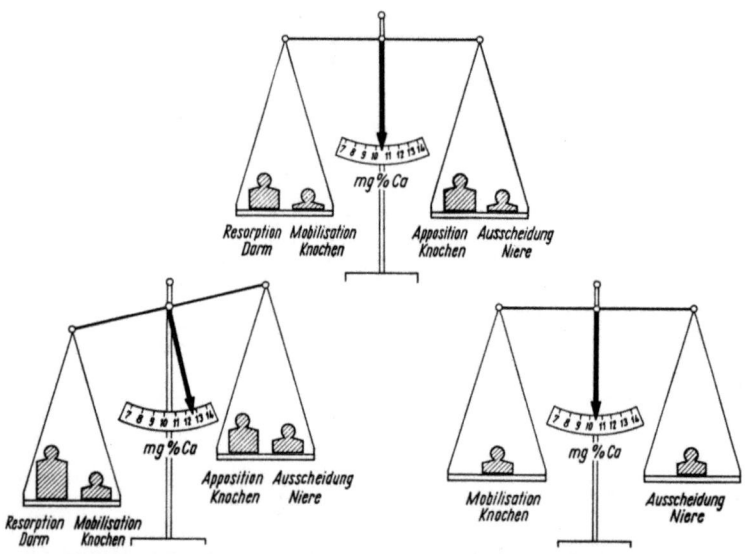

Abb. 11. Schematische Darstellung des den Serum-Calciumspiegel bestimmenden Gleichgewichtes beim Gesunden (oben), bei Patienten mit idiopathischer Hypercalcämie mit reichlicher (links unten) und geringer Calciumzufuhr (rechts unten)

enterale Calciumretention und eine Hypercalciurie gefunden werden. Wenn trotz der vermehrten renalen Calciumausscheidung die hohe Calciumaufnahme aus dem Darm einer Hypercalcämie bewirkt, kann dies schwer anders als mit einer Veränderung des Verhältnisses zwischen Calciumapposition und Mobilisation im Skelet erklärt werden. Aus den bei Patienten mit idiopathischer Hypercalcämie erhobenen Röntgenbefunden und aus entsprechenden Ergebnissen histologischer Untersuchungen (*13, 65, 82*) wird man schließen können, daß im Vergleich zu normalen Verhältnissen erhebliche Mengen von Calciumsalzen zusätzlich im Knochen eingelagert werden. Die Tatsache, daß erst die Aufhebung der enteralen Calciumretention die Hypercalcämie vermindert, zeigt jedoch, daß der Einbau von Calcium in den Knochen im Verhältnis zur großen Aufnahme auf die Dauer nicht ausreicht, um den Serumcalciumwert normal zu halten. Andererseits läßt sich aus dem Befund, daß auch nach völliger Einschränkung der enteralen

Calciumzufuhr die gesteigerte Ausscheidung von Calcium im Urin zunächst anhält, schließen, daß vermehrt Calcium aus dem Knochen mobilisiert wird. Die Hypercalcämie ist demnach die Folge eines hinter einer sehr hohen enteralen Aufnahme zurückbleibenden Einbaus von Calcium in den Knochen und einer gesteigerten Calciummobilisation. Wird die enterale Calciumaufnahme ausgeschaltet, bessert sich die ganze Situation wesentlich: Die Nierenleistung kann mit dem vermehrt angebotenen endogenen Calcium einigermaßen Schritt halten und wird nicht mehr durch exogenes Calcium überfordert, das der Knochen nicht mehr aufzunehmen in der Lage ist. Infolgedessen sinkt der Serumcalciumspiegel ab, und die Osteosklerose des Skelets verschwindet, wie dies FELLERS in sehr eindrucksvollen Untersuchungen nachweisen konnte.

Wenn die Wirkung des Cortisons nicht in erster Linie in einer Verminderung der Calciumaufnahme aus dem Darm besteht, ist zu vermuten, daß Cortison unter bestimmten Umständen die Mobilisation von Calcium aus dem Knochen blockiert (36, 37, 53, 78). Die vorgetragene Auffassung über den Wirkungsmechanismus der therapeutischen Maßnahmen erklärt die allgemein gemachte Erfahrung, daß die Anwendung von Cortison namentlich dann indiziert und von Nutzen ist, wenn Krankheitsbild und Serumcalciumspiegel kurzfristig beeinflußt werden sollen. Sie läßt auch verständlich erscheinen, daß namentlich bei schweren Erkrankungen die besseren langfristigen Ergebnisse durch Ausschaltung der Calciumaufnahme aus dem Darm zu erzielen sind (43, 71, 72).

Drei Patienten, die klinisch nur Symptome zeigten, die bei der leichten Form der Erkrankung vorkommen, verstarben im akuten Stadium der Krankheit. Abgesehen davon ist die Prognose leichter Fälle von Hypercalcämie gut (57, 71, 72, 82). Im Laufe der Zeit bilden sich selbst schwere Funktionsstörungen der Niere ganz zurück (57). Anders liegen die Dinge dagegen bei der schweren Form der Krankheit, bei der die klinischen Symptome über Jahre bestehen können (43) und die oft tödlich ausgeht (45). Auch nach Abklingen der Krankheitserscheinungen können ausgeprägte Intelligenzdefekte, Wachstumsrückstand und Nierenschäden zurückbleiben (17, 43, 44, 65, 68).

Aus der Besprechung der Therapie konnte bereits entnommen werden, daß die Hypercalcämie für den Verlauf der Krankheit bedeutsam ist (Abb. 12). Ihr Ausmaß und ihre Dauer erklären einen großen Teil der klinischen Symptome sowie der Gewebeschäden, von denen in diesem Rahmen nur Knochen und Niere besprochen wurden (17, 82). Bei der zentralen Bedeutung, den die Erhöhung des Serumcalciumwertes in der Pathogenese hypercalcämischer Krankheitsbilder einnimmt, ist es nicht verwunderlich, wenn Umstände, die einem Anstieg des Serumcalciumwertes Vorschub leisten, auch die Entstehung entsprechender Erkrankungen begünstigen. Das gilt z. B. für eine hohe exogene Calciumzufuhr, auf deren pathogenetische Rolle bei der idiopathischen Hypercalcämie wiederholt hingewiesen worden ist (71, 72, 82). Die

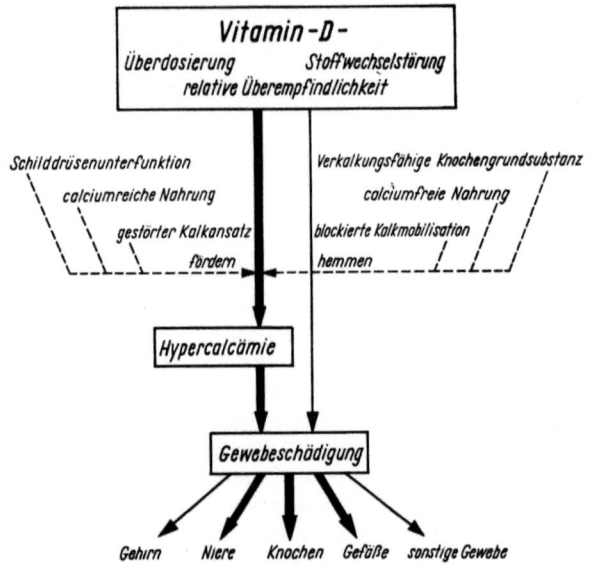

Abb. 12. Ätiologie und Pathogenese hypercalcämischer Krankheitsbilder

Abb. 13 zeigt das Verhalten des Serumcalciumwertes bei Ratten, die bei gleichbleibender Vitamin D- und Phosphorzufuhr unterschiedlich hohe Calciummengen in der Nahrung angeboten bekamen. Es ist offensichtlich, daß in diesen Fällen das Auftreten einer Hypercalcämie mit Gedeihstörung weniger von der Vitamin D- als von der Calciumzufuhr abhing (73). Im Hinblick auf diese Befunde erscheint die seinerzeit von E. MÜLLER für die idiopathische Hypercalcämie vorgeschlagene Bezeichnung „Vitamin D-Milch-Syndrom" zwar pointiert, aber berechtigt.

Die Tatsache, daß die vorübergehend in Großbritannien beobachtete Häufung von leichter idiopathischer Hypercalcämie mit einer Erhöhung der D-Zufuhr auf dem Wege der stummen Rachitisprophylaxe parallel ging (50, 52) läßt vermuten, daß Vitamin D in der Pathogenese und Ätiologie hypercalcämischer Krankheitsbilder eine Rolle spielt. Dies bestätigen die wesentlichsten Symptome und Befunde bei beiden Formen der idiopathischen Hypercalcämie (*17*) (Abb. 12). Wir wollen unsere Aufmerksamkeit zunächst auf ihre leichte Form richten. Schon bei der Erstbeschreibung (*46, 47*) wurde ebenso wie später angenommen, daß sie durch

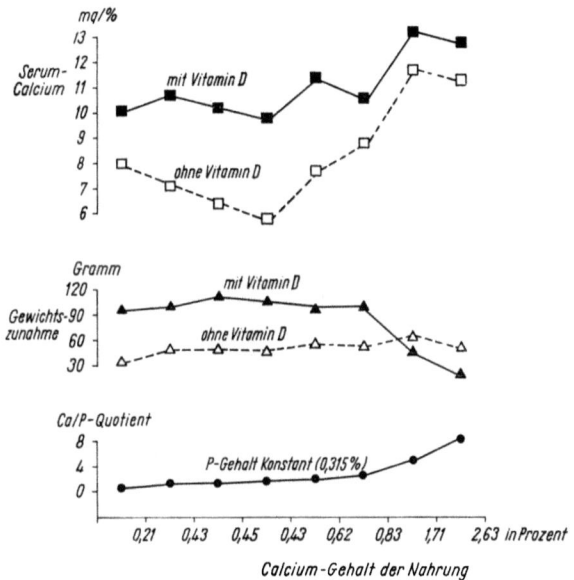

Abb. 13. Beziehungen zwischen Serum-Calciumspiegel und Calciumangebot bei Ratten (STEENBOCK und HERTING)

eine Überempfindlichkeit gegenüber dem Vitamin D entsteht (*12, 13, 50, 51, 52, 71, 72, 75, 76, 82*).

Mit der hier eingesetzten Bezeichnung ,,relative Überempfindlichkeit" soll folgender Sachverhalt ausgedrückt werden: Unter vielen Tausenden von Säuglingen, die in etwa mit den gleichen Vitamin D- und Milchmengen aufgezogen wurden, erkrankten nur wenige Hundert an dem geschilderten Krankheitsbild (*50*). Zunächst konnte mit Recht vermutet werden, daß keines der Kinder zu hohe Dosen von Vitamin D erhalten hatte (*46, 47*). Die Abb. 14 zeigt jedoch die geschätzte Vitamin D-Aufnahme von 348 Kindern, die eines der hochvitaminierten englischen Trockenmilchpulver, die National Dried Milk, erhielten (*8*). Weitaus der größte Teil der Kinder bekam täglich zwischen 1000—2000 E Vitamin D. Wir wissen aus anderen Untersuchungen, daß es sich sicher um Minimalwerte handelt, da die Präparate aus lebensmittelrechtlichen Gründen höher vitaminiert waren (*50, 52*). Es besteht demnach kaum ein Zweifel darüber, daß die meisten Patienten mit leichten Formen der idiopathischen Hypercalcämie Vitamin D-Mengen erhielten, die das Doppelte bis Mehrfache des Bedarfes betrugen. Daß dabei

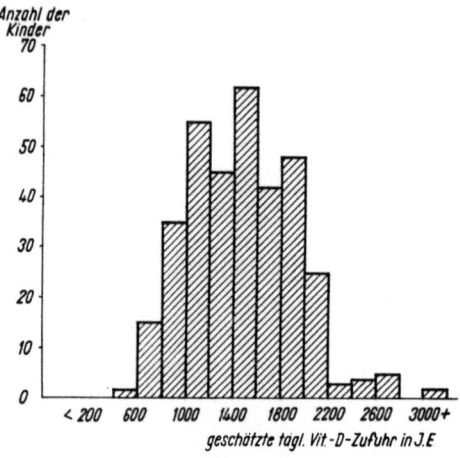

Abb. 14. Geschätzte tägliche Vitamin D-Zufuhr bei 348 Säuglingen, die National Dried Milk und z. T. zusätzliche Gaben von Vitamin D erhielten (CREERY und NEILL 1955)

entgegen den Erwartungen (*63*) leichte Überdosierungserscheinungen auftreten können, hat meines Erachtens zwei aus der Pharmakologie des D-Vitamins zu verstehende Gründe: 1. Der Dosis-Zeit-Faktor ist bei dieser Art der Darreichung ein völlig anderer als bei der früher üblichen Vigantolöl- und der heute geübten D-Stoßprophylaxe. Beide werden diskontinuierlich ausgeführt und benötigen für die Wirkung höhere Gesamtdosen (*27, 28, 40, 77*). 2. Resorption und Ausnutzung des D-Vitamins sind bei Zufuhr in Milch besser als bei öligen Lösungen (*27, 28, 40*). Es ist unserer Ansicht nach fraglich, ob wir unsere mit dem Vigantolöl und dem D-Stoß gemachten Erfahrungen über die Verträglichkeit des D-Vitamins zu Recht auf diese Form der Darreichung anwenden.

In den letzten Jahren sind wiederholt Mitteilungen darüber erschienen, daß bei Patienten mit schwerer idiopathischer Hypercalcämie ein erhöhter Vitamin D-Spiegel im Serum festgestellt wurde (*17, 18, 19, 45, 68*). Wir selbst verfügen ebenfalls über eine noch unveröffentlichte Beobachtung bei einem Patienten, der eine intermediäre Verlaufsform des Krankheitsbildes zeigte (*74*). Dagegen konnte bei der leichten Form der idiopathischen Hypercalcämie, bei der entsprechende Untersuchungen meinem Wissen nach bisher in drei Fällen angestellt worden sind, bisher keine Erhöhung des Vitamin D-Spiegels im Serum nachgewiesen werden (*29, 66*). Die Interpretation dieser Befunde kann aus verschiedenen Gründen nur sehr zurückhaltend sein. Immerhin sprechen einige Indizien dafür, daß im Organismus dieser Patienten eine Störung des Vitamin D-Stoffwechsels vorliegt (Abb. 12), deren Ursache unter Umständen eine angeborene Stoffwechselstörung sein könnte. Möglicherweise handelt es sich um eine Beeinträchtigung des normalen Abbaus: Alle angestellten Untersuchungen wurden nämlich Wochen bis Monate nach der letzten Gabe von Vitamin D ausgeführt. Diese Erhöhung der Vitamin D-Aktivität im Serum hielt bei drei Patienten über ein Jahr (*17, 68*), bei einem anderen sogar 26 Monate an (*17*). Rückgang der erhöhten Vitamin D-Aktivität im Serum und Besserung der klinischen Erscheinungen entsprachen einander (*17, 68*). Es ist bisher nicht möglich gewesen, die chemische Natur der Vitamin D-aktiven Substanz zu klären. Somit besteht auch noch die Möglichkeit, daß es sich um eine veränderte Synthese des D-Vitamins im Rahmen einer pathologischen Veränderung des Sterinstoffwechsels handeln könnte. Dieser Gedanke schien für einige Autoren um so näher zu liegen, als namentlich von FORFAR u. Mitarb. als Ursache der idiopathischen Hypercalcämie eine Sterinstoffwechselstörung angenommen worden war. Sie gründen ihre Ansicht auf die bei beiden Formen der idiopathischen Hypercalcämie häufig vorkommende Hypercholesterinämie, die ebenfalls bei der Vitamin D-Intoxikation beobachtet wird. Sie kann demnach ebensogut Folge anstatt Ursache der Stoffwechselstörung sein.

Welche intermediären Stoffwechselreaktionen die bei leichten Formen der idiopathischen Hypercalcämie zu vermutende Überempfindlichkeit gegen Vitamin D bedingen, wissen wir nicht. Auch haben wir keine Vorstellung darüber, wo der Defekt bei der Vitamin D-Stoffwechselstörung liegt, die vermutlich schwere Verlaufsformen verursacht. Es ist deswegen unmöglich, Angaben darüber zu machen, ob hier ein gemeinsames ätiologisches Prinzip vorliegt.

Dagegen sind wir der Ansicht, daß die nicht zuletzt von der Hypercalcämie bestimmte Pathogenese bei beiden Formen sehr ähnlich ist und daß zur Vitamin D-Intoxikation vermutlich nur graduelle und keine prinzipiellen Unterschiede bestehen (*43*). Die gelegentlich zitierten Abweichungen im Citronensäurestoffwechsel (*63, 81*) sind bei beiden Erkrankungen noch zu wenig untersucht, als daß daraus schon Schlüsse gezogen werden könnten (*68*).

Literatur

1. BERENDES, H.: Diskussionsbemerkung zu FELLERS und SCHWARTZ (*19*). Amer. J. Dis. Child. **96**, 476 (1958). — 2. BONHAM-CARTER, R. E., C. E. DENT, D. I. FOWLER and CH. M. HARPER: Calcium metabolism in idiopathic hypercalcaemia of infancy with failure to thrive. Arch. Dis. Childh. **30**, 399 (1955). — 3. O'BRIEN, D., T. D. PEPPERS and H. K. SILVER: Idiopathic hypercalcaemia in infancy. J. Amer. med. Ass. **173**, 1106 (1960). — 4. BUTLER, N. R., and B. SCHLESINGER: Generalized retardation with renal impairment, hypercalcaemia and osteosclerosis of skull. Proc. roy. Soc. Med. **44**, 296 (1951). —

5. CLAY, P. R.: Idiopathic hypercalcaemia with subcutaneous calcium deposits following pseudosclerema. Proc. roy. Soc. Med. **49**, 598 (1956). — 6. CREERY, R. D. G.: Idiopathic hypercalcaemia of infants. Lancet **1953 II**, 17. — 7. CREERY, R. D. G., and D. W. NEILL: Idiopathic hypercalcaemia in infants with failure to thrive. Lancet **1954 II**, 110. — 8. CREERY, R. D. G., and D. W. NEILL: Intake of vitamin D in infancy. Lancet **1955 II**, 372. — 9. DAESCHNER, L. G., and C. W. DAESCHNER: Severe idiopathic hypercalcaemia of infancy. Pediatrics **19**, 362 (1957). —

10. DAWSON, M. P., W. S. CRAIG and F. L. C. PERERA: Idiopathic hypercalcaemia in an infant. Arch. Dis. Childh. **29**, 474 (1954). — 11. DENT, C. E.: How to make decalcified milk. Helvet. paediat. Acta **10**, 165 (1955).

12. FANCONI, G.: Variations in sensitivity to vitamin D: From vitamin D resistent rickets, vitamin D avitaminotic rickets and hypervitaminosis D to idiopathic hypercalcaemia. In WOLSTENHOLM, G. E. W., and C. M. O'CORMER (Editors): Ciba Foundation Symposium on Bone Structure and Metabolism. S. 187. London: J. u. A. Churchill 1956. — 13. FANCONI, G.: Die Wirkung des Vitamin D. Klinische Anwendung. Helvet. paediat. Acta **14**, 462 (1959). — 14. FANCONI, G.: Das Vitamin D als Heilmittel und als Gift. (Die idiopathische Hypercalcämie und die Vitamin D-resistenten Rachitisformen.) Schweiz. med. Wschr. **85**, 1253 (1955). — 15. FANCONI, G., P. GIRARDET, B. SCHLESINGER, N. BUTLER u. J. BLACK: Chronische Hypercalcämie, kombiniert mit Osteosklerose, Hyperazotämie, Minderwuchs und kongenitalen Mißbildungen. Helvet. paediat. Acta **7**, 314 (1952). — 16. FANCONI, G., u. A. SPAHR: Beitrag zur Frage der idiopathischen Hypercalcämie. Helvet. paediat. Acta **10**, 156 (1955). — 17. FELLERS, F. X.: Idiopathic hypercalcemia of infancy and vitamin D-metabolism. Helvet. paediat. Acta **14**, 483 (1959). — 18. FELLERS, F. X., and R. SCHWARTZ: Etiology of the severe form of idiopathic hypercalcemia of infancy. A defect in vitamin D-metabolism. New Engl. J. Med. **259**, 1050 (1958). — 19. FELLERS, F. X., and R. SCHWARTZ: Vitamin D activity in idiopathic hypercalcemia. Amer. J. Dis. Child. **96**, 476 (1958). — 20. FELLERS, F. X., R. SCHWARTZ and E. B. D. NEUHAUSER: The effects of low calcium diet on the management of the severe form of hypercalcemia in infancy. Amer. J. Dis. Child. **98**, 495 (1959). — 21. FERGUSON, A. W., and G. K. MCGOWAN: Idiopathic hypercalcemia of infants. Low-calcium treatment. Lancet **1954 I**, 1272. — 22. FLETSCHER, F. R.: A case of osteosclerosis with hypercalcaemia and renal failure. Arch. Dis. Childh. **32**, 245 (1957). — 23. FORFAR, J. O.: M. D. Thesis University of St. Andrews (1958). — 24. FORFAR, J. O., CH. L. BALF, G. M. MAXWELL and S. L. TOMPSETT: Idiopathic hypercalcaemia of infancy. Clinical and metabolic studies with special reference to the aetiological role of vitamin D. Lancet **1956 I**, 981. — 25. FORFAR, J. O., S. L. TOMPSETT and W. FORSHALL: Biochemical studies in idiopathic hypercalcemia of infancy.

Arch. Dis. Childh. **34**, 525 (1959). — 26. FYFE, W. M.: Vitamin A-levels in idiopathic hypercalcaemia. Lancet **1956 I**, 610) 27. GRAB, W.: Pharmakologie des Vitamin D. Mschr. Kinderheilk. **101**, 163 (1953). — 28. GRAB, W.: Theorie und Praxis der Rachitisbekämpfung. Kinderärztetagung d. DDR, Halle 31. 5. 1956. Kinderärztl. Prax. Sonderband **1957**, 55. — 29. GYÖRGY, P.: Diskussionsbemerkungen zu FELLERS und SCHWARTZ (19). Amer. J. Dis. Child. **96**, 476 (1958).
30. HAGGE, W.: Über den Einfluß des Prednisolons auf die Ca- und HPO_4-Bilanz bei der idiopathischen Hypercalcämie. Arch. Kinderheilk. **73**, 152 (1960). — 31. HALLMAN, N.: Calcium metabolism in interstitial plasma cell pneumonia in infants. Helvet. paediat. Acta **10**, 119 (1955). — 32. HALLMAN, N., L. HJELT and H. TÄHKÄ: Chronic hypercalcemia and vitamin D in early childhood. Ann. paediat. Fenn. **1**, 338 (1955). — 33. HALLMAN, N., H. TÄHKÄ and E. K. AHVENAINEN: High plasma calcium and influencing factors in interstitial plasma cell pneumonia in infants. Ann. Paediat. Fenn. **1**, 34 (1954). — 34. HALLMAN, N., and A. YLPPÖ: Mental and physical disturbances in children recovering from infantile interstitial plasma cell pneumonia. Acta paediat (Uppsala) **43**, 382 (1954). — 35. HARRIS, L. C.: Biochemical changes and osteosclerosis after sulphamethazine therapy in idiopathic hypercalcaemia of infancy. Arch. Dis. Childh. **29**, 232 (1954). — 36. HARRISON, H. C., H. E. HARRISON and E. A. PARK: Proc. Soc. exp.Biol. (N. Y.) **96**, 768 (1956). — zit. nach: H. E. HARRISON: Physiology of vitaminD. Helvet. paediat. Acta **14**, 434 (1959). — 37. HARRISON, H. C., H. E. HARRISON and E. A. PARK: Vitamin D and citrate metabolism. Effect of vitamin D in rats fed diet adequate in both calcium and phosphorus. Amer. J. Physiol. **192**, 432 (1958). — 38. HJELT, L., E. K. AHVENAINEN and N. HALLMAN: Renal calcification in infancy. Autopsy findings in interstitial plasma cell pneumonia and other pathological conditions. Ann. paediat. Fenn. **2**, 169 (1956). — 39. HJELT, L., H. TÄHKÄ and N. HALLMAN: Chronic hypercalcemia and vitamin D in early childhood. Ann. paediat. Fenn. **2**, 76 (1956). — 40. HÖVELS, O., u. D. REISS: Physiologie und Stoffwechsel des D-Vitamins. Ergebn. inn. Med. Kinderheilk. **11**, 206 (1959). — 41. HOOFT, C., u. A. VERMASSEN: Chronische idiopathische Hypercalcemie (Type Fanconi-Schlesinger) behandelt met Thyroxine. Maandschr. Kindergeneesk. **27**, 37 (1959). — 42. HOOFT, C., et A. VERMASSEN: La forme chronique sévère de l'hypercalcémie idiopathique. Traitment par la thyroxine. Acta paediat. belg. **13**, 57 (1959).
43. ILLIG, R., u. A. PRADER: Idiopathische Hypercalcämie und Vitamin D-Intoxikation. Helvet. paediat. Acta **14**, 618 (1959).
44. JOSEPH, M. C., and D. PARROTT: Severe infantile hypercalcaemia with special reference to the facies. Arch. Dis. Childh. **33**, 385 (1958).
45. LANG, K., u. W. S. EIARDT: Beitrag zum Bilde der chronischen idiopathischen Hypercalcämie. Z. Kinderheilk. **79**, 490 (1957). — 46. LIGHTWOOD, R.: Idiopathic hypercalcaemia in infants with failure to thrive. Arch. Dis. Childh. **27**, 362 (1952). — 47. LIGHTWOOD, R.: Idiopathic hypercalcaemia with failure to thrive: Nephrocalcinosis (abstract). Proc. roy. soc Med. **45**, 401 (1952). — 48. LIGHTWOOD, R.: Treatment of idiopathic hypercalcaemia. Brit. med. J. **2**, 304 (1954). — 49. LIGHTWOOD, R.: Zitiert ZEISEL(81). Brit. med. J. **1956**, 345. — 50. LIGHTWOOD, R., W. SHELDON, L. C. HARRIS and T. H. STAPLETON: Hypercalcaemia in infants and vitamin D. Brit. med. J. **1956**, 149. — 51. LIGHTWOOD, R., and T. STAPLETON: National policies for the preventions of rickets. Ann. paediat. (Basel) **188**, 270 (1957). — 52. LIGHTWOOD, R., and T. STAPLETON: Idiopathic hypercalcaemia in infants. Lancet **1953 II**, 255. — 53. LINDQUIST, B.: Diskussionsbemerkungen zu H. E.

HARRISON: Physiology of vitamin D. Helvet. paediat. Acta **14**, 434 (1959). — 54. LOWE, K. G., J. L. HENDERSON, W. PARK and D. A. MCGREAL: The idiopathic hypercalcaemic syndroms of infancy. Lancet **1954II**, 101. — 55. MACDONALD, W. B., and T. STAPLETON: Idiopathic hypercalcaemia of infancy. Studies on the mineral balance. Acta paediat (Uppsala) **44**, 559 (1955). — 56. MITCHELL, R. G.: Idiopathic hypercalcaemia of infants. (Symposium: The nutrition of the very young. Proc. Nutr. Soc. **17**, 71 (1958). — 57. MITCHELL, R. G.: The prognosis in idiopathic hypercalcaemia of infants. Arch. Dis. Childh. **35**, 383 (1960). — 58. MORGAN, A. F., R. G. MITCHELL, J. M. STOWERS and J. THOMSON: Metabolic studies on two infants with idiopathic hypercalcaemia. Lancet **1956I**, 925. — 59. MÜLLER, E.: Für und wider die Anreicherung von Lebensmitteln mit Vitamin D. Dtsch. med. Wschr. **1957**, 152.

60. PAYNE, W. W.: The blood chemistry in idiopathic hypercalcaemia. Arch. Dis. Childh. **27**, 302 (1952). — 61. PRADER, A.: Kalziumstoffwechsel und Wachstum in: Kalziumstoffwechselstörungen bei Menschen und Tieren. S. 23. Berlin: Berliner Medizinische Verlagsanstalt 1959. — 62. RHANEY, K., and R. G. MITCHELL: Idiopathic hypercalcemia of infants. Lancet **1956I**, 1028. — 63. ROMINGER, E.: Hypercalcaemia infantum (Leitartikel). Arch. Kinderheilk. **161**, 1 (1959). — 64. RUSSEL, A., and W. F. YOUNG: Severe idiopathic infantile hypercalcaemia. Proc. roy. Soc. Med. **47**, 1036 (1954).

65. SCHLESINGER, B. E., N. R. BUTLER and J. A. BLACK: Severe type of infantile hypercalcaemia. Brit. Med. J. **1956**, 127. — 66. SCHMID, R., M. JUST u. G. STALDER: Ein Fall von idiopathischer Hypercalcämie im Kindesalter verbunden mit einem renalen Kalium-Verlust-Syndrom. Arch. Kinderheilk. **163**, 149 (1960). — 67. SINCLAIR, H. M.: Infantile hypercalcemia. Lancet **1956II**, 893. — 68. SMITH, D. W., R. BLIZZARD u. H. E. HARRISON: Idiopathic hypercalcaemia. Pediatrics **24**, 258 (1959). — 69. SNYDER, C. H.: Idiopathic hypercalcemia of infancy. Amer. J. Dis. Child. **96**, 367 (1958). — 70. STAPLETON, T., and I. W. J. EVANS: Idiopathic hypercalcaemia in infancy. Helv. paediat. Acta **10**, 149 (1955). — 71. STAPLETON, T., W. B. MACDONALD and R. LIGHTWOOD: Management of "idiopathic" hypercalcaemia in infancy. Lancet **1956I**, 932.— 72. STAPLETON, T., W. B. MACDONALD and R. LIGHTWOOD: The pathogenesis of idiopathic hypercalcemia in infancy. Amer. J. clin. Nutrit. **5**, 533 (1957).— 73. STEENBOCK, H., and D. C. HERTING: Vitamin D and growth. J. Nutrit. **57**, 449 (1955). — 74. STEPHAN. U., u. O. HÖVELS: (Unveröffentlicht). — 75. STUR, O., u. E. ZWEYMÜLLER: Zur Problematik der sogenannten idiopathischen Hypercalcämie. Wien. klin. Wschr. **1958**, 734. — 76. SWOBODA, W.: Unterschiede in der Wirksamkeit und Verträglichkeit des Vitamin D beim Kinde. Neue öst. Z. Kinderheilk. **3**, 245 (1958).

77. THOENES, F.: Hypervitaminose D und „idiopathische" Hypercalcämie. Med. Klin. **24**, 1072 (1960). — 78. THOMAS, W. C., and H. G. MORGAN: The effect of cortisone on experimental hypervitaminosis. Endocrinology **63**, 57 (1958).

79. WINEBERG, J.: Idiopathic hypercalcemia of infancy. Amer. J. Dis. Child. **6**, 792 (1959).

80. ZEISEL, H.: Die leichte Form der idiopathischen Hypercalcämie des Säuglings. Arch. Kinderheilk. **163**, 16 (1960). — 81. ZEISEL, H.: Die sogenannte idiopathische Hypercalcämie des Kindes. Wien. klin. Wschr. **39**, 665 (1960). — 82. ZETTERSTRÖM, R.: Idiopathic hypercalcaemia and hypercalcuria. Moderne Probleme der Paediatrie, Bd. III, S. 478. Basel-New York: S. Karger 1958.

Diskussion

KLINKE: Prinzipiell wird der Standpunkt des Redners völlig geteilt. Eine Erklärung fordert noch die mehrfach gemachte Beobachtung, daß Vitamin D-Zulagen bei solchen Kranken keine Erhöhung des Serumcalciums hervorrufen. Vermutlich dürfte das auf unterschiedlichen Stadien der Krankheit beruhen.

SWOBODA: Da Vit. D-Stoßdosen prinzipiell blutkalksteigernd wirken, nicht aber die niedrigen Tagesprophylaxedosen, sollte der Name idiopathische Hypercalcämie nur bei niedrigen Vit. D-Gaben in der Anamnese verwendet werden. Bei Stoßprophylaxe und Folgezuständen sollte man grundsätzlich von Vit. D-Intoxikation sprechen.

RODECK: Sind Untersuchungen bei der Hypercalcämie über den Verlauf der starken Kalkeinlagerung unter Schilddrüsenhormongaben bekannt?

DULCE: Wie verhalten sich Serumproteine, ultrafiltrables Calcium und Plasma oder Harnoestrogene bei der idiopathischen Hypercalcämie? Oestrogene erhöhen ja das Plasmacalcium erheblich.

HAGGE: Wir möchten nochmals darauf hinweisen, daß nach Cortison-Gabe bei unserem Kind mit idiopathischer Hypercalcämie eine sofortige Besserung im Befinden des Kindes eintrat, ohne daß sich die Calciumretention änderte. Die vermehrte Ca-Ausscheidung mit dem Stuhl unter Cortison war wohl allein auf die höhere Ca-Zufuhr infolge besserer Nahrungsaufnahme zurückzuführen.

DOST: Wir sahen unlängst an der Gießener Kinderklinik einen mit Muttermilch ernährten Säugling, der bis zur Verabfolgung eines prophylaktischen Vigantolstoßes (15 mg) gesund gewesen war. Wenige Tage nach der Vitamin D-Gabe erkrankte das Kind akut mit Fieber, Anorexie, Erbrechen, Obstipation, Exsiccation und wurde im Kollapszustand eingewiesen. Extreme Hypercalcämie (Ca über 20 mg-%) sowie Hypokaliämie. Behandlung: i.v. Infusion von kaliumangereicherter Flüssigkeit, der außerdem ein bemessenes Quantum Na-Citrat zugesetzt war. Außerdem Verabreichung von eisenausgetauschter Muttermilch, von Prednisolon sowie eines Phytin-Präparates. Ausgang in Heilung.

GIRARDET: Was die Terminologie sowie die Vitamin D-Zufuhr anbelangt, bin ich mit der Meinung von Herrn HÖVELS, ZWEYMÜLLER und SWOBODA völlig einig. Vor ein paar Wochen hatten wir gerade die Gelegenheit, eine Hypercalcämie leichter Form zu beobachten. Das 18 Monate alte Mädchen bekam kurz vorher 2mal 15 mg Vit. D_3. Unter Ca-freier Diät normalisierte sich die Hypercalcämie. Immerhin trat eine Pyurie im Laufe des Aufenthaltes auf. Zufällig wurde eine Erhöhung des Sorbit-Dehydrogenase-Gehaltes im Blut wie im Harn mehrmals bestimmt. Dafür haben wir keine Erklärung.

HÖVELS (Schlußwort): Bei Patienten mit idiopathischer Hypercalcämie bewirkt die Gabe von Vitamin D ein erneutes Ansteigen des Serumcalciumwertes (BONHAM-CARTER u. Mitarb., CREERY und NEILL, FORFAR u. Mitarb.). Im Gegensatz zum Patienten der zuerst genannten Untersuchergruppe stellten die anderen Autoren keine Verschlechterung des klinischen Krankheitsbildes fest. Mit Herrn Professor KLINKE bin ich der Ansicht, daß diese Diskrepanz einmal durch verschiedene Stadien der Erkrankung, zum anderen dadurch zu erklären ist, daß Vitamin D nur kurz (2—$3^1/_2$ Wochen) gegeben wurde.

Dem Vorschlag von Herrn SWOBODA stimme ich zu und möchte ihn dahingehend erweitern, die Bezeichnung „idiopathische" Hypercalcämie ganz fallen zu lassen. Ich hoffe, gezeigt zu haben, daß in der Pathogenese dieses Krankheitsbildes eine gesteigerte Vitamin D-Aktivität eine große

Rolle spielt. Bei den meisten Fällen der leichten Form überwiegt, wie gezeigt wurde, die exogene die zweifellos vorhandene endogene Komponente. Sie sollten darum als chronische Vitamin D-Intoxikationen bezeichnet werden. Diese Feststellung gilt auch für einige Fälle aus dem schweren Formenkreis. Bei den meisten Patienten mit schwerer Hypercalcämie ist jedoch eine Störung des Vitamin D-Stoffwechsels zu vermuten. Ich würde vorschlagen, in diesem Falle von metabolischer Vitamin D-Intoxikation zu sprechen. Einen prinzipiellen Unterschied zwischen der blutkalksteigernden Wirkung großer und kleiner Dosen von Vitamin D sehe ich nicht. Es ist eine Frage der Dosis und der Zeit, ob diese früher oder später eintritt.

Die von Herrn Professor DOST gemachte Mitteilung möchte ich unter den Reaktionstyp der Vitamin D-Überempfindlichkeit einordnen, wie er zweimal von Herrn GIRARDET beobachtet und beschrieben wurde. Der Schwerpunkt der Pathogenese dürfte hier auf der kalkmobilisierenden Wirkung des Vitamins D aus dem Knochen liegen.

Über die Zusammenhänge zwischen Schilddrüsenhormon und Hypercalcämie ist folgendes zu sagen: In einem Falle (HOOFT und VERMASSEN) konnte durch monatelange Behandlung mit Thyroxin eine Patientin mit schwerer Hypercalcämie, die durch calciumarme Kost allein nicht gebessert werden konnte, günstig beeinflußt werden. Bei calciumreicher Nahrung hatte Schilddrüsenhormon in einem Falle keine Wirkung (SCHLESINGER u. Mitarb.). Schilddrüsenunterfunktion begünstigt das Auftreten einer Hypercalcämie (ROYER und FREDERICH; LANG).

Über die Wirkung von Oestrogenen und Untersuchungen über Harnoestrogene bei der Hypercalcämie ist mir nichts bekannt. Die Calciumkonzentration im Liquor, die bei grober Betrachtung mit der Konzentration des ultrafiltrablen Calciums im Serum gleichgesetzt werden kann, wurde in mehreren Fällen normal, in einigen erhöht gefunden. In einem Falle (DAWSON u. Mitarb.) wurde direkt ein erhöhter Wert für das ultrafiltrable Calcium bestimmt.

Während bei leichten Formen der Hypercalcämie meist normale Eiweißwerte im Serum gefunden werden, kommen bei schweren Erkrankungen Steigerungen des Gesamt-Eiweißwertes vor. Sie betreffen im wesentlichen die α_2- und γ-, weniger die β- und α_1-Globuline.

Der Hinweis von Herrn HAGGE unterstreicht, daß Cortison bei der Hypercalcämie auch auf andere Weise als über die Darmresorption wirken muß.

Die kongenitale Alkalose mit Diarrhoe

Von

E. M. Duyck, C. L. J. Vink, H. van Gelderen,
G. M. H. Veeneklaas*, Leiden

Einleitung

Gamble und Darrow beschrieben 1945 2 Patienten mit einer Durchfallserkrankung, die sich deutlich von den sonst bekannten, alimentär, infektiös oder anatomisch bedingten Diarrhoen unterschied. Diese Diarrhoe trat während der ersten Lebenstage auf und führte nicht, wie es für die Diarrhoen im Kindesalter üblich ist, zu einer Acidose, sondern zu einer metabolischen Alkalose. Die Stühle waren sehr wäßrig und der Verlust an Wasser und Elektrolyten hochgradig. Im Stuhl wurden große Mengen Cl ausgeschieden, erheblich mehr als Na, während im Harn praktisch kein Cl nachgewiesen werden konnte. Die Autoren gaben dieser Krankheit den bezeichnenden Namen „kongenitale Alkalose mit Diarrhoe" und drückten damit nicht nur die hauptsächliche Symptomatik, sondern auch die Problematik des Leidens aus.

Die Krankheit ist selten. Nach der ersten Beschreibung von Gamble und Darrow wurde in den nächsten 10 Jahren kein weiterer Fall veröffentlicht. Erst 1954 beschrieben Kelsey (3) und Duyck und Vink (4, 5, 6, 7) 2 weitere Patienten. In dieser kurzen Darstellung soll auf die Problematik dieses Leidens eingegangen werden. Die Kasuistik unseres Falles und die Beschreibung der Methoden kann an anderer Stelle nachgelesen werden (5).

Die Diarrhoe

Die Diarrhoe ist das charakteristische klinische Symptom dieser Krankheit. Der Stuhl ist auffällig wäßrig (2,7% Trockensubstanz) und hat ein p_H meist unter 6,5. Statt der sonst bei Diarrhoen vorherrschenden Verluste von Na und K dominiert die Cl-Ausscheidung, die höhere Werte als die des Na und K zusammen erreicht (Tab. 1 und Abb. 1). Die renale Exkretion von Cl ist dagegen nur sehr gering.

---

* Vorgetragen von E. M. Duyck, Courtrai, Belgien.

Tabelle 1. *Der Stuhlmineralgehalt des gesunden Säuglings und bei banaler Dyspepsie (A, B) sowie bei den 4 Fällen der kongenitalen Diarrhoe mit Alkalose (C, D, E, F)*

Anzahl der Bilanzen	Anzahl der Fälle	mäq/l Stuhl			p_H	% Trockensubstanz
		Cl	Na	K		
(11) normaler Stuhl	(7)	16	36	100		25
A (14) flüssiger Stuhl	(8)	30	42	57		10
B (10) wäßriger Stuhl	(6)	27	49	59		7.1
C (8) Fall v. GAMBLE	(1)	122 ±4,0	61 ±5,7	45 ±5,2	6,5	
D (5) Fall v. DARROW	(1)	133 ±14,4	62 ±7,7	23 ±3,0	6,1	2.7
E (3) Fall v. KELSEY	(1)	152 ±6,7	76 ±13,2	59 ±19,0		
F (8) Eigener Fall	(1)	148 ±4,6	42 ±2,7	55 ±4,3	6,3	2,8

Bei den Werten der 4 Fälle mit kongenitaler alkalotischer Diarrhoe sind die durchschnittlichen Standardabweichungen angegeben.

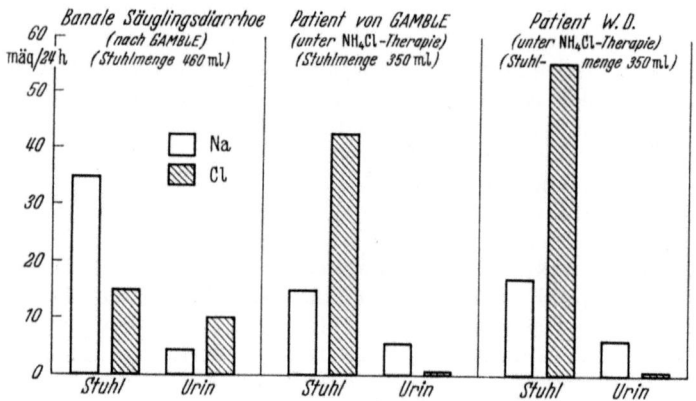

Abb. 1. Na- und Cl-Ausscheidung im Stuhl und Urin bei banaler Säuglingsdyspepsie, bei GAMBLEs Patient und in unserem Fall

Ursachen der Chlor-Diarrhoe

DARROW versuchte, die verstärkte enterale Cl-Ausscheidung durch eine unvollständige Cl-Resorption im Darm zu erklären. Dadurch würde dem Körper Wasser entzogen, was zu einer extracellulären Alkalose führen soll.

Dagegen glaubte GAMBLE an eine aktive Ausscheidung des Cl durch den Darm. Er postulierte einen cellulären Stoffwechsel, der auf ein erhöhtes p_H einreguliert sei. KELSEY übernahm die Theorie von DARROW, schrieb aber die verminderte Resorption dem K zu. Nachdem wir bei unserer Patientin die landläufigen Ursachen der Diarrhoe ausgeschlossen hatten, prüften wir diese beiden entgegengesetzten Hypothesen: entweder aktive Cl-Ausscheidung oder mangelhafte Cl- oder K-Resorption. Wir haben dafür keine Untersuchungen mit radioaktivem Cl oder K durchgeführt, weil uns

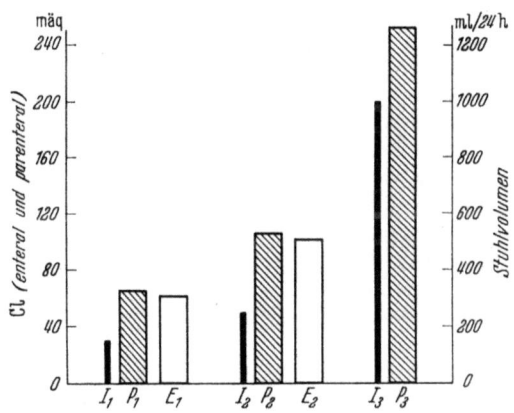

Abb. 2. Einfluß unterschiedlich hoher Cl-Zufuhr (enteral und parenteral) auf das Stuhlvolumen

■ = Cl-Zufuhr (mäq/24 Std). $I_1 = 30{,}6$, $I_2 = 50{,}6$, $I_3 = 200$

▧ = Stuhlvolumen (ml/24) bei parenteraler Cl-Zufuhr. $P_1 = 325$, $P_2 = 530$, $P_3 = 1270$

☐ = Stuhlvolumen (ml/24 Std) bei enteraler Cl-Zufuhr. $E_1 = 310$, $E_2 = 506$

zuverlässige Vergleichsgrundlagen fehlen und außerdem die Unschädlichkeit dieser Methoden bei Kleinkindern nicht bewiesen ist. Wir benutzten 2 gröbere Untersuchungsmethoden: die akute Erhöhung oder Verringerung der oralen Cl-Zufuhr und die Zufuhr von Cl auf parenteralem Wege.

Dabei hatte weder die orale Belastung noch der Entzug von Cl eine akute Veränderung des Stuhlvolumens zur Folge, wie man im Falle einer unvollständigen Resorption hätte erwarten können. Der Cl-Verlust durch den Stuhl erreichte erst 48 Std nach Beginn einer KCl-Belastung (54 mMol/die 4 Tage lang) die Menge der oralen Zufuhr, während innerhalb weniger Stunden die Serum-Cl-Werte von 82 auf 104 mäq/l und die K-Werte von 3,3 auf 4,5 mäq/l anstiegen. Letztes spricht gegen eine unvollständige Resorption.

Die parenterale Verabreichung zunehmender Mengen NaCl bewirkte eine parallel verlaufende Erhöhung der Cl-Ausscheidung durch den Darm, wie auf Abb. 2 schematisch dargestellt ist. Dabei

scheint die Art der mit dem Cl verbundenen Kationen keine Rolle
zu spielen. Bei äquivalenten Mengen von KCl, NH_4Cl oder NaCl
sind die Stuhlvolumina annähernd gleich. Somit deuten unsere
Untersuchungsbefunde auf eine aktive Elimination des Cl und
seine vorwiegend intestinale Exkretion hin.

Die Lokalisation und der Mechanismus der Cl-Ausscheidung

GAMBLE glaubte, daß ektopische Magenschleimhaut für die
Ausscheidung des Cl verantwortlich sei. Deshalb ließ er seinen
Patienten operieren. Dieser verstarb aber nach dem Eingriff. Bei
der Autopsie wurde keine ektopische Magenschleimhaut gefunden,
und auch die histologischen Untersuchungen ließen keine morphologischen Abnormitäten erkennen. Zur genauen Lokalisation der
pathologischen Darmfunktion sollte man Proben aus verschiedenen
Abschnitten des Verdauungstraktes nach der Methode von BLANKENHORN, HIRSCH und AHRENS (8) entnehmen. Unsere Patientin
war noch nicht in der Lage zu solch einer analytischen Untersuchung, die allerdings nur den Ort, aber nicht den Mechanismus des
Phänomens zu klären vermag.

Wir haben den Ausscheidungsmechanismus durch die Applikation von Carboanhydrase-Hemmstoffen zu beeinflussen versucht.
Von Tierexperimenten weiß man, daß der Darm das Cl-Ion aktiv
ausscheidet, und zwar über einen Austausch von Cl ↔ HCO_3 (9, 10).
Da in den Nierentubuli die HCO_3-Produktion durch die Blockierung der Carboanhydrase mit Diamox beeinflußt werden kann,
haben wir die Wirkung des Diamox (7,5 mg/kg per os) auf die Cl-Ausscheidung im Stuhl untersucht. Bei 2maliger Applikation stieg
das p_H des Stuhles durchschnittlich von 6,1 auf 8,1, und die Cl-Konzentration sank von 140 auf 118 mäq/l. Die K-Konzentration
wurde wenig beeinflußt, während der Na-Gehalt von 43 auf 69 mäq/l
anstieg. Diese Reaktion war 4 Std nach Verabreichung des Diamox
ausgeprägt, 12 Std später besaß der Stuhl wieder seinen vorherigen
Mineralgehalt. Der rasch einsetzende Wechsel im Mineralgehalt des
Stuhles spricht dafür, daß dieser eher das Produkt einer Sekretion
als eines nichtresorbierten Restes darstellt, und daß die Carboanhydrase dabei eine Rolle spielt.

Weiter haben wir die intestinale und renale Reaktion auf ACTH
(6 E/die) und Prednison (3 × 10 mg/die) untersucht. Die Ergebnisse sind in Tab. 2 zusammengefaßt. Die Veränderungen traten
erst 1 Woche nach Behandlungsbeginn auf. Die Cl-Ausscheidung
im Stuhl nahm ab, die renale Exkretion von Cl erhöhte sich anschließend signifikant. Diese Reaktion der Niere ist ungewöhnlich,

Tabelle 2. *Entero-renale Reaktion auf ACTH (6 E pro die), Spirolacton (250 mg/die) und Prednison (3 × 10 mg/die) bei konstanter Ernährung. Ausscheidungen in mäq oder ml pro 24 Stunden, Konzentrationen im Serum in mäq/l, V = Volumen, Ext. = Trockensubstanz in %*

Tag	Behandlung	Serum					Urin					Stuhl					
		p_H	CO_2	Na	K	Cl	p_H	Na	K	Cl	V	Na	K	Cl	V	Ext.	p_H
2. 2. 61	—	7.53	29	144	4,0	100	6,8	48	45	0,7	480	41	40	114	680	3,0	6,0
3. 2. 61	—						7,0	30	17	0,4	230	42	40	114	700	3,0	6,0
5. 2. 61	—						6,8	74	58	0,8	1030	34	41	117	730	4,2	6,6
6. 2. 61	ACTH																
	1. Tag	7,49	31	144	4,1	95	6,5	48	50	0,8	630	15	25	53	330	4,5	6,8
	2. Tag		30	143	3,5	98	6,1	36	46	0,9	870	16	33	69	430	5,2	6,6
	17. Tag	7,39					7,2	42	18	27	520						
	21. Tag	7,39					7,3	82	35	19	530					5,6	
5. 4. 61	Spirolacton																
	4. Tag	7.46	35	146	4,2	93	7,2	25	24	0,7	420	42	30	108	710	3,9	5,4
14. 4. 61	—	7,46	43	142	3,6	90	7,4	79	36	0,6	550	53	47	150	970	3,7	6,2
25. 5. 61	Prednison*																
	9. Tag	7,48	33	152	4,3	100	7,1	176	91	109	1140			60	380	5,6	
9. 6. 61	23. Tag	7,43	31	146	5,4	102	7,4	164	95	107	980			79	480	5,8	

* Ausscheidungen pro 18 Stunden.

und der Parallelismus der entero-renalen Veränderungen ist frappierend. Das verzögerte Auftreten der entero-renalen Reaktion sowie das Fehlen einer Cl-Diurese nach Zufuhr einer physiologischen Flüssigkeit oder nach Bluttransfusion stützt die Vorstellung, daß es sich um einen spezifischen Effekt der Corticoide handelt.

Das p_H des Blutes zeigte eine fallende Tendenz. Das Kind fühlte sich unter der Corticoidbehandlung besser. Die Häufigkeit der Darmentleerungen nahm etwas ab, und der Stuhl bekam eine mehr gebundene Konsistenz, obwohl der Trockengehalt nicht wesentlich anstieg. Nur unter dieser Behandlung war die Patientin in der Lage, stuhlkontinent zu werden (*10*).

Cl-Diarrhoen anderer Ätiologien. Abschließend sei noch ein Wort über andere Cl-Diarrhoen gesagt. GARDNER (*12*) berichtete über eine Diarrhoe bei Ratten, die mit einer K-armen Diät gefüttert wurden, BROCH (*13*) von einem Patienten mit Colitis, ARIEL (*14*) über eine Cl-reiche Darmflüssigkeit aus einer Colostomie und PRADER (*15*) über ein Kind mit kongenitaler Diarrhoe bei Hyposthenurie. Die Zufuhr von K verhinderte oder verringerte diese Diarrhoen beträchtlich und ließ keine Alkalose entstehen. Bei diesen Patienten stellt die Cl-Diarrhoe einen „metabolischen Unfall" dar, der durch Zufuhr von K korrigiert werden kann. Bei

Patienten mit kongenitaler Alkalose liegt ein „metabolischer Zustand" vor, der nicht durch K kompensiert wird.

Die metabolische Alkalose

Die metabolische Alkalose ist zumeist von einer Hypochlorämie und Hypokaliämie begleitet. Durch Zufuhr von K und Cl können die Serumwerte normalisiert werden. Das p_H dagegen bleibt erhöht. GAMBLE, DARROW und wir haben versucht, die Störungen im Elektrolytgleichgewicht zu korrigieren, und haben dabei die Veränderungen im Wasser- und Mineralhaushalt verfolgt. Alle führten Bilanzuntersuchungen durch und bestimmten den Chloridraum (vgl. 5). Wir haben außerdem verschiedene Nierenfunktionen unserer Patientin und ihr hormonelles Verhalten untersucht.

Untersuchungen über die Verschiebungen im Wasser-, Na- und K-Haushalt

Die Bilanzmethoden und die Bestimmungen des Chloridraumes vermitteln eine grobe Vorstellung über die Wasser- und Elektrolytverschiebungen. Wir haben im Zuge von 8 Bilanzuntersuchungen die intra- und extracellulären Veränderungen bei zusätzlich zur Milchnahrung beigefügten Salzbelastungen beobachtet.

Hier die Hauptdaten der Bilanzuntersuchungen:

1. Veränderungen der dem Cl verbundenen Kationen beeinflussen das Stuhlvolumen kaum: Es besteht kein Unterschied zwischen NaCl, KCl oder NH_4Cl.

2. Die Verabreichung von NH_4Cl hatte eine vorübergehende Wirkung auf das p_H des Blutes. Es normalisierte sich für einige Tage, stieg dann aber wieder auf seinen erhöhten Ausgangswert. Diese beachtliche Tatsache deutet auf einen Kompensationsmechanismus — in der Lunge oder Zelle — hin, der die Alkalose erhält. Diese Kompensation wäre zu verstehen, wenn ein erhöhtes extracelluläres p_H oder ein erniedrigter CO_2-Druck die determinierende Störung dieser Krankheit darstellte.

Weder die Frequenz noch die Tiefe der Atemexkursionen erfahren im Laufe der Säuerung auffällige Veränderungen. Erst kürzlich durchgeführte Untersuchungen der Atemfunktionen im alkalotischen Zustand ergaben folgende Resultate: Vitalkapazität = 2350 cm^3, Ein-Sekunden-Wert = 1610, d. h. 69% der Vitalkapazität (10a).

3. Die Art der Cl-Applikation beeinflußt weder die Diarrhoe noch den vorwiegend enteralen Ausscheidungsmodus des Cl.

4. Die Verringerung der Cl-Zufuhr verstärkt die Stoffwechselstörung.

5. Das p_H der Patientin kann weder durch mäßige KCl-Mengen (30 mMol/die) noch durch hohe Dosen KCl (54 mMol/die) korrigiert werden. Die Resorption dieser Ionen scheint intakt zu sein, wenn

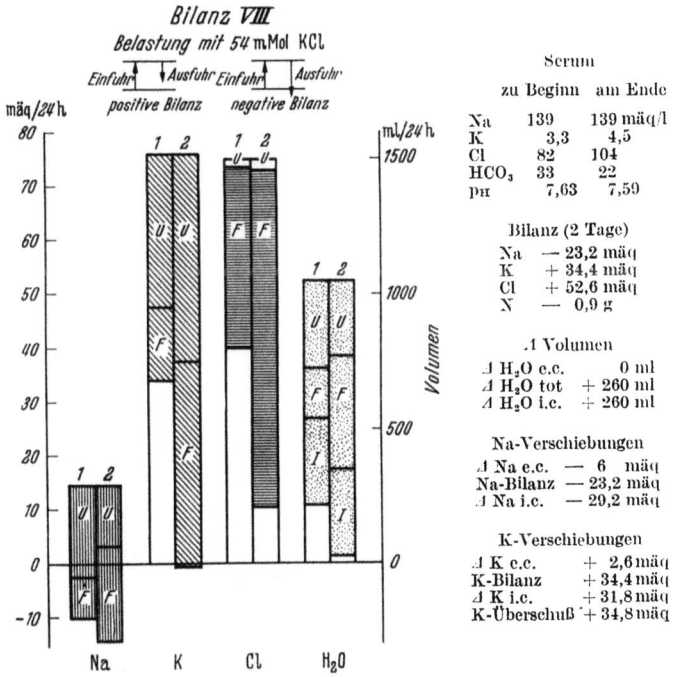

Abb. 3. U, F, I = die Ausscheidung im Urin, im Stuhl und als Perspiratio insensibilis. Das Gewicht der Patientin betrug 8,8 kg

man ihre Retention und die Erhöhung der Serumwerte berücksichtigt. Die Diarrhoe besteht weiter, auch wenn die extra- und intracelluläre K-Retention ausgesprochen ist.

Eine genaue Beschreibung aller Bilanzuntersuchungen paßt nicht in den Rahmen dieser Übersicht. Es seien nur einige wichtige Ergebnisse mitgeteilt. In der Abb. 3 sind die auffälligsten Tatsachen der Bilanz VIII zusammengestellt: Der Bunge-Effekt (17), die parallel verlaufende Senkung des intracellulären Na und des extracellulären CO_2 und die Persistenz des hohen p_H. Durch die Diarrhoe oder einen Mechanismus im Zellstoffwechsel oder der Atemregulation scheint dieser Organismus jeglichen Veränderungen seines eigenen Elektrolytgleichgewichtes entgegenzuarbeiten.

Tabelle 3. *Einige Partialfunktionen der Niere in verschiedenen Lebensaltern der Patientin*

Körperoberfläche in m²	Alter in Monaten	Clearance ml/min/1,73 m²		Tm PAH mg/min/ 1,73 m²	PSP	FF	Harnstoff-Clearance		Art der Applikation von Inulin und PAH
		Inulin	PAH				Max.	Stand.	
0,40	36							43	
0,40	27						48		
0,42	29							51	
0,44	32				70			63	
0,45	36				76			44	
0,45	37								
0,46	38	(7) 38 ±2,7	(7) 435 ± 67			(6) 0,09 ±0,01			s. c.
0,48	39	(6) 48 ± 3	(5) 429 ± 44			(5) 0,10 ±0.01	49		s. c.
0,51	40	(6) 66 ± 3,6	(1) 352	70,3		(1) 0,18	53		i. v.
	42				77				
0,60	45	(5) 39 ± 3,9	—	64,9					i. v.

FF = Filtratfraktion
PSP = Ausscheidungs-Koeffizient von Phenolsulfophthalein in 2 Stunden
Harnstoff-Clearance in % der Normalwerte
() Ziffern in den Klammern = Anzahl der Untersuchungen, darunter die Standardabweichungen

Untersuchungen über die Nierenfunktion

Die metabolische hypokaliämische Alkalose ist oft von funktionellen Störungen und histologischen Veränderungen der Niere begleitet. Deshalb haben wir bei unserer Patientin gewisse Teilfunktionen der Nierentätigkeit untersucht. Die Ergebnisse sind in Tab. 3 zusammengefaßt. Von diesen seien hier einige Schlußfolgerungen aufgeführt:

1. Die durchschnittliche Glomerulusfiltration gesunder Kinder im Alter unserer Patientin (Körperoberfläche = 0,4 — 0,5 m²) beträgt 101 ± 8 ml/min/1,73 m² und der Nierenplasmastrom 487 ± 48 ml/min/1,73 m², die Filtratfraktion 0,21 ± 0,01.

Aus den Daten der Tab. 3 geht hervor, daß bei unserer Patientin die Glomerulusfiltration verringert ist bei erhaltener Integrität der Tubulusfunktion. Der normal verlaufende Volhardsche Verdünnungsversuch spricht gleichzeitig für eine gute Wasserabsorption im Darm.

Ob diese Nierenstörung als Ursache oder Folge der Grundkrankheit betrachtet werden muß, kann aus unseren Untersuchungen nicht beantwortet werden. Das wechselhafte Verhalten der Glome-

Tabelle 4. *Wirkung der enteralen und parenteralen Chlorid-Belastung*

	Cl im Urin (mäq/l)		Cl-Ausscheidung im Urin (mäq/12 oder 24 h)	$[Cl]_s$ 1 2	p_{H_s} 1 2
	Durchschnitt	Maximum			
A. Enterale Applikation					
V. NaCl 30,6 mM	0.5	—	0,2/24 h	90—87	7,58—7,59
II. NH₄Cl 30,6 mM	1,5	—	0,3/24 h	98—106	7,57—7,39
I. KCl 30,6 mM	1,0	—	0,3/24 h	93—94	7,58—7,53
VIII. KCl 54,0 mM	5,0	11	1,5/24 h	82—104	7,63—7,59
B. Parenterale Applikat.					
α Sol. de Fox 20 mäq	0,5	1,6	0,4/12 h	85—	7,57—
β Blut 100 ml	7,6	14,0	1,0/12 h		
γ NaCl 30,6 mM	0,6	—	0,3/24 h	88—88	7,52—7,57
NaCl 50,6 mM	14,4	49,4	4,0/24 h	95—108	7,52—
NaCl 200 mM	27,0	48,5	7,5/24 h	99—101	7,57—7,47

Rechts auf der Tabelle sind die Chlorwerte (mäq/l) und das p_H im Blut bei Beginn und am Ende des Versuches angegeben.

Tabelle 5. *Das Volumen sowie die Konzentration und Menge der Na-, K- und Cl-Ausscheidung im Urin und Stuhl nach Zufuhr von 200 mMol NaCl in 24 h*

	Urin			Stuhl		
	mäq/l	mäq oder ml/24 Std	% der applizierten Menge	mäq/l	mäq oder ml/24 Std	% der applizierten Menge
Na	157	43	21	131	166	83
K	38	10		38	71	
Cl	27	7,3	3,7	137	174	87
Volumen		270			1270	

rulusfiltrationswerte und der Retention harnpflichtiger Substanzen spricht aber mehr für eine extrarenale Ursache der Nierenfunktionsstörungen. Die Rest-N-Erhöhung betrug am 31. 1. 61 59 mg-%, 10 Tage später 39 mg-% und die Kreatinin-Clearance 80 ml.

2. Als renale Kompensation der metabolischen Alkalose ist die minimale Cl-Ausscheidung im Harn zu betrachten, die man bei Patienten mit akuten, passageren, metabolischen, hypokaliämischen Alkalosen nicht beobachtet. Bei unserer Patientin blieb die Cl-Ausscheidung unabhängig vom Blut-p_H und Cl-Serumspiegel, wie aus den Tab. 4 und 5 zu entnehmen ist. Die Verringerung der Glomerulusfiltration würde die Cl-Resorption begünstigen, könnte aber die Dissoziation der Ausscheidung von Na und Cl nicht erklären. Es ist wahrscheinlich, daß dafür ein aktiver Zellprozeß eine Rolle spielt, möglicherweise auch ein kompetitiver Antagonismus

zwischen den Anionen. Weder eine Ausdehnung des Extracellularraumes noch eine Bluttransfusion kann diese fast totale Cl-Reabsorption verändern. Die Infusion von 200 mMol NaCl (1200 ml einer 0,9%igen Lösung in 24 Std) hatte nur einen geringgradigen Einfluß auf die Cl-Ausscheidung im Harn (Tab. 5).

Die Verabreichung von Thiomerin, einem wenig giftigen organischen Quecksilber-Diureticum, und Gaben von 30 mMol NH_4Cl führt zu folgenden Reaktionen:

a) Das Blut-p_H bleibt auch bei Normalisierung des Cl-Serumspiegels erhöht.

b) Die extracelluläre Alkalose verhindert die Wirkung des Thiomerins auf die Niere nicht, was die Ansichten von AXELROD und PITTS (*18*) bestätigt, daß die Chlorämie und nicht das Blut-p_H dafür ausschlaggebend sei.

c) Die renale Cl-Ausscheidung nach Thiomerin ist höher als die Na-Elimination und geht dieser zeitlich voraus. Die Cl-Rückresorption scheint primär beeinflußt zu werden.

d) Die Erhöhung der Cl- und H_2O-Ausscheidung durch Thiomerin ist schwach im Vergleich zu gesunden Personen und Versuchstieren (*5*).

Auch Esidrex verursacht keine signifikante Cl-Diurese (*10*).

3. Bei Patienten mit hypokaliämischer metabolischer Alkalose wird häufig eine paradox erscheinende Acidität des Harnes beobachtet. Diese wurde auch bei unserer Patientin festgestellt. Allgemein neigt man zu der Annahme, daß sie durch die K-Verarmung bedingt sei (*20*). Wir haben versucht, die K-Verarmung der Nierenzellen durch Gabe von Diamox zu erhöhen. FRIEDBERG (*21*) fand bei Normalpersonen, daß die K- und Na-Ausscheidung nach Diamox auf das 5- bzw. 7fache ansteigt. Bei unserer Patientin erhöhte sich die K- und Na-Ausscheidung nach 2maliger Verabreichung von Diamox auf das 2,5- bzw. 10fache. Die schwächere K-Ausscheidung wurde also durch eine verstärkte Na-Ausscheidung kompensiert. Spricht das nicht für eine K-Verarmung der Nierenzelle, zumal im Zuge der Bilanzuntersuchungen I und VIII (Tab. 6) mit reichlicher K-Zufuhr das Harn-p_H anstieg? Diamox könnte damit als ein Mittel zur Darstellung der K-Verarmung der Nierenzellen betrachtet werden.

4. Der nach der Henderson-Hasselbachschen Gleichung berechnete CO_2-Druck im Serum liegt bei unserer Patientin unter dem Normalwert. Er gleicht in keiner Weise die Alkalose aus, sondern betont sie gelegentlich noch. Der CO_2-Druck im Harn war niedriger als bei 11 anderen Kindern, selbst wenn das Harn-p_H durch Gaben von Diamox erhöht wurde.

Tabelle 6. *Die Konzentration von Na, K und Cl in mäq/l, von H_2CO_3 und Bicarbonat in mMol/l, der Gesamtproteine in g-% im Serum und des p_H im Blut bei der Aufnahme (A), im Verlaufe der verschiedenen Bilanzen (B) und bei den poliklinischen Kontrollen (C)*

	Na	K	Cl	H_2CO_3	$BHCO_3$	p_H	Gesamt-Protein
A. Aufnahme	150	2,8	80	1,30	40	7,60	7,90
B. I. KCl	142	3,1	93	0,96	28	7,58	7,90
	149	3,8	94	1,10	27	7,53	7,51
II. NH_4Cl	135	3,8	98	0,93	26,5	7,57	7,51
	146	3,4	106	0,93	18	7,39	7,40
III. NH_4Cl	141	3,3	106	0,68	20	7,57	
	139	3,4	105	0,68	20	7,57	7,44
IV. NaCl s.c.	145	4,2	88	1,20	30	7,52	7,20
	141	4,3	88	1,19	34	7,57	7,70
V. NaCl	136	3,3	90	1,08	31	7,58	
	139	3,5	87	1,20	35	7,59	7,35
VI. O	135	3,6	93	1,06	29	7,56	
	134	3,3	78	1,22	40	7,64	
VII. O	140	3,5	93	1,07	28	7,54	
	139	3,3	82	1,02	33	7,63	
VIII. KCl	139	3,3	82	1,02	33	7,63	
	136	4,5	104	0,71	22	7,59	7,35
9. 4. 54 KCl, NaCl	143	3,1	94,5		25		7,90
C. 24. 5. 54 KCl, NaCl	144	3,6	95	0,88	25,5	7,57	7,90
27. 7. 54 KCl, NaCl	141	3,4	87	1,10	27	7,52	6,90
5. 11. 54 KCl, NaCl	143	4,8	86	0,96	28	7,56	
5. 11. 56 KCl, NaCl	142	3,9	98	1,18	28	7,50	6,80

In der ersten Reihe sind die der Nahrung zugegebenen Salze aufgeführt. Bei den Bilanzen (B) sind meist die Werte zu Beginn (obere Ziffer) und die am Ende der Bilanzen (untere Ziffer) angegeben.

Orientierende Untersuchungen über das hormonale Gleichgewicht

Das Syndrom der hypokaliämischen metabolischen Alkalose kann u. a. auch bei Fällen mit natürlichem oder künstlichem Hypercorticismus durch Gaben von DOC oder Aldosteron auftreten. Die Schilddrüsenfunktion scheint ebenfalls eine Rolle zu spielen, denn in der Familie unserer Patientin sind mehrere Fälle von Kropfleiden bekannt, und die Mutter des von DARROW beschriebenen Falles hatte eine Hyperthyreose (2).

Bei unserer Patientin bestanden klinisch keine Anzeichen eines Hypercorticismus. Die einzige Anomalie war die Retardation in der körperlichen und geistigen Entwicklung. Das Mädchen ist jetzt 10 Jahre alt, ihre Länge beträgt 140 cm, ihr IQ liegt bei 80. Die Untersuchungen auf Störungen des Hypophysennebennierenrindensystems verliefen alle negativ (5, 10a). Die Aldosteron-Ausscheidung in 24 Std beträgt 2,5 µg und nach 5tägiger salzarmer Kost 11 µg. Diese Ergebnisse, der normale Blutdruck und die Alkalose bei einem normalen Ionogramm sprechen gegen einen Hyperaldosteronismus. Außerdem ruft die Verabreichung von Spirolacton (250 mg/die), des Aldosteron-Antagonisten, keine spezifischen Veränderungen hervor. Auch die Untersuchungen der Schilddrüse ließen keine pathologischen Werte erkennen, das PBI betrug 66 γ-%.

Zusammenfassung

Die kongenitale Alkalose mit Diarrhoe zeichnet sich durch folgende Symptome aus:

Die Diarrhoe besteht seit Geburt. Eine metabolische hypokaliämische Alkalose charakterisiert das Leiden. Der Stuhl ist sehr wäßrig (ca. 2,7% Trockensubstanz) und hat ein p_H um 6,1. Der hohe Cl-Gehalt im Stuhl ist pathognomonisch und steht im Gegensatz zur geringgradigen Cl-Ausscheidung im Harn. Das Stuhlvolumen scheint von der auszuscheidenden Cl-Menge abzuhängen. Die Cl-Ausscheidung im Stuhl ist wahrscheinlich die Folge einer enteralen Cl-Sekretion und nicht die einer schlechten Cl-, Na-, K- oder Wasser-Resorption. Das Blut-p_H bleibt hoch, selbst wenn das Ionogramm des Serums normal ist. Die inneren Wasser- und Elektrolytverschiebungen und ihre Ausscheidungen im Darm scheinen den Versuchen, das p_H zu korrigieren, entgegenzuwirken. Mit ACTH und Prednison besteht die Möglichkeit, eine Cl-Diurese zu erzeugen, die eine Verminderung der Stuhlvolumina und der Frequenz der Darmentleerungen sowie eine Erniedrigung des Blut-p_H bewirkt. Endokrinologische Untersuchungen sind negativ. Das Glomerulusfiltrat ist wechselnd stark verringert, die Tubulusfunktion ungestört. Es wird die Schlußfolgerung gezogen, daß diesem Leiden eine angeborene Störung in der Regulierung des p_H zugrunde liegt, die mit einer Enteropathie kombiniert ist, die allein durch ACTH und Corticoide beeinflußbar ist. Wie bei vielen kongenitalen Anomalien enzymatischen Ursprungs ist die geistige Entwicklung verzögert.

Literatur

1. GAMBLE, J. L., K. R. FAHEY, J. E. APPLETON and E. A. MACLACHLAN: Congenital alcalosis with diarrhea. J. Pediat. **26**, 509 (1945). — 2. DARROW. D. C.: Congenital alcalosis with diarrhea. J. Pediat. **26**, 519 (1945). — 3. KELSEY, W. M., et W. SALEN: Congenital alcalosis with diarrhea. Amer. J. Dis. Child. **33**, 344 (1945). — 4. DUYCK, E. M., et C. L. J. VINK: Communication au symposium international sur les électrolytes. Zürich 1954. — 5. DUYCK, E. M.: L'alcalose congénitale avec diarrhée. Thèse, Leiden, Stenfert Kroese, 1955. — 6. DUYCK, E. M., et C. L. J. VINK: Quelques résultats de bilans métaboliques dans un cas d'alcalose congénitale avec diarrhée.

Helv. paediat. Acta 10, 189 (1955). — 7. DUYCK, E. M., et C. L. J. VINK: Aspects de la fonction rénale dans l'alcalose congénitale avec diarrhée. Helv. paediat. Acta 10, 182 (1955). — 8. BLANKENHORN, D. H., J. HIRSCH and E. H. AHRENS: Transintestinal intubation. Technic for measurement of gut length and physiologic sampling at known loci. Proc. Soc. exp. Biol. 88, 356 (1955). — 9. D'AGOSTINO, A., W. F. LOADBETTER and W. B. SCHWARTZ: Alterations in the ionic compositions of isotonic saline solution instilled into the colon. J. clin. Invest. 32, 444 (1953). — 10. DUYCK, E. M., C. L. J. VINK, H. VAN GELDEREN and G. M. H. VEENEKLAAS: New Aspects in a case of congenital alcalosis with diarrhea. To be published. — 11. BEER, E. J. DE, C. G. JOHNSTON and D. W. WILSON: The composition of intestinal secretions. J. biol. Chem. 108, 113 (1935). — 12. GARDNER, L., N. B. TALBOT, C. D. COOK and H. BERMAN: The effect of potassium deficiency on carbohydrate metabolism. J. Lab. clin. Med. 35, 592 (1950). — 13. BROCH, O. J.: Low potassium alcalosis with acid urine in ulcerative colitis. Scand. J. clin. Lab. Invest. 2, 113 (1950). — 14. ARIEL, I. M.: Chloridorrhea. Arch. Surg. 68, 105 (1954). — 15. PRADER, A.: Communication au symposium international sur les électrolytes. Zürich 1954. — 16. COOKE, R. E., W. E. SEGAR, D. B. CHEEK, F. E. COVILLE and D. C. DARROW: The extrarenal correction of alkalosis associated with potassium deficiency. J. clin. Invest. 31, 798 (1952). — 17. GAMBLE, J. L.: Effects of large loads of electrolytes. Pediatrics 7, 305 (1951). — 18. AXELROD, D. R., and R. F. PITTS: The relationship of plasma pH and Anion pattern to mercurial diuresis. J. clin. Invest. 31, 171 (1952). — 19. CAPPS, J. N., W. S. WIGGINS, D. R. AXELROD and R. F. PITTS: The effect of mercurial Diuretics on the excretion of water. Circulation 6, 82 (1952). — 20. ROBERTS, K. E., and H. T. RANDALL c. s.: Effect of K in renal tubular reabsorption of bicarbonate. J. clin. Invest. 34, 666 (1955). — 21. FRIEDBERG, C. K., M. HALPERN and R. TAYMOR: The effect of i. v. administered 6030, the carbonic anhydrase inhibitor on fluid and electrolytes in normal subjects and patients with congestive heartfailure. J. clin. Invest. 31, 1074 (1952).

Diskussion

COTTIER: Ich möchte Herrn DUYCK folgende Fragen stellen:
1. Wurde bei Ihrer Patientin, soweit bei einem Kinde durchzuführen, die Erregbarkeit des Atemzentrums bestimmt?
2. Haben Sie das p_H im Liquor bestimmt?
3. Die bei Ihrer Patientin gemessenen Werte der Inulinclearance sind deutlich herabgesetzt (30—60 ml/min).
Wurden die Clearances im Zustand der Exsiccose oder der Kompensation bestimmt? Wie deuten Sie die Filtratreduktion und die starke Herabsetzung des filtrierten Plasmaanteiles? Handelt es sich nur um eine funktionelle Einschränkung der Filtratleistung?

ROSENKRANZ: Anfrage, ob die Alkalose durch Diamox verändert wurde, da bekanntlich die Verabreichung eines Carbanhydrase-Hemmkörpers bei stoffwechsel- und nierengesunden Kindern eine hyperchlorämische Acidose hervorruft.

GESSLER: Zu der Frage von Herrn ROSENKRANZ über die Wirkung des Diamox in Richtung auf eine metabolische hyperchlorämische Acidose hat Herr DUYCK bereits erwähnt, daß die Stuhlausscheidung an Chlorid bei seinem Patienten unter Diamox zurückging. Es fragt sich, ob es auch zu einer Änderung der sehr geringen Chloridausscheidung im Harn kam, ferner möchte ich nach dem Verhalten der Alkalireserve fragen.

HEINZ: Es fällt auf, daß die abnorme, Cl-ausscheidende Darmschleimhaut dieser Kranken sich sehr ähnlich verhält wie die normale Magenschleimhaut. Auch die Magenschleimhaut sondert — unabhängig von der Säuresekretion — fortdauernd Cl-Ionen ab. Auch diese Cl-Absonderung kann durch Diamox gehemmt werden, woraus geschlossen wurde, daß die Cl-Ausscheidung durch einen Austausch von Cl- gegen HCO_3-Ionen zustande kommt. Gegen einen solchen Austausch spricht jedoch, daß man die Cl-Absonderung durch Veränderung der HCO_3-Konzentration im Magen-Inhalt nicht eindeutig beeinflussen kann. Ich möchte daher den Vortragenden fragen, ob die intestinale Cl-Ausscheidung seines Patienten durch Steigerung des Bicarbonatgehaltes der Nahrung vermehrt werden kann.

SCHNEEGANS: Ist eine Röntgenuntersuchung bei diesen Kindern gemacht worden? Hat man nicht bei dem Darmdurchgang dieselben Röntgensymptome wie bei der Cöliakie gefunden? Sind Untersuchungen, die allergische Zustände ausschließen konnten, in dieser Krankheit eingeleitet worden? Handelt es sich um eine nicht ganz kompensierte Alkalose? Warum sind keine Atmungsstörungen da?

KLINKE: Wie ist die Alkalose zu erklären, wenn durch NaCl-Infusionen das Ionogramm normalisiert ist? Störungen der Atemregulation? Störungen des Steady-state?

RICHTERICH: Wie verhält sich in dem Fall die Magen- und Pankreassekretion?

HUNGERLAND: Wie setzt sich das Stuhl-Ionogramm zusammen?

HAGGE: Wie hoch war die absolute Chloridausscheidung im Stuhl?

SCHWAB: Es wird auf das eigentümliche Verhalten der Atmung hingewiesen. Die erniedrigten CO_2-Drucke sprechen für das Vorliegen einer alveolaren Hyperventilation. Dieses Verhalten ist um so eigentümlicher, da man bei einer primären metabolischen Alkalose mit einer Beteiligung der Atmung im Sinne einer alveolaren Hypoventilation oder doch wenigstens einer normalen alveolaren Ventilation zu rechnen hat. Im vorliegenden Fall muß also unabhängig von der metabolischen Störung eine primäre Steigerung der alveolaren Ventilation vorliegen. Es erhebt sich die Frage, welche Atemreize hierfür maßgebend sind.

DUYCK (Schlußwort):
Zu HEINZ: J'ai le sentiment qu'une analyse exacte de ces phenomènes de transferts intestinaux ne peut être réalisé que par la technique des „isolated loops". Dans un cas de ce genre nous demandons beaucoup au physiologue mais que de questions sans réponse. Ce que nous pourrons éventuellement demander à notre patiente lorsqu'elle sera adulte, c'est de faire des prélèvements à divers niveaux intestinaux selon la technique de BLANKENHORN. Peut-être qu'un des résultats de ces prélèvements serait de pouvoir localiser le phénomène. Gamble au cours d'une opération abdominale chez sa patiente n'a pas pu localiser de tissu gastrique ectopique.

Zu SCHNEEGANS: L'image anatomo-radiologique de l'intestin est normale chez la patiente, le transit est rapide. Il n'y avait pas de steathorée et les recherches dans le sens d'une allergie intestinale furent négatives.

La persistance de l'alcalose est un des grands problèmes chez cette patiente, car paradoxalement lorsqu'il y a compensation c'est plutôt dans le sens de l'alcalose!

Zu KLINKE: Il faut pratiquement admettre une compensation respiratoire dans le sens de l'alcalose, compensation logique si un pH e. c. éleve ou une pCO_2 basse était une condition déterminante de la maladie avec l'ACTH nous avons obtenu un pH normal avec persistance de la diarrhée chlorée. La prednisone, même donnée pendant des semaines donne un pH qui fluctue autour de 7.45 avec un CO_2 de 32 meq et un ionogramme normal. Il y a probablement une erreur congenitale du métabolisme dont l'alcalose e. c. non compensée constitue un des aspects et l'enteropathie une autre facette.

Notons qu'au cours des experiences avec l'ACTH et les corticoides, si la quantité de Cl éliminée diminue, la concentration par litre de selles reste élevée.

Zu RICHTERICH: L'analyse des sécrétions gastriques et pancreatiques donna des résultats normaux.

Zu HUNGERLAND: Au cours des bilans nous n'avons déterminé dans les selles que le Na K Cl. Nous n'avons pas de ionogramme complet des selles.

Zu COTTIER: 1. L'analyse de la fonction respiratoire, aussi bien periphérique que centrale est en cours actuellement Parmi les résultats connus: capacité vitale 2350 valeur par 1 sec. 1610 en % de la capacité vitale 69%. Il n'y a en tous cas pas d'hyperventilation. Mais une hypoventilation de compensation n'est pas evidente non plus.

2. Nous n'avons pas déterminé le pH du liquide cephalorachidien.

3. Les mesures de clearances furent faites chez la patiente en état de compensation.

L'allure variable et non progressive de la diminution de la fraction filtrée plaide pour une adaptation fonctionelle plutôt que pour une lésion anatomique définitive du rein.

L'urémie est actuellement de 59 mg-% le 31/1/61 et 39 mg-% le 10/2/61 a clearance de la creatinine de 80 ml le 10/2/61.

Zu ROSENKRANZ: Le diamox fut donné en dose unique comme test cellulaire et non de facon prolongée comme traitement. L'effet de la dose unique de Diamox (7 mg/kg par voie sous-cutanée) ne dura que quelques heures. L'excrétion de K et de Na fut de 2.5 et 10 fois plus forte que celle constatée habituellement avec la même alimentation, ces deux cations étant élimines principalement evec l'anion HCO_3.

Zu GESSLER: La dose unique de Diamox injectée n'entraine pas de modification de l'ionogramme du serum ni du pH sanguin. La excrétion du Cl dans l'urine ne fut pas modifiée, elle resta insignifiante. Ni un pH normal, ni une chlorémie normale, ni des fortes surcharges par voie entérale de NaCl ni le Diamox sont en état de faire apparaitre le Cl en quantité normale dans l'urine. Seuls l'ACTH et les corticoides provoquent une diurese chlorée. Un phénomène de compétition entre anions influencé par ces hormones est unbe des hypothèses que nous vérifions actuellement.

Zu SCHWAB: La non compensation respiratoire intrigue et je réfère aux réponses déjà données. A cet âge les réponses respiratoires aux différents stimulus sont d'interprétation délicate mais nous sommes occupés à les faire actuellement.

Elektrolytstörungen bei der Erwachsenen-Mucoviscidosis am Bild von Bilanzuntersuchungen

Von

H. BOHN, E. KOCH und W. RICK, Gießen

Die von FANCONI (1936) entdeckte, von ANDERSEN (1938) eingehend beschriebene ,,cystische Pankreasfibrose" wird seit FARBER (1944) allgemein als Mucoviscidosis (Muc.) bezeichnet. Es handelt sich um ein Erbleiden mit Funktionsstörung vieler, wenn nicht aller exokrinen Drüsen. Im Bereich des Bronchialsystems, des Magen-Darm-Traktes, der Pankreasausführungsgänge sowie der Gallenwege produzieren die schleimbildenden Drüsen ein abnorm dickflüssiges Sekret, daher der Name Muc. Die Tränen-, Speichel- und besonders die Schweißdrüsen geben, wie DI SANT' AGNESE (1953) festgestellt hat, ein abnorm kochsalzreiches Sekret ab. So kann es bei stärkerem Schwitzen, vor allem in der warmen Jahreszeit, bei den Muc.-Kindern zu schwerer Hyponatriämie, Hyponatriurie, ja tödlichem Kreislaufkollaps kommen. Derartige Zustände wurden früher bisweilen irrigerweise auf eine NNR-Insuffizienz oder auf ein primär renales Salzverlustsyndrom zurückgeführt.

Bis vor kurzem kannte man nur das schwere und meist tödlich verlaufende Krankheitsbild der Muc. beim Säugling und Kleinkind, das durch Zusammentreffen von 2 Erbanlagen seitens beider Eltern bedingt ist. Man spricht dann von Homozygotie. Vor 3 Jahren haben EBERHARD KOCH und *ich* aufgedeckt, daß auch die heterozygoten Merkmalsträger im späteren Leben erkranken können. Diese Feststellung hat insofern große Bedeutung, als die Zahl der Heterozygoten zwischen 20—100mal höher anzusetzen ist als jene der Homozygoten. Die bis vor kurzem also nur im Kindesalter bekannte Muc. präsentiert sich damit beim Erwachsenen als eines der häufigsten Erbleiden, das wir in unseren Breiten kennen.

Die häufige Anfrage seitens der Kinderkliniker an uns, warum es ihnen bei ihren serienmäßigen Schweißbestimmungen nicht gelungen wäre, heterozygote Merkmalsträger unter ihren Kindern aufzufinden, läßt sich unschwer daraus erklären, daß bei gesunden Kindern im Alter von 1 bis 8 Jahren die Natriumkonzentration im Schweiß noch im ganzen sehr niedrig liegt. Die Mehrzahl der 100 untersuchten Kinder zeigte Werte zwischen 10—20, höchstens bis 30 mval/l. Bei 273 Schülern im Alter vom 15. bis 18. Lj. hat dagegen die mittlere Schweiß-Na-Konzentration deutlich zugenommen. Der Hauptanteil liegt zwischen 30—50 mval/l. — Besonders interessant sind die wenigen Fälle, nämlich 3,3% der untersuchten 273 Schüler, bei denen der Schweißnatriumwert den Normwert übersteigt und sogar bis 100 mval/l ansteigt. Die genauere klinische Untersuchung hat uns dann gezeigt, daß es sich hierbei in der Tat um heterozygote Merkmalsträger handeln kann, nach denen die Kinderkliniker bei ihren Patienten jüngerer Altersklassen vergeblich gesucht haben.

Während bei den homozygoten Kindern die Kochsalzausscheidung mit dem Schweiß stets, und zwar meist um ein Mehrfaches gegenüber der Norm, erhöht gefunden wird, verhält sich die Na-Konzentration bei den Heterozygoten unterschiedlich. Nur bei einem Drittel der heterozygoten Merkmalsträger findet man konstant, bei einem weiteren Drittel nur zeitweise hohe Na-Werte im Schweiß. Unter den über 100 in unserer Klinik eingehend untersuchten Erwachsenen-Muc.-Kranken und dazu den zahlreich untersuchten Merkmalsträgern aus den Familien der gen. Probanden haben wir nicht selten das vom Kind her bekannte Bild der Hyponatriämie, Hyponatriurie mit Kreislaufhypotonie bis zum ausgeprägten Kollapszustand infolge Salzverlust mit dem Schweiß beobachtet. Es muß jedoch hervorgehoben werden, daß eine Konzentrationserhöhung des Kochsalzgehaltes im Schweiß erst dann auf einen Kochsalzverlust im Körper schließen läßt, wenn die Gesamtschweißmenge berücksichtigt werden kann. Derartige Methoden zur exakten Messung der Schweißmenge sind bis heute nicht bekannt.

Zur Abschätzung des jeweiligen Kochsalzverlustes haben wir daher erstmals Bilanzstudien für Natrium, Chlor, Kalium und Calcium bei unseren Kranken durchgeführt, da bisher solche Untersuchungen, auch für das Muc.-kranke Kind, noch kaum vorliegen. Die Bilanzstudien wurden von den Herren Koch, Jesch u. Rick meiner Klinik bei freundlicher Beratung durch die Herren Weber, Hagge u. Schulz der Hungerlandschen Klinik durchgeführt.

Das Ergebnis der Bilanzstudien darf ich Ihnen nun demonstrieren: 2 Muc.-Kranke und 2 nach Alter, Gewicht und Statur vergleichbare gesunde Versuchspersonen wurden in 4 wöchige Bilanz genommen. Die beiden Muc.-Kranken stammten aus der gleichen Familie. Während der eine von ihnen, der 56 jährige Probanden-Onkel, bei den zu verschiedenen Zeiten durchgeführten Kontrolluntersuchungen stets einen erhöhten Schweiß-Na-Wert aufwies, zeigte der andere, der 34jährige Proband, während mehrjähriger Beobachtung meistens erhöhte Schweiß-Na-Werte, z. Z. der Bilanzstudien aber lagen die Schweiß-Na-Werte stets im Normbereich. Wie später gezeigt wird, verhält sich nun dieser Muc.-Kranke mit den normalen Schweiß-Na-Werten wie eine gesunde Versuchsperson.

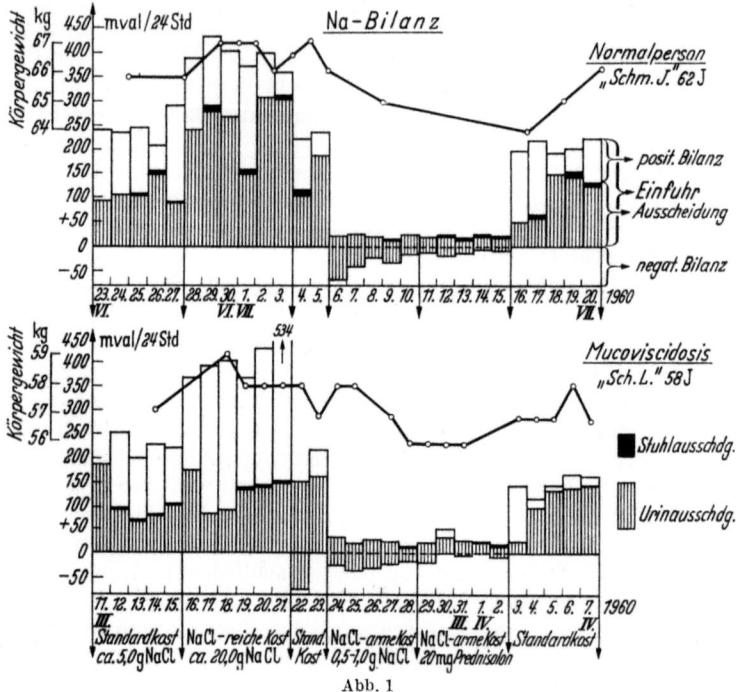

Abb. 1

Auf Abb. 1 sind die Na-Bilanzwerte der Normalperson jenen des Muc.-Kranken mit erhöhten Schweiß-Na-Werten gegenübergestellt. — Die 5tägige Vorperiode mit 5—6 g Kochsalz in der Standardkost zeigt keine deutlichen Unterschiede zwischen beiden Versuchspersonen hinsichtlich Harn-Kochsalzausscheidung. Während der 6tägigen Hauptperiode mit täglicher Kochsalzbelastung von 20 g in der Nahrung scheidet der Gesunde eine entsprechend große Na-Menge mit dem Harn aus, während der Muc.-Kranke eine Na-Mehrausschwemmung ganz vermissen läßt; da eine Na-Mehrausscheidung auch nicht im Stuhl nachzuweisen ist, und die Gewichtskurve keine stärkere Na-Retention im Körper anzeigte, dürfte der größte Teil der Kochsalzzulage mit dem Schweiß in Verlust gegangen sein.

Nach Ablauf einer 2tägigen Standardkost wird darauf während einer 10tägigen Periode mit extrem salzarmer Kost bei beiden Versuchspersonen in gleichem Ausmaß eine stark reduzierte Kochsalzausscheidung im Harn beobachtet. Das beweist, daß bei dem Muc.-Kranken in gleicher Weise wie bei der Normalperson eine ungestörte NNR-Tätigkeit besteht, wie das für die kindliche Erkrankungsform schon DI SANT'AGNESE festgestellt hat. Es zeigt sich denn auch, daß zusätzliche Gabe von tgl. 20 mg Prednisolon in der 2. Hälfte der Kochsalz-Restriktionsperiode die renale Konservierungsfähigkeit für Kochsalz nicht noch zusätzlich steigert.

In der 5tägigen „Auslaufperiode" mit Standardkost überrascht bei dem Muc.-Kranken die relativ große Kochsalzausscheidung im Harn, was darauf hindeuten könnte, daß unter der vorangegangenen Prednisolondarreichung ein gewisser Kochsalzeinspareffekt sowohl im Schweiß wie im Harn stattgefunden hat. Herr KOCH wird anschließend darauf näher eingehen.

Das Verhalten der Cl-Bilanz bei den beiden Versuchspersonen ist weitgehend der Na-Bilanzkurve angeglichen. Unsere Aufmerksamkeit richtet sich wiederum auf die 6tägige Kochsalz-Belastungsperiode mit tägl. 20 g in der Nahrung. Auch hierbei vermißt man vollständig eine Chlorid-Mehrausscheidung mit dem Harn gegenüber der Vorperiode. Die Deutung kann nur in dem großen Chloridverlust mit der Schweißsekretion zu suchen sein. — Der steile Gewichtsanstieg am ersten NaCl-Belastungstag zeigt eine stärkere „feuchte" Kochsalzretention an als Ausdruck eines relativen Kochsalzmangels zu Versuchsbeginn.

In Abb. 2 sind die Bilanzverhältnisse für Na bei dem Muc.-Kranken mit fehlender Schweiß-Na-Erhöhung dargestellt im Vergleich zum Verhalten einer gleichaltrigen Normalperson. In den Perioden, normaler, erhöhter und gedrosselter Kochsalz-Zufuhr mit der Nahrung findet man weitgehend gleichartiges Verhalten zwischen beiden Versuchspersonen. Bei diesem Muc.-Kranken geht auch während der erhöhten Kochsalzzufuhr Na ganz überwiegend mit dem Harn und nicht mit dem Schweiß in Verlust. Diese Feststellung verdeutlicht unsere Annahme, daß bei dem ersten Muc.-Kranken mit deutlicher Schweiß-Na-Erhöhung in der Tat das vermehrt zugeführte Kochsalz überwiegend mit dem Schweiß ausgeschieden wurde. — Ein Unterschied in der Kochsalzrestriktionsperiode und nach Prednisolongabe hat sich erwartungsgemäß hierbei nicht gezeigt. — Diese Verhältnisse gelten in gleicher Weise für die Cl-Bilanz.

Bei den K-Bilanzen dagegen ist ein Unterschied nicht festzustellen, gleichgültig, ob eine K-reiche oder K-arme Kost gegeben wurde. Während der 5tägigen Prednisolonperiode zeigt sich kein Unterschied zwischen den Werten der 4 Personen. Eine vermehrte

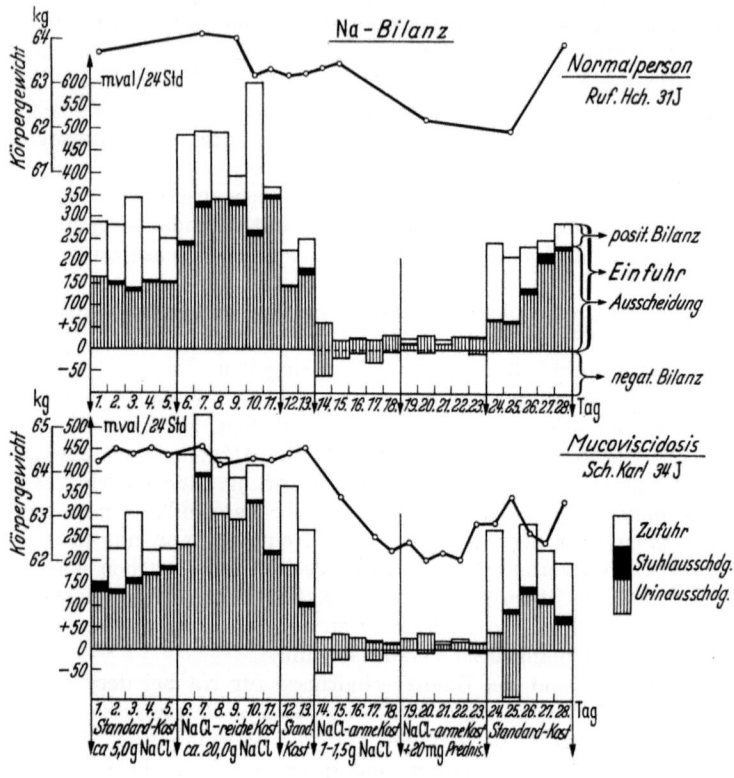

Abb. 2

K-Ausscheidung mit dem Schweiß war wie stets bei den Muc.-Kranken nicht festzustellen.

Zum Schluß darf ich Ihnen noch ein letztes Ergebnis eines Bilanzversuches bei einem Nicht-Muc.-Kranken mit Kochsalzverlust durch die Nieren, nicht durch den Schweiß, nennen. — Sowohl bei normaler, kochsalzreicher, wie auch bei extrem kochsalzarmer Kost kommt es zu einem Na- und Cl-Verlust durch die Nieren, der sich an manchen Tagen aus der deutlich negativen Kochsalzbilanz erkennen läßt. In der Periode der Kochsalzrestriktion kommt es dabei innerhalb von 3 Tagen zu einem Gewichtsverlust von 4 kg und unter Absturz des Blutdruckes bis auf Werte von 50/30 mm Hg zu Schwindel und Ohnmacht. Unter Aldosteronzufuhr zusammen mit reichlich Kochsalz trat sofort ein Umschwung ein mit positiver Na-Bilanz, einem Gewichtsanstieg von 4 kg innerhalb 2 Tagen und Blutdruckanstieg mit subjektivem Wohlbefinden.

Daß es sich bei dem Krankheitsbild nicht um einen Morbus Addison handelt, beweist das Ergebnis der i. v. ACTH-Tropfinfusion von 25 IE innerhalb 8 Std, wobei die Eosinophilenzahl von subnormalen Ausgangswerten in wenigen Stunden nahezu bis Null abfällt, die Plasma-17-OHCS dagegen von hochnormalen Ausgangswerten steil, und zwar bis auf das 5—6fache der Norm, die 17-OHCS im Harn auf mehr als das 2fache der Ausgangswerte ansteigen. Wenn ich Ihnen nun noch mitteilen kann, daß Herr NEHER der Ciba-Werke Basel die Freundlichkeit hatte, auf unseren Wunsch die Tages-Harn-Aldosteronwerte des Kranken an mehreren Tagen zu messen und diese sich statt zwischen 4—10 nur um 1—2 γ im Tagesharn bewegten, so ist damit gesichert, daß es sich um das unseres Wissens im Weltschrifttum nur 2mal beschriebene Bild des (vielleicht genetisch bedingten) Hypoaldosteronismus handelt.

Zusammenfassung

Mit den Bilanzergebnissen ist erstmals gezeigt worden, daß es sich bei der Konzentrations-Erhöhung der NaCl-Werte im Schweiß bei den Muc.-Kranken nicht um eine harmlose Anomalie handelt. Tiefgreifende Folgen auf den Kochsalzhaushalt sind vielmehr zu erwarten. Sie erklären die Beschwerden der Kranken (Schwindel, Ohnmacht u. s. f.).

Vermutlich werden sich bei nicht wenigen der Kranken mit sog. essentieller oder konstitutioneller chron. Kreislaufhypotonie bei entsprechender Untersuchung Muc.-Symptome finden lassen.

Differentialdiagnostisch müßte an das zuletzt beschriebene Bild des Hypoaldosteronismus gedacht werden, das möglicherweise auch öfters, als es sich nach dem Schrifttum darzubieten scheint, vorkommen könnte.

Literatur

ANDERSEN, D. H.: Amer. J. Dis. Child. **56**, 344 (1938). — ANDERSEN, D. H.: Amer. J. chron. Dis. **1**, 58 (1958). — ARISZ, D.-L., M. L. LALIKIEWICZ, J. W. REINKING and W. J. DE VRIES: Ned. T. Geneesk. **32**, 1520 (1960). BAUMGARTNER, H., u. K. K. DE VOOGD: Schweiz. med. Wschr. **89**, 130 (1959). — BODIAN, M.: Fibrocystic disease of the pancreas. London: W. Heinemann 1952. — BOHN, H., E. Koch u. Mitarb.: Dtsch. med. Wschr.

86, 1384 (1961). — BOHN, H., E. KOCH, F. KOCH, W. RICK u. R. RAU: Medizinische **1959**, 1139.
FANCONI, G., E. ÜHLINGER u. C. KNAUER: Wien. med. Wschr. **86**, 753 (1936). — FARBER, S.: Arch. Path. (Chicago) **37**, 238 (1944). — Herausgeberaufsatz. Lancet **1960I**, 963.
KARLISH, A. G., and A. L. TÁRNOKY: Lancet **1960II**, 514. — KOCH, E.: Dtsch. med. Wschr. **84**, 1773 (1959). — KOCH, E., H. BOHN, W. RICK u. W. HARTUNG: Internist **1960I**, 35. — KOCH, E., u. H. LAPP: Medizinische **1959**, 1149.
MARKS, B. L., and C. M. ANDERSON: Lancet **1960I**, 365.
PETERSON, E. M.: J. Amer. med. Ass. **171**, 1 (1959).
RICK, W.: Klin. Wschr. **38**, 40 (1960).
DI SANT'AGNESE, P. A., and D. H. ANDERSEN: Ann. intern. Med. **50**. 1321 (1959). — DI SANT'AGNESE, P. A., R. C. DARLING, G. A. PERERA and E. SHEA: Pediatrics **5**, 546 (1953). — DI SANT'AGNESE, P. A., R. C. DARLING, G. A. PERERA and E. SHEA: Pediatrics **12**, 549 (1953). — DI SANT'AGNESE, P. A.: J. Amer. med. Ass. **172**, 2014 (1960). — SCANSE, B., and B. HÖKFELT: Acta endocr. (Kbh.) **28**, 29 (1958). — SHWACHMAN, H., H. LEUBNER and P. CATZEL: Advanc. Pediat. **7**, 249 (1955).
WOOD, J. A., A. P. FISHMAN, K. REEMTSMA, H. G. BARKER and P. A. DI SANT'AGNESE: New Engl. J. Med. **260**, 951 (1959).

Auswirkung der Kochsalz- und Corticosteroidzufuhr auf die Schweiß-Elektrolytkonzentration bei Gesunden und Mucoviscidosis-Kranken

Von

EBERHARD KOCH, Gießen

Die ersten Schweiß-Elektrolytbestimmungen sind nicht bei der Mucoviscidosis (Muc.), sondern bei Nebennierenrindenleiden vorgenommen worden. So fand CONN 1949 bei Cushing-Kranken erniedrigte Konzentrationen gegenüber Gesunden, während bei unbehandelten Addison-Kranken oder bei der Hypophysenvorderlappeninsuffizienz sehr hohe Na- und Cl-Konzentrationen im Schweiß vorhanden waren, wie das auch für den Harn bekannt ist.

Bei Kindern mit cystischer Pankreasfibrose, heute Muc. genannt, fanden DI SANT'AGNESE u. Mitarb. (1953) erhöhte Elektrolytkonzentrationen nur im Schweiß, nicht im Harn. Eine NNR-Insuffizienz konnte bei den Kindern ausgeschlossen werden. — Gab DI SANT'AGNESE seinen Kindern eine kochsalzarme Kost und gleichzeitig 9-α-Fluor-Cortisol oral, einen Wirkstoff mit gleichstarkem Mineral- und Glucocorticoid-Effekt, so trat ein deutlicher Na- und Cl-Konzentrationsabfall im Schweiß bei den gesunden Kindern, aber auch bei einigen der Muc.-Kinder nicht mit dem schweren Vollbild des Leidens, sondern nur mit Teilsymptomen, auf. In gleicher Weise war ein Abfall auch bei 3 von ihm untersuchten Erwachsenen mit einzelnen Muc.-Symptomen vorhanden. Bei dem schweren Vollbild des Leidens, ebenso bei einigen anderen Kindern mit dem Teilbild der Muc., blieb dagegen der Konzentrationsabfall aus (Abb. 1).

Unter Corticosteroid-Behandlung bei extrem kochsalzarmer Kost konnte bei Muc.-Kranken also eine Erniedrigung der Schweißmineralwerte bis in den Normalbereich Gesunder gefunden, damit eines der wichtigsten diagnostischen Merkmale der Muc. verwischt werden.

Wir prüften umgekehrt die Wirkung extrem kochsalzreicher Kost von 25 g/Tag und fanden bei Gesunden eine Erhöhung der Schweißelektrolytkonzentration bis an die Grenze des oberen Normalwertes. Wir wählten die 25 g Kochsalzmenge, weil bereits

LOCKE u. Mitarb. bei 2 Gesunden nach 15 g Nahrungskochsalz noch keine, nach 25 g dagegen eine Erhöhung der Schweißelektrolytkonzentration nachweisen konnten.

Bei den mit RICK, JESCH und CRUSIUS vorgenommenen Untersuchungen wandten wir vorwiegend die Pilocarpin-Iontophorese-Technik der Schweißgewinnung an kleinen Unterarmbezirken an,

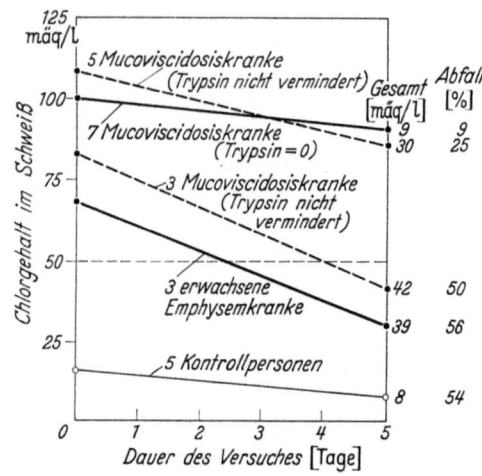

Abb. 1. Verhalten der Schweiß-Chlorid-Konzentrationen Gesunder und Mucoviscidosis-Kranker vor und nach salzarmer Kost und Gabe von 9-α-Fluorhydrocortison. Aus Pediatrics 24, 313 (1959). P. A. di SANT'AGNESE: Recent observations on pathogenesis of cystic fibrosis of the pancreas

und zwar insgesamt 20 mal während 3 Tagen bei den einzelnen Personen.

Im einzelnen ergaben sich folgende Beobachtungen:

Es wurde ein Tagesrhythmus mit höheren Werten am Vormittag und tieferen Werten am Nachmittag gemessen bei Gesunden wie auch bei Muc.-Kranken.

Nach einmaliger intravenöser Zufuhr von 9 g Kochsalz innerhalb einer Stunde änderte sich die Schweißelektrolytkonzentration nicht.

Gaben wir (Abb. 2) 5 Tage hindurch 25 g Kochsalz mit der Nahrung, so stiegen die Werte des am Nachmittag gewonnenen Schweißes auf das $1^1/_2$ fache bis das Doppelte an. Damit wurde bei einigen Gesunden die obere Normgrenze erreicht oder sogar leicht überschritten. Bei den Muc.-Kranken stiegen unter dieser maximalen Kochsalzbelastung die schon vorher erhöhten Mineralwerte im

Schweiß noch weiter an. Wir kontrollierten dieses Pilocarpin-Iontophoreseverfahren mit der Schweißsackmethode und erzielten hierbei das gleiche Ergebnis: Unter 10 Gesunden erreichten bei 3 die Werte wiederum die obere Normgrenze.

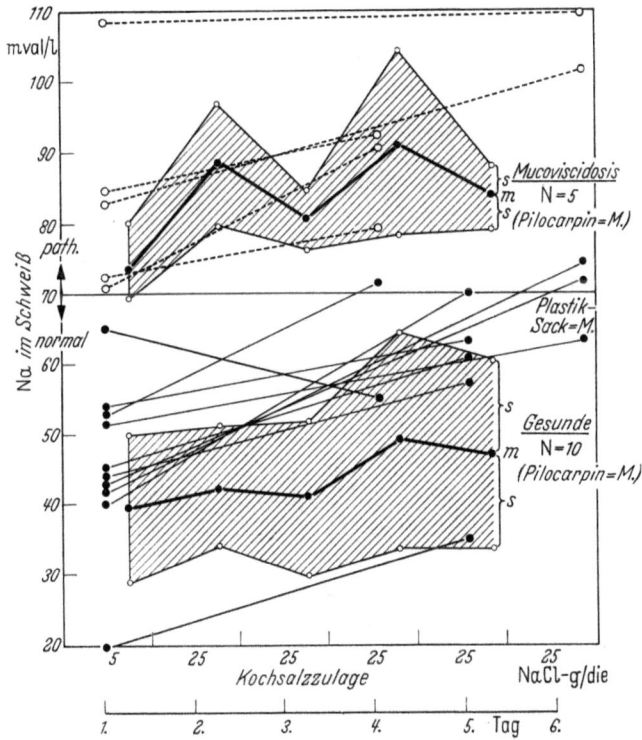

Abb. 2. Na-Konzentration im Schweiß nach 25 g Kochsalz oral/die. Fortlaufende Bestimmungen mittels Iontophorese-Policarpin-Methode, Befunde als Mittelwerte und Standardabweichungen dargestellt. Zusätzliche Bestimmungen in mittels Plastiksack-Methode gewonnenem Schweiß (schwarze Kreise: Werte Gesunder; leere Kreise: Werte erwachsener Mucoviscidosis-Kranker)

Aus den Versuchen geht hervor, daß das diagnostische Muc.-Merkmal der Na- und Cl-Erhöhung im Schweiß nicht nur durch geringe, sondern auch durch extrem hohe Kochsalzzufuhr unter Umständen verwischt werden kann.

Sodann prüften wir die Ergebnisse von DI SANT'AGNESE hinsichtlich der Wirkungen der Corticosteroide auf die Schweißwerte bei Gesunden und Kranken nach. Da DI SANT'AGNESE bei seinen

Versuchen ein Corticosteroid mit gleich starker Mineral- und Glucocorticoidwirkung anwandte, schien uns das Ergebnis undurchsichtig zu sein.

Unsere Arbeitsgruppe (KOCH, RICK, CRÖSSMANN) wandte einmal Dexamethason mit ausschließlicher Glucocorticoidwirkung an, zum anderen Aldosteron als reines Mineralhormon.

Zunächst am Beispiel von zwei Beobachtungen zum methodischen Vorgehen, wie man die Schweißkurven beim Gesunden nur

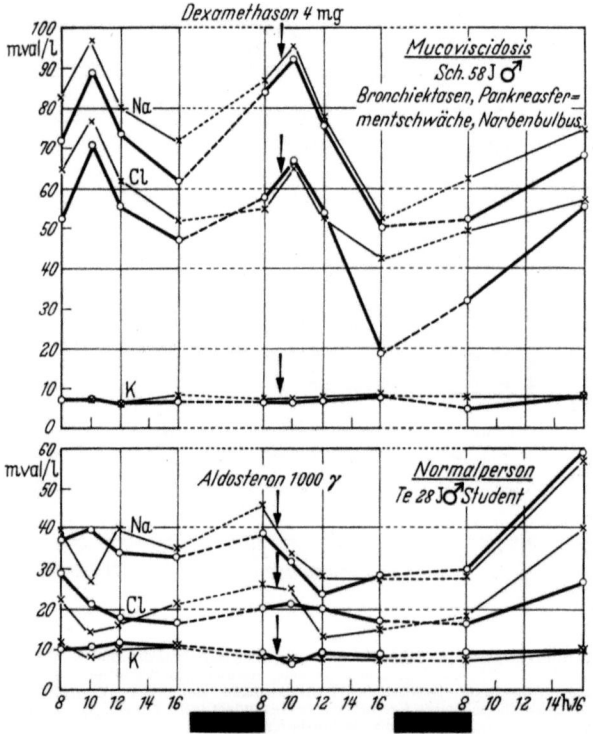

Abb. 3. 3 Tage währende Versuche bei einem Kranken mit Mucoviscidosis und einem Gesunden. Stark ausgezogene Kurven = Werte vom rechten Arm, schwach ausgezogene Kurven = Werte vom linken Unterarm. Jeweils oben Na-, in der Mitte Cl- und unten K-Konzentrationen. Dexamethason sowie Aldosteron wurden intravenös verabreicht

mit Aldosteron, beim Muc.-Kranken nur mit Dexamethason ändern kann (Abb. 3).

1. Zum Verhalten des Muc.-Kranken: Man erkennt am Vorversuchstag die rhythmischen Tagesschwankungen mit dem Ab-

fall der Werte bis zum Nachmittag. Wir gaben mit Ablauf des Vormittagsgipfels das Glucocorticoid Dexamethason und erzielten damit einen starken Abfall in den Nachmittagsstunden, der erst 32 Std nach Injektion den Ausgangswert wieder erreichte. Die Ergebnisse waren am rechten wie am linken Arm gleichartig, dasselbe war bei den Na- und Cl-Bestimmungen der Fall. Eine Auswirkung auf die K-Konzentration war nicht anzunehmen und trat auch nicht auf.

2. Zum Verhalten des Gesunden: Am Vortag sind wieder die Tagesschwankungen zu erkennen. Nach Aldosteron, gegeben in einer 3fachen endogenen Tagesdosis, trat ein deutlicher Abfall der Na- und Cl-Werte bei unveränderten K-Werten auf.

Insgesamt kamen wir zu folgenden Ergebnissen: Setzt man die Ausgangswerte mit 100% ein, so erkennt man, daß bei 11 Gesunden die Konzentrationen am Vormittag höher als am Nachmittag waren. Dexamethason hatte keine Wirkung auf die Schweißwerte bei Gesunden. Bei 8 Muc.-Kranken dagegen trat nach einer Latenzzeit von 2—4 Std ein tiefer Abfall ein um gut $1/3$ der Ausgangswerte, der bei Versuchsende noch nicht völlig ausgeglichen ist.

Ganz anders die Wirkung des Aldosteron. Hierbei fielen bei den 8 untersuchten Gesunden bereits eine Stunde nach Injektion die Konzentrationen um $1/3$ der Ausgangswerte ab und verharrten auf diesem niedrigen Stande 32 Std lang. Bei den 8 Muc.-Kranken dagegen blieb ein Aldosteron-Effekt vollkommen aus.

Aus der ungestörten Nierenfunktion bei Muc.-Kranken ist ersichtlich, daß eine Insuffizienz der endogenen Aldosteron-Bildung nicht vorliegen kann. Vielmehr muß daran gedacht werden, daß das endogen gebildete wie das exogen zugeführte Aldosteron wohl am Erfolgsorgan der Niere, nicht aber der Schweißdrüsenzellen bei Muc.-Kranken angreifen kann.

Nach neuerer Auffassung (THAYSEN) kann ein wohlbegründeter Vergleich zwischen der Funktion der Schweißdrüsen und der Nieren gezogen werden. In den proximalen Abschnitten der Schweißdrüsen dürfte die Filtration eines „Primärschweißes", in den anschließenden distalen Ausführungsgängen aber die Rückresorption von Na und Cl, weniger von H_2O stattfinden. Bei den heute vorgelegten Befunden ist durchaus zu erwägen, ob Rückresorptionsstörungen für Na und Cl auf Grund verminderter Ansprechbarkeit der Schweißdrüsenzellen für Aldosteron bei der Muc. bestehen.

Umgekehrt findet man nur bei Muc.-Kranken, nicht bei Gesunden, einen Glucocorticoid-Effekt auf die Schweißmineralkonzentration. Der Effekt läßt sich möglicherweise vergleichen mit dem diuretischen Effekt des Glucocorticoids beim Addison-Kranken, so daß der Abfall der Elektrolytkonzentration im Schweiß der Muc.-Kranken nach Dexamethason auf eine vermehrte Flüssigkeitsabgabe in den Schweißdrüsen zu beziehen wäre.

Mit unseren Untersuchungen sind die grundsätzlichen Befunde von DI SANT'AGNESE bestätigt und erweitert worden. Es bleiben aber noch manche Fragen bei der Schweißsekretion offen; z. B. ob der Unterschied in der Na- und Cl-Konzentration bei den Muc.-Kranken gegenüber Gesunden vielleicht in einer unterschiedlichen Sekretionsgeschwindigkeit der Schweißdrüsen liegen könnte. Zwar ist bei Muc.-Kindern die Schweißmenge gemessen und nicht verändert gegenüber Gesunden gefunden worden. Bei diesem Vorgehen blieb aber unbekannt, wie viele der vorhandenen Schweißdrüsen an der Untersuchungsstelle während des Schweißversuches in Tätigkeit gesetzt werden. Wir kennen bisher aber noch keine Möglichkeit, gleichzeitig die Schweißmenge und die Zahl arbeitender Schweißdrüsen zu bestimmen.

Diese Frage wurde deshalb aufgeworfen, weil ihre Beantwortung für die Erfassung der der Muc. zugrunde liegenden Störungen an den Schweiß- bzw. allen exokrinen Drüsen von größter Bedeutung sein dürfte. Nur bei Aufklärung der krankhaften Störung kann die Entwicklung einer kausalen Therapie des so häufigen und u. U. sehr schweren Leidens ins Auge gefaßt werden.

Literatur

BOHN, H., E. KOCH, W. RICK, B. v. KÜGELGEN, A. GRÜTZNER, W. GUMBEL u. W. JESCH: Dtsch. med. Wschr. **86**, 1384 (1961).
CONN, J. W., L. H. LOUIS, M. W. JOHNSTON, and B. J. JOHNSTON: J. clin. Invest. **27**, 529 (1948). — CRÖSSMANN, H. C.: Dissertation, Gießen 1962. — CRUSIUS, D.: Dissertation, Gießen 1962. — CZEKE, Z.: Dissertation, Gießen 1962.
KITTSTEINER, C.: Arch. Hyg. (Berl.) **73**, 275 (1911). — KOCH, E., W. RICK, W. WITTICH u. R. RAU: Dtsch. Arch. klin. Med. **206**, 470 (1960).
LOCKE, W., N. B. TALBOT, H. S. JONES and J. WORCESTER: J. clin. Invest. **30**, 325 (1951).
DI SANT'AGNESE: In: Research on cystic fibrosis, 161, French Bray Co. Baltimore 1960. — DI SANT'AGNESE, P. A., R. C. DARLING, G. A. PERERA and E. SHEA: Amer. J. med. **15**, 777 (1953). — SCHWARTZ, I. L., and J. H. THAYSEN: J. clin. Invest. **35**, 114 (1956).
THAYSEN, H.: Glandular secretion of electrolytes. In CIBA Found. Colloquia on ageing. **4**, 62; London 1958.

Diskussion

(zu den Vorträgen BOHN u. a. und KOCH)

HAGGE: Bestand zwischen der Natrium- und Chlorkonzentration im Schweiß bei Ihren Untersuchungen eine Relation? Bei unseren Schweißuntersuchungen im Säuglingsalter war die Natriumkonzentration fast immer höher als die Chlorkonzentration. Können Sie auf Grund Ihrer Untersuchungen sagen, mit welchen Anionen außer Cl Natrium im Schweiß ausgeschieden wird?

HOLTMEIER: 1. In welcher Form wurden die 25 g NaCl gegeben? Wie wurden sie vertragen, da sie ja für den Darm keine unerhebliche Menge darstellten? Wie verhält sich die Stuhlausscheidung unter derartigen Dosen?

2. Wäre es nicht günstiger, bei der statistischen Auswertung des Verhaltens der Natriumausscheidung bzw. des Abfalles im Schweiß Gesunder und Kranker vor und unter verschiedenen Medikamenten wie Dexamethason, Aldosteron usw. Fälle mit gleichen Ausgangswerten zu nehmen? Sie haben einmal eine Gruppe Kranker mit einer Ausgangsausscheidung von 100 mval Natrium und Gesunde mit Werten um 40 mval Natrium (prozentual umgerechnet) verwertet. Bekanntlich fallen unter gleicher Dosis eines Mineralcorticoids bei steigendem Angebot von Natrium und Chlor beide Ionen um so mehr in der Ausscheidung ab, je höher die Zufuhr ist, ohne daß ein Rückschluß auf veränderte Gruppenwirkung erlaubt ist. Als Beispiel sei erwähnt: Verabreiche ich den Gesunden eine streng natriumarme Kost (110 mval Natrium tgl.), wird unter DOCA die Natriumausscheidung im Urin kaum verändert. Bei Angebot von 5 g NaCl wird bereits etwa $^1/_3$ an beiden Ionen (mehr Na als Cl) retiniert und bei Gabe von 15 g NaCl wird wiederum unter gleicher Mineralocorticoidgabe über 50% der Ionen retiniert. Es ergibt sich ungefähr eine Parabel, aber keine Gerade, so daß sich der prozentual retinierte Anteil bei höherem Ausgangswert sehr schlecht mit dem bei niedrigem vergleichen läßt. Ich meine also, daß Sie bei Ihren Fällen zu übersichtlicheren Aussagen kommen könnten, wenn beide Gruppen, die verglichen werden sollen, zu Beginn in gleicher Höhe die entsprechenden Mineralien ausscheiden.

KLINKE: 1. Schweißsekretion: Im Arbeitsschweiß liegt die Harnstoffkonzentration niedriger, die Na- und Cl-Konzentrationen können aber höher liegen als im Extracellulärraum. Spricht das nicht gegen Filtration und Rückresorption?

2. Kochsalzbilanzen sind mit Vorsicht zu betrachten. Die Einflüsse der sonstigen Kost sind recht beträchtlich. In eigenen Bilanzversuchen bei einem Kleinkind mit Mucoviscidosis unter ganz gleichmäßiger Kost ergaben sich weder bei Trockenkost noch bei Wasserbelastung Unterschiede zur Norm. Auch die Serumelektrolyte zeigten keine Abweichungen.

BACHMANN: Frage, ob die Mucoviscidose des Internisten wirklich mit der Mucoviscidose des Pädiaters identisch ist, da zwar die Schweißelektrolyte bei beiden Patientengruppen abnorm hoch gefunden werden, aber die für pädiatrische Patienten charakteristischen Symptome durch „Zähflüssigkeit" der Sekrete (= Mucoviscidosis) offenbar und zugegebenermaßen fehlen können. Schwierig ist auch der normale Na-Gehalt der bei kranken Kindern untersuchten Ex- und Sekrete in Einklang mit den von KOCH gefundenen erhöhten Na-Werten bei Erwachsenen zu bringen. Anscheinend sind unsere Kenntnisse von der Physiologie der Schweißsekretion noch so lückenhaft, daß wir auch den Einfluß des vegetativen Nervensystems auf mögliche Fehlinterpretationen noch nicht vollständig übersehen. Gerade in diesem Zusammenhang sind die Ergebnisse von KOCH bei der Dexamethason-Medikation hochinteressant und aufschlußreich.

Es wird die Frage gestellt, was unter „sicheren Kriterien" der Erwachsenenmucoviscidose außer der erhöhten Natrium- und Cl-Ausscheidung im Schweiß zu verstehen ist.

KAUFMANN: 1. Bei thermisch bedingter Schweißsekretion fällt eine erhebliche regionale Differenz der Schweißelektrolytkonzentrationen auf. Lassen sich derartige Differenzen auch bei der Mucoviscidosis nachweisen?

2. Zur Frage der Antidiurese in Wärme: Gemeinsam mit Nieth und Schlitter durchgeführte Untersuchungen an Normalpersonen und Nierenkranken haben ergeben, daß bei erhöhter Lufttemperatur eine Verminderung von Nierenplasmastrom und Glomerulusfiltration zustande kommt. Parallel damit fallen Harnzeitvolumen und Na-Elimination ab. Es ist wahrscheinlich, daß Antidiurese und Antinatriurese durch die beschriebene Veränderung hämodynamischer Größen bedingt sind.

DROESE: Untersuchungen von Schwerarbeitern an Arbeitsplätzen mit hohen Außentemperaturen von Lehmann und Szakall haben gezeigt, daß neueingestellte Arbeiter, die ohne jede Vorbereitung auf solchen Arbeitsplätzen eingesetzt werden, im Verlaufe eines Arbeitstages einen Schweißverlust von 10 l und mehr aufweisen, und daß dieser Schweiß sehr reich an Natrium und Chlor ist. Solche Arbeiter kommen infolge dieser großen Wasser- und Mineralverluste in einen Kollaps. Gibt man diesen Arbeitern aber die Gelegenheit, sich langsam an die hohen Außentemperaturen zu gewöhnen, oder untersucht man Arbeiter, die schon lange an solchen Arbeitsplätzen tätig sind, so findet man eine unverändert reichliche Wasserabgabe über die Haut, aber nur einen sehr geringen Natrium- und Chlorgehalt im Schweiß. (Sog. Hitzetraining von Lehmann und Szakall.)

STOLLEY: Im Rahmen langfristiger Bilanzuntersuchungen an gesunden Säuglingen über das ganze 1. Lebensvierteljahr wurden von uns auch die Mineral- und Stickstoffverluste über die Haut untersucht. Wir stellten fest, daß durchschnittlich 3% Chlor, Natrium und Kalium über die Haut wieder ausgeschieden werden. Die eiweiß- und salzreicher ernährten Säuglinge schieden absolut mehr Eiweiß und Mineralien über die Haut aus als die eiweiß- und mineralärmer ernährten Säuglinge. In unseren Untersuchungen wurde von den Säuglingen, in mäq/Tag berechnet, stets weniger Natrium als Chlor ausgeschieden.

BOHN (Schlußwort):
Zu Bachmann: Wie die Untersuchungen von E. Koch u. Mitarb. [Klin. Wschr. **39**, 843 (1961)] ergeben haben, entsprechen die bei den Eltern von an Mucoviscidosis verstorbenen Kindern gefundenen Mucoviscidosis-Symptome bis in Einzelheiten jenen bei der Erwachsenen-Mucoviscidosis. In der Regel sind immer beide Eltern befallen. Die Befunde kommen der Erwartung nahe, wenn man annimmt, daß bei den Eltern (sowie bei den erwachsenen Kranken mit leichterer Mucoviscidosis) das zu Mucoviscidosis führende Gen in einfacher Dosis (heterozygot) vorhanden ist und daß je eine Anlage von beiden Eltern her beim Kind zusammenfallen müssen (Homozygoter), damit die schwere und meistens tödlich ausgehende Krankheit ausbrechen kann. Es ist auch von anderen Erbkrankheiten her bekannt, daß bei Heterozygoten leichtere, bei Homozygoten dagegen schwere Krankheitserscheinungen vorkommen.

Die sichere Diagnose einer Erwachsenen-Mucoviscidosis stellen wir dann, wenn der betreffende Proband neben Mucoviscidosis-Symptomen so deutliche Krankheitserscheinungen aufweist, daß er in die Klinik eingewiesen wurde, und wenn darüber hinaus auch Angehörige des Probanden Mucoviscidosis-Symptome aufweisen.

Zu Klinke: Unsere Erfahrungen haben ergeben, daß nur bei Änderung der Kochsalzzufuhr, in diesem Falle bei großer Kochsalzgabe, pathologische Bilanzen bei den Mucoviscidosis-Kranken aufgedeckt werden können.

KOCH (Schlußwort):
Zu Hagge: Wenn der Schweiß mittels thermischer Reize gewonnen wird, sind die Unterschiede in den Na- und Cl-Konzentrationen nur gering. Wird aber der Schweiß durch Pilocarpin-Iontophorese gewonnen, liegen die

Diskussion

Na-Konzentrationen fast doppelt so hoch wie die Cl-Konzentrationen. Im Schweiß findet sich außerdem Bicarbonat, das bei Gesunden und Mucoviscidosis-Kranken in etwa gleicher Konzentration ausgeschieden wird, sowie in kleineren Mengen Jodid, das bei mucoviscidosiskranken Kindern in vielfach höherer Konzentration als bei gesunden gefunden wird (Research on Cystic Fibrosis, French Bray Inc. Philadelphia 1959.)

Zu HOLTMEIER: Wir gaben 25 g Kochsalz mit der Nahrung bei recht guter Verträglichkeit. Die Na- und Cl-Ausscheidung im Stuhl ist auch nach diesen großen Kochsalzgaben sehr gering (2% der zugeführten Menge).

Wäre nicht das Fehlen oder Vorhandensein der Mucoviscidosis, sondern vielmehr die Höhe der Elektrolytkonzentration im Schweiß entscheidend für das Ausmaß der Aldosteron-Wirkung, so sollte das Mineralhormon bei hohen Ausgangswerten eine viel stärkere Wirkung entfalten als bei niedrigen. Wir fanden aber eine deutliche Aldosteron-Wirkung nur bei Gesunden mit niedrigen Schweißelektrolytkonzentrationen und vermißten die Wirkung bei Mucoviscidosis-Kranken mit hohen Konzentrationen.

Zu DROESE: Der Abfall der Elektrolytkonzentrationen im Schweiß nach sogenanntem Hitzetraining könnte durch vermehrte Abgabe von endogenem Aldosteron bewirkt sein.

Zu KLINKE: Nach der derzeitigen Anschauung unterscheidet man zwei Gruppen von serösen Drüsen. In der ersten Gruppe, zu der die Tränendrüsen und das Pankreas gehören, geschieht die Natriumgabe durch Diffusion. Daher liegen die Na-Konzentrationen in gleicher Höhe wie diejenigen im Blutplasma. In der zweiten Gruppe, zu der Schweiß- und Speicheldrüsen gehören, dagegen liegen die Na-Konzentrationen weit unter jenen des Blutplasmas. Auch kann die Natrium-Konzentration schnell verändert werden. Hier liegt es sehr nahe, an die Möglichkeit der Filtration und Rückresorption des Na-Ions zu denken, ähnlich, wie das in der Niere der Fall ist. Allerdings muß Herrn Professor KLINKE insofern zugestimmt werden, als unsere Kenntnisse über die Schweißsekretion noch nicht entfernt den Stand erreichen, wie etwa jene über die Nierenphysiologie.

Zu KAUFMANN: Bei der schweren Erkrankungsform der Mucoviscidosis im Kindesalter konnten keine regionalen Unterschiede in der Schweißsekretion gefunden werden. Untersuchungen bei erwachsenen Mucoviscidosis-Kranken sind angelaufen.

Adrenogenitales Salzverlust-Syndrom

Von

W. HAGGE, Bonn

Das kongenitale adrenogenitale Syndrom ist eine relativ häufige angeborene Stoffwechselstörung der Nebenniere. Durch einen Defekt in der Steroidsynthese kommt es zur Überproduktion von Androgenen, die beim weiblichen Fetus zum Pseudohermaphroditismus führt. Dagegen ist bei Knaben das Genitale bei der Geburt fast immer normal, und erst in früher Kindheit entwickelt sich eine Pseudo-Pubertas praecox.

Zusätzlich zu diesem obligaten androgenen Syndrom können folgende fakultative Störungen beobachtet werden: Hypoglykämie, Hypertension und bei einem Drittel aller Patienten findet man einen Addison-ähnlichen Salzverlust. Von den zahlreichen Untersuchungen im letzten Jahrzehnt haben besonders 3 Arbeiten zu einer weitgehenden Klärung dieser angeborenen Stoffwechselstörung beigetragen. 1950 gelang es WILKINS u. Mitarb. durch Gabe von Cortison, die Androgenproduktion zu normalisieren. Im folgenden Jahr zeigten BARTTER u. Mitarb., daß beim adrenogenitalen Syndrom eine Störung der Cortisol-Synthese vorliegt, und 1953 fand BONGIOVANNI beim adrenogenitalen Syndrom eine vermehrte Pregnantriol-Ausscheidung mit dem Harn. Wir möchten hier kurz anhand eines vereinfachten Schemas die verschiedenen Stufen der Cortisol-Synthese zeigen (Abb. 1). Vom Cholesterol führt es zunächst über Pregnenolon zum Progesteron. Von hier ausgehend werden durch Hydroxylasen nacheinander 3 Hydroxyl-Gruppen eingeführt, nämlich an C_{17}, C_{21} und C_{11}. Beim einfachen adrenogenitalen Syndrom liegt ein Mangel an 21-Hydroxylase vor, der zu einem Stop in der Cortisol-Synthese zwischen 17-Hydroxy-Progesteron und Desoxycorticosteron führt. Die Folge ist: 1. eine Anhäufung von 17-Hydroxy-Progesteron, das als Pregnantriol vermehrt mit dem Harn ausgeschieden wird. 2. besteht ein Cortisol-Mangel, der zu einer vermehrten ACTH-Ausschüttung und somit zu einer vermehrten Produktion von Androgenen führt.

Beim adrenogenitalen Syndrom mit Hypertension liegt dagegen ein Mangel an 11-Hydroxylase vor mit einem Stop in der Synthese zwischen Desoxy-Corticosteron und Cortisol. Die vermehrte Desoxy-Corticosteron-Bildung führt durch Na- und Wasserretention zur Hypertension.

Welche Störung der Corticoid-Synthese beim Salzverlust-Syndrom vorliegt, ist vielfach diskutiert worden. Heute nimmt man

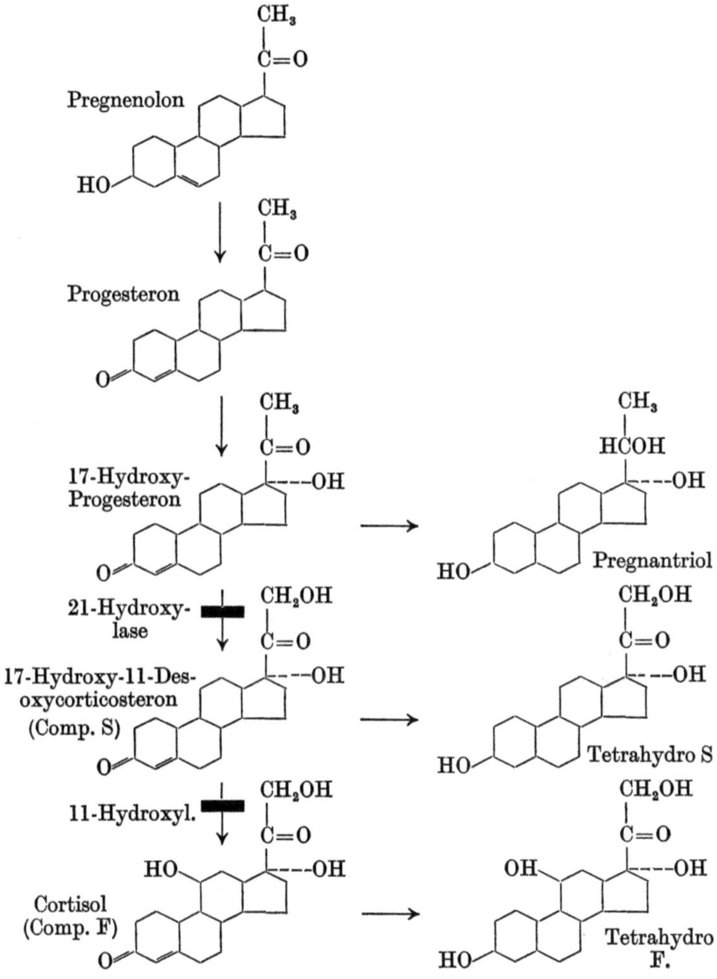

Abb. 1. Cortisol-Synthese nach BONGIOVANNI und EBERLEIN

allgemein an, daß es sich beim Salzverlust-Syndrom wie beim „einfachen" adrenogenitalen Syndrom um einen Mangel an

21-Hydroxylase handelt. Der Unterschied soll nur gradueller Natur sein, d. h. beim einfachen adrenogenitalen Syndrom wird noch etwas Cortisol gebildet, während beim Salzverlust-Syndrom die Cortisolbildung praktisch völlig fehlt. So konnte im Harn bei Patienten mit Salzverlust-Syndrom kein Tetrahydro-Cortisol (Abbauprodukt des Cortisols) nachgewiesen werden, das im Harn bei Patienten mit einfachem adrenogenitalen Syndrom immer vorhanden war. Der Mangel an 21-Hydroxylase könnte vielleicht auch den Aldosteronmangel beim Salzverlust-Syndrom erklären.

Wir haben uns im besonderen mit den Veränderungen im Mineralhaushalt beim Salzverlust-Syndrom beschäftigt. Bei dieser Sonderform des adrenogenitalen Syndroms sind die Na-, Cl- und K-Konzentrationen im Serum wie bei der Addisonschen Erkrankung verändert (Hyperkaliämie, bei niedriger Na- und Cl-Konzentration im Serum). Schon vor etwa 20 Jahren konnten BUTLER u. Mitarb. zeigen, daß trotz bestehender Hyponatriämie, Natrium vermehrt mit dem Harn ausgeschieden wird. Im allgemeinen sind die Angaben über die Störungen im Mineralhaushalt beim Salzverlust-Syndrom jedoch nicht zahlreich. So findet man in der ausgezeichneten Zusammenstellung von IVERSEN, der 135 Fälle der Literatur auswertete, nur 8mal Angaben über die Chlorid-Ausscheidung mit dem Harn. Lediglich BARNETT und McNAMARA haben Bilanzuntersuchungen bei einem Säugling mit Salzverlust-Syndrom vor und während DOCA-Behandlung durchgeführt.

Auch wir haben die Na-, Cl- und K-Bilanz bei einem männlichen Säugling mit adrenogenitalem Salzverlust-Syndrom bestimmt. Zunächst möchten wir einige Daten aus der Krankengeschichte unseres Patienten berichten.

Unser Patient war das 1. Kind gesunder Eltern. Schon in den ersten Lebenstagen wurde häufig Erbrechen beobachtet. In der 3. Lebenswoche war das Erbrechen so stark, daß die Aufnahme in die Klinik erforderlich wurde. Trotz des häufigen Erbrechens war die Harnmenge nach Angabe der Eltern groß. Bei der Klinikaufnahme betrug die Temperatur 38°, das Kind war deutlich exsikkiert, hatte auffallend große Hände und Füße und eine starke Pigmentierung der Mamillen. Die Testes waren beiderseits deszendiert, eine Hypospadie bestand nicht. Kurze Zeit nach der Aufnahme kam das Kind in einen bedrohlichen Kollapszustand. Die Herzfrequenz betrug 50/min und das EKG zeigte eine komplette Überleitungsstörung. Im Serum war die Na-Konzentration auf 115 mäq/l erniedrigt, die K-Konzentration dagegen auf über 8 mäq/l erhöht. Durch sofortige Dauertropfinfusionen und Gabe von Prednisolon konnte der Kollaps schnell beseitigt werden. Die

Ausscheidung der 17-Ketosteroide war mit 4 mg/Tag deutlich erhöht. In den folgenden Wochen erhielt das Kind täglich 20 mg Cortison und 3,6 g Kochsalz. Außerdem wurde vom 11. Behandlungstag an zusätzlich noch DOCA gegeben. Am 19. Beobachtungstag waren die Serum-Konzentrationen für Na, Cl und K im Bereich der Norm, doch lag die Ausscheidung der 17-Ketosteroide auch in den folgenden Wochen immer um 3 mg/Tag. Bis zum 4. Lebensmonat ist das Kind recht gut gediehen. Es erkrankte dann an einer plasmacellulären Pneumonie, die innerhalb weniger Tage zum Tode führte.

Unsere Elektrolyt-Bilanzen wurden über 25 Tage durchgeführt. Es wurde die Zufuhr mit der Nahrung und die Ausscheidung mit Stuhl und Harn täglich bestimmt. Die Ausscheidung mit dem Schweiß blieb unberücksichtigt. Die Ergebnisse unserer Elektrolytbilanzen sind folgendermaßen dargestellt: Auf der Abszisse ist die Zeit in Tagen, auf der Ordinate die zugeführte bzw. ausgeschiedene Elektrolytmenge in mäq abgetragen. Die Zufuhr ist durch eine dicke schwarze Linie, die Ausscheidung mit dem Stuhl als ausgefüllte, die mit dem Harn als schrägscharaffierte Säule gekennzeichnet. Die Bilanzuntersuchungen wurden bei unserem Kind am Tage nach der addisonähnlichen Krise begonnen. Eine Aussage über die Veränderungen der Elektrolyt-Bilanz beim Salzverlust-Syndrom ist jedoch nur möglich durch einen Vergleich mit Elektrolyt-Bilanzen gesunder Säuglinge etwa gleichen Alters. Wir haben deshalb zum Vergleich die Na-, Cl- und K-Bilanzen eines etwa gleichaltrigen Säuglings ebenfalls aufgezeichnet. Es handelt sich dabei um Durchschnittswerte aus einer Untersuchungszeit von 15 Tagen.

Na-Bilanz (Abb. 2). Die Na-Zufuhr ist bei unserem Patienten um ein Vielfaches höher als beim gesunden Vergleichskind (5- bis 10fach). Die Ausscheidung von Na geschieht fast ausschließlich durch den Harn, während mit dem Stuhl nur sehr geringe Mengen ausgeschieden werden. Abgesehen vom 19. und 20. Tag, an denen das Kind durchfällige Stühle entleerte, ist die Na-Ausscheidung mit dem Stuhl so gering, daß sie bei der Bilanz kaum ins Gewicht fällt. Die Na-Bilanz ist bis auf den 2. und 4. Tag in den ersten 14 Tagen deutlich positiv. Die Retention beträgt in dieser Zeit im Durchschnitt 20 mäq/Tag. Sie ist also wesentlich höher als beim gesunden Vergleichskind. Während dieser erhöhten Na-Retention kommt es zu einer Normalisierung der Na-Konzentration im Serum. Nach dem 14. Untersuchungstag wird die Na-Retention zunächst kleiner und in den letzten 4 Untersuchungstagen wird die Bilanz durch eine sehr hohe Na-Ausscheidung im Harn stark negativ. Trotz der negativen Na-Bilanz bleibt die Na-Konzentration im Serum — auch bei späteren Untersuchungen — im Bereich der Norm.

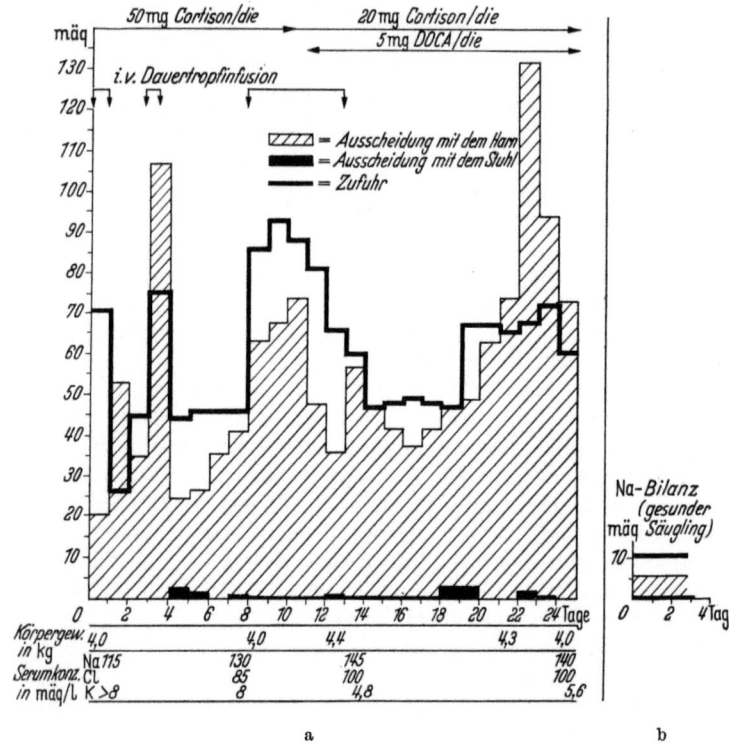

Abb. 2a u. b. a) Tägliche Na-Bilanz bei einem Säugling mit einem adrenogenitalen Salzverlustsyndrom. b) Durchschnittswerte einer 15 tägigen Na-Bilanz bei einem gesunden Säugling

Cl-Bilanz (Abb. 3). Bei der Chlorid-Bilanz sehen wir ein ähnliches Bild. Auch hier ist die Zufuhr um ein Vielfaches höher als beim Gesunden. Die Bilanz ist fast während der ganzen Untersuchungsdauer positiv. Nur am 2. Tag ist sie negativ und an den letzten 5 Tagen praktisch ausgeglichen. Cl wird wie das Na fast ausschließlich mit dem Harn ausgeschieden. Die Cl-Ausscheidung mit dem Stuhl ist demgegenüber so gering, daß sie auf die Höhe der Gesamtausscheidung praktisch keinen Einfluß hat. Auch die Cl-Retention ist wesentlich höher als beim gesunden Vergleichskind.

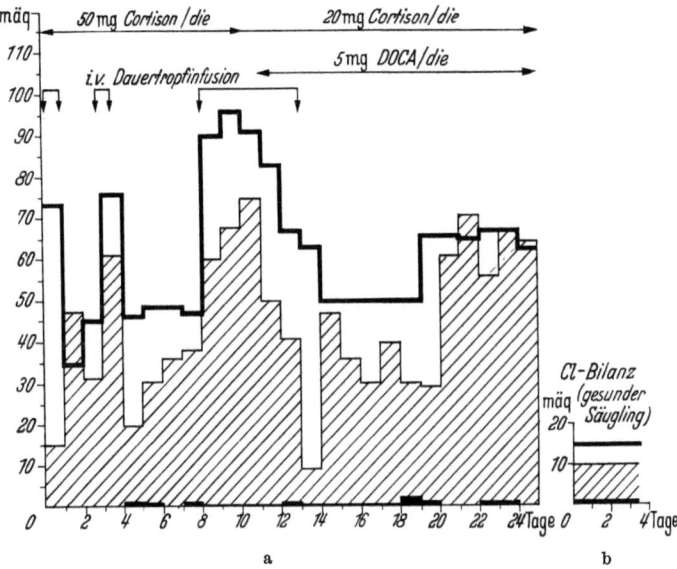

Abb. 3 a u. b. a) Tägliche Cl-Bilanz bei einem Säugling mit einem adrenogenitalen Salzverlustsyndrom. b) Durchschnittswerte einer 15tägigen Cl-Bilanz bei einem gesunden Säugling

K-Bilanz (Abb. 4). Die K-Bilanz zeigt beim adrenogenitalen Salzverlust-Syndrom einige Besonderheiten. Die Zufuhr ist etwa die gleiche wie beim gesunden Kind, doch ist die K-Bilanz fast an allen Untersuchungstagen negativ. Diese negative Bilanz kommt

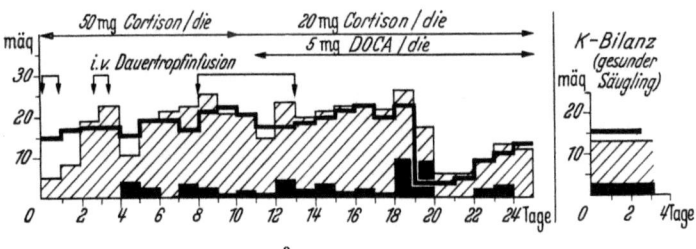

Abb. 4. a u. b. a) Tägliche K-Bilanz bei einem Säugling mit einem adrenogenitalen Salzverlustsyndrom. b) Durchschnittswert einer 15tägigen K-Bilanz bei einem gesunden Säugling

nicht durch eine vermehrte Ausscheidung mit dem Stuhl zustande, sondern ist durch eine vermehrte Ausscheidung mit dem Harn bedingt. Die K-Ausscheidung mit dem Stuhl ist etwa ebenso groß wie die des gesunden Vergleichskindes. Auffallend ist außerdem, daß

Tab. 1. *Gegenüberstellung der berechneten und tatsächlichen Na-Retention*

Na-Retention, die auf Grund des Verhaltens des Körpergewichts und der Na-Konz. im Serum berechnet wurde		Tatsächlich bestimmte Na-Retention	
1. Periode (1.-19. Tag)	Erhöhung d.Na-Konz. in der extracell. Flüssigkeit von 115 auf 145 mäq/l	+30 mäq	+170 mäq
	Gewichtszunahme von 400 g, die durch Retention von 400 g extracell. Flüssigkeit entsteht, bedeutet eine Na-Retention von	+60 mäq	Differenz zwischen berechneter und tatsächlicher Retention = 80 mäq (wahrscheinlich „trocken" retiniert).
		+90 mäq	+170 mäq
2. Periode (20. bis 25. Tag)	Für eine Gewichtsabnahme von 400 g, die durch einen Verlust von 400 g extracell. Flüssigkeit erfolgt, errechnet sich ein Na-Verlust von	−60 mäq	tatsächlicher Verlust: −110 mäq
	Berechnete Na-Retention für die gesamte Untersuchungszeit	+30 mäq	tatsächliche Retention +60 mäq

Aus der Berechnung und Bestimmung der Na-Bilanz ergibt sich, daß 30 mäq Na zur Erhöhung der Na-Konzentration in der extracellulären Flüssigkeit und 30 mäq Na „trocken" retiniert wurden.

die K-Bilanz auch dann noch negativ bleibt, nachdem bereits eine Normalisierung der K-Konzentration im Serum eingetreten ist.

Zur Erklärung unserer Bilanzergebnisse erschien es uns zweckmäßig, die Zeit bis zur Normalisierung der Serumkonzentrationen (1.—19. Tag) und die anschließenden Untersuchungstage getrennt zu betrachten. Für die Na-Retention ergibt sich dann folgendes Bild (Tab. 1):

In den ersten 19 Tagen werden auf Grund der Bilanzergebnisse etwa 170 mäq Natrium retiniert. Die Na-Konzentration im Serum steigt in dieser Zeit von 115 auf 145 mäq/l, und das Kind nimmt 400 g an Gewicht zu. Nehmen wir an, daß etwa $1/4$ des Körpergewichts aus extracellulärer Flüssigkeit besteht, so können wir folgende Überschlagsrechnung aufstellen: Bei einem Körpergewicht von 4000 g können wir die extracelluläre Flüssigkeitsmenge mit 1000 g veranschlagen. Um die Na-Konzentration in der extracellulären Flüssigkeit von 115 auf 145 mäq/l zu erhöhen, müßten also 30 mäq Na retiniert werden. Außerdem kann man die Zunahme des Körpergewichts von 4000 g auf 4400 g bei unserem Kind praktisch einer Zunahme der extracellulären Flüssigkeitsmenge zuschreiben (Dauertropfinfusion). Mit diesen 400 g würden nochmals (0,4 mal 145) etwa 60 mäq Na retiniert. Auf Grund unserer Berechnungen würden also etwa 90 mäq Na zur Normalisierung der extracellulären Flüssigkeit benötigt. Tatsächlich wurden aber wesentlich mehr, nämlich etwa 170 mäq retiniert. Wir möchten deshalb annehmen, daß ein großer Teil des Na (etwa 80 mäq) „trocken" retiniert worden ist (im Skelet, intracellulär?).

In der anschließenden 2. Untersuchungsperiode 20.—25. Tag wird die Na-Bilanz stark negativ durch eine vermehrte Na-Ausscheidung mit dem Harn. Die negative Na-Bilanz kommt nicht etwa durch eine Erhöhung der Na-Konzentration im Harn zustande (die Na-Konzentration im Harn liegt unverändert zwischen 70 und 90 mäq/l), sondern ist durch eine Diurese bedingt. Mit der Diurese tritt ein Gewichtsverlust von 400 g und ein Na-Verlust von 110 mäq ein. (Die Serumkonzentration für Na war in dieser Zeit im Bereich der Norm.) Wenn wir nun annehmen, daß einem Gewichtsverlust von 400 g extracellulärer Flüssigkeit ein Verlust von etwa 60 mäq Na entspricht, so müßte ein Teil (etwa 50 mäq) der tatsächlich ausgeschiedenen 110 mäq Na dem ursprünglich „trocken" retinierten Na (ungefähr 80 mäq) entstammen.

Aus einem Vergleich der berechneten und bestimmten Na-Bilanz ergibt sich, daß während der gesamten Untersuchungszeit etwa 30 mäq Na zur Erhöhung der Na-Konzentration in der extracellulären Flüssigkeit und etwa 30 mäq Na wahrscheinlich „trocken" retiniert wurden.

Bei der K-Bilanz ist uns folgendes aufgefallen. Sie ist bis auf wenige Tage deutlich negativ. Dabei ist die Ausscheidung mit dem Stuhl etwa gleich groß wie beim gesunden Säugling und ändert sich durch Cortison und DOCA-Gabe nicht, ein Befund, der auch schon von BARNETT und McNAMARA erhoben wurde. Sie fanden außerdem, daß nach DOCA-Gabe die hohe K-Konzentration im Serum abfiel, wobei gleichzeitig vermehrt Kalium mit dem Harn ausgeschieden wurde. Nach Normalisierung der K-Konzentration im Serum ging die K-Ausscheidung im Harn zurück und die Bilanz wurde positiv. BARNETT und McNAMARA nahmen an, daß das Kalium nach DOCA-Gabe von der extracellulären Flüssigkeit in die intracelluläre Flüssigkeit abwandert und daß es sich bei der Abnahme der K-Konzentration im Serum nicht um einen Verdünnungseffekt handelt. Wir können uns dieser Meinung nicht anschließen. Bei unserem Kind entspricht die Zunahme der extracellulären Flüssigkeit von 1000 g auf 1400 g einer Abnahme der K-Konzentration von 8 auf 4,8 mäq/l, d. h. einer Zunahme der extracellulären Flüssigkeit von 40% entspricht eine Abnahme der K-Konzentration in der extracellulären Flüssigkeit von etwa 40%. Wir möchten deshalb das Absinken der K-Konzentration bei unserem Kind als Verdünnungseffekt erklären.

Unsere Bilanzuntersuchungen haben gezeigt, daß es nach Cortison- und DOCA-Gabe innerhalb weniger Tage zu einer starken Na- und Cl-Retention kommt, die nicht nur zu einer Normalisierung der Na- und Cl-Konzentration in der extracellulären Flüssigkeit, sondern darüber hinaus zu einer möglicherweise „trockenen" Retention von Na und Cl führt.

Literatur

BARNETT, H. L., and H. McNAMARA: J. clin. Invest. **28**, 1498 (1949). — BARTTER, F. C., F. ALBRIGHT, A. P. FORBES, A. LEAF, E. DEMPSEY and E. CARROL: J. clin. Invest. **30**, 237 (1951). — BIERICH, J. R.: Ergebn. inn. Med. Kinderheilk. N. F. **9**, 510 (1958). — BONGIOVANNI, A. M., and W. R. EBERLEIN: Pediatrics **16**, 628 (1955). — BUTLER, A. M., R. A. ROSS and N. B. TALBOT: J. Pediat. **15**, 831 (1939).

DENYS, P., H. MALBRAIN, J. HERTOGHE et L. BUELENS: Arch. franç. Pédiat. **14**, 20 (1957).

GARDNER, L. I.: Pediatrics **17**, 897 (1956). — GOLD, A. P., and A. F. MICHAEL: Pediatrics **23**, 727 (1959).

IVERSEN, T.: Pediatrics **17**, 875 (1955).

MARIE, J., H. BRICAIRE, J. SALET, A. BUISINE, S. HERBERT et J. WATCHI: Sem. Hôp. (Paris) **1957**, 1581.

PRADER, A.: Helv. paediat. Acta **8**, 836 (1953). — PRADER, A., A. SPAHR u. R. NEHER: Schweiz. med. Wschr. **85**, 1085 (1955). — PRADER, A.: Schweiz. med. Wschr. **1956**, 298.

WILKINS, L., R. A. LEWIS, R. KLEIN and E. ROSEMBERG: Bull. Johns Hopk. Hosp. **86**, 249 (1950). — WILKINS, L., L. I. GARDNER, J. F. CRIGLER, S. H. SILVERMAN and C. J. MIGEON: J. clin. Endocr. **12**, 257 (1952).

Diskussion

REUBI: Dieses Syndrom ist auch für den Internisten von großem theoretischem Interesse. Die dabei gemachten Feststellungen sind für das Verständnis der Wirkungsweise der verschiedenen Steroide sehr wichtig. So scheint bei adrenogenitalem Salzverlustsyndrom die Bildung von Mineralocorticoiden normal zu erfolgen (keine Verminderung der Aldosteronurie), nur die Glucocorticoidsynthese ist mangelhaft. Trotzdem kommt es zu Salzverlust, so daß vermutlich das Aldosteron nur in Anwesenheit von Hydrocortison salzretinierend wirkt (EBERLEIN und BONGIOVANNI). Wenn in der Tat ein solcher Synergismus besteht, wird die diuretische Wirkung der Glucocorticoide beim nephrotischen Syndrom verständlich. Infolge der massiven Zufuhr von Corticoiden wird die Hydrocortisonbildung gehemmt, es kommt zu einem relativen Hypo-Hydrocortisonismus mit nachfolgender Diurese.

GESSLER: Von SCRIBNER u. Mitarb. wurden 1955 Untersuchungen veröffentlicht, aus denen die Autoren eine Verdünnungshypokaliämie verneinen. Die Kaliumkonzentration wird danach unabhängig vom Grad der Verdünnung aufrechterhalten. Diese Untersuchungen sprechen gegen ihre Annahme einer Verdünnung der Kaliumkonzentration bei Ihrem Fall. Allerdings ist mir nicht bekannt, ob diese Befunde, die an Erwachsenen erhoben wurden, im gleichen Umfang für Kinder Geltung haben.

DULCE: Beruhen die Angaben der EZF auf Bestimmungen oder Schätzungen? Handelt es sich um Schätzungen, gebe ich zu bedenken, daß sich die EZF im Verlauf der Beobachtung ändern kann, und deshalb Schlüsse hinsichtlich Kalium- und Natrium Ein- oder Austritt durch Membranen gewagt sind.

DROESE: Ich möchte den Herrn Vortragenden fragen, wie hoch er DOCA bei dem von ihm behandelten Säugling mit adrenogenitalem Salzverlustsyndrom dosiert hat. Einer der von uns beobachteten Säuglinge mit adrenogenitalem Salzverlustsyndrom machte ebenfalls interkurrent eine plasmacelluläre Pneumonie durch und überstand sie. Wir schieben diesen Erfolg mit auf die hohe und sehr lange Durchführung der Behandlung mit DOCA zurück. BARTTER u. Mitarb. haben vor nicht allzu langer Zeit an mehreren Beispielen auf die Notwendigkeit einer lange dauernden und ausreichenden DOCA-Behandlung bei Säuglingen mit Salzverlustsyndrom hingewiesen und gezeigt, daß bei ungenügender Behandlung oder zu frühem Absetzen geringe Infektionen plötzlich zum Tode des Kindes führen können.

STOLLEY: Auf Grund mehrerer Fälle von adrenogenitalem Salzverlustsyndrom, die wir in der Münchener Universitäts-Kinderklinik beobachteten, können wir, ebenso wie auch die verschiedenen Autoren in der Literatur, die Feststellung von Herrn HAGGE bestätigen, daß eine Behandlung mit Kochsalz und Cortison allein nicht genügt, um den Elektrolythaushalt beim Salzverlustsyndrom wieder in Ordnung zu bringen. Unter allen Umständen muß DOCA zusätzlich gegeben werden.

HAGGE (Schlußwort):

Zu REUBI: Wir stimmen mit Herrn REUBI darin überein, daß die Bildung der Mineralcorticoide beim adrenogenitalen Salzverlust-Syndrom normal erfolgt. Es besteht jedoch ein sekundärer Hyperaldosteronismus, der möglicherweise darauf beruht, daß beim AGS ein natriumeliminierender Faktor im Überschuß produziert wird (LEWIS u. WILKINS). Die erhöhte Produktion von Aldosteron soll dabei die Wirkung des SEF (sodium excretion factor) kompensieren.

Zu GESSLER: Bei unserem Kind ging die Hyperkaliämie von 8 mäq/l auf den Normalwert von 4,8 mäq/l zurück, nachdem eine Dauertropfinfusion durchgeführt worden war und der Säugling in 4 Tagen 400 g an Gewicht zugenommen hatte. Bei der Gewichtszunahme hat es sich wahrscheinlich um eine Zunahme der extracellulären Flüssigkeit gehandelt. Eine Hypokaliämie durch Verdünnung, die SCRIBNER et al. ablehnen, bestand bei unserem Kind nicht

Zu DULCE: Die Menge der extracellulären Flüssigkeit wurde nicht gemessen. Es berechtigt uns aber berechtigt, eine Ausdehnung der extracellulären Flüssigkeit bei unserem Säugling anzunehmen, da das Körpergewicht unter Dauertropfinfusionen in 4 Tagen von 4000 g auf 4400 g angestiegen war. In diesen 4 Tagen entsprach die Na-Retention einer entsprechenden Zunahme der extracellulären Flüssigkeit.

Zu DROESE: Unser Säugling hat täglich 5 mg DOCA bekommen. Unter dieser Behandlung normalisierte sich das Serum-Ionogramm und das Kind ist während einiger Monate gut gediehen.

Autorenverzeichnis

Bachmann, C. D. 157
Berning, H. 11, 60, 71
Bohn, H. *144*, 158
Buchborn, E. 40, 89
Cottier, P. 141
Dost, H. 60, 127
Droese, W. 43, 88, 158, 169
Dulce, H. J. 90, 107, 127, 169
Duyck, E. M. *129*, 142
Frey, J. 90
Gelderen, H. van *129*
Gessler, U. 88, 141, 169
Girardet, P. 127
Hagge, W. 127, 142, 156, *160*, 169
Heintz, R. 11, 42, 71, 89
Heinz, E. 43, 142
Heller, L. 25
Hjelt, L. 11, *12*, 26
Hövels, O. 52, 60, 107, *108*, 127
Holtmeier, H.-J. 157
Hungerland, H. 60, 142
Jarausch, K.-H. *27*, 89

Kaufmann, W. 43, 157
Klingmüller, V. 90
Klinke, K. 25, 106, 127, 142, 157
Koch, E. 43, 89, *144*, *151*, 158
Nieth, H. *61*, 71
Linneweh, F. *27*, 43
Pasternack, A. *1*
Reubi, F. 11, 25, 41, 60, 70, 88, 168
Richterich, R. 142
Rick, W. *144*
Rodeck, H. 11, 41, *73*, 90, 107, 127
Rosenkranz, A. *53*, 60, 71, 88, 141
Schneegans, E. 88, 106, 142
Schwab, M. 142
Stalder, G. *45*, 52
Stephan, U. *108*
Stolley, H. 158, 169
Strack, E. 90, 107
Swoboda, W. 59, *93*, 107, 127
Veeneklaas, G. M. H. *129*
Vink, C. L. J. *129*
Wepler, W. 71

Sachverzeichnis

Erklärung der Abkürzungen:

A.-g. S.	= Adrenogenitales Salzverlust-Syndrom
de T. D. F. Synd.	= de Toni-Debré-Fanconi-Syndrom
D. i. c.	= Diabetes insipidus centralis
D. i. r.	= Diabetes insipidus renalis
hered. Neph.	= hereditäre Nephritis
hyperchlor. Acidose	= hyperchlorämische renale Acidose
kong. Alk.	= Kongenitale Alkalose mit Diarrhoe
kong. neph. Synd.	= Kongenitales nephrotisches Syndrom
kong. Tubulop.	= Kongenitale Tubulopathien
Muc.	= Mucoviscidose
Vit. D resist. Rach.	= Vit. D-resistente Rachitis

Acidogenese beim de T. D. F. Synd. 55
— beim D. i. r. 30, 43
— bei idiopathischer Hypercalcämie 111
Acidose, Behandlung 57
— bei de T. D. F. Synd. 54, 56—58
—, Rachitis 60
—, renale hyperchlorämische 46, 55
—, — Ammoniakausscheidung 46, 47
—, — — und Urin-p$_H$ 47
—, Säureausscheidung 46
ACTH-Ausschüttung beim A.-g. S. 160
— -Behandlung des kong. neph. Synd. 16
— — bei kong. Alk. 132, 133
Addison-Kranke. Schweißelektrolyte 151
— vs A.-g. S. 162
Adiuretin (ADH) s. auch Vasopressin
— -Ausschüttung 41, 79, 89, 91
— -Bestimmung 42, 44
—, chemischer Aufbau 28
— bei D. i. 89
— beim Krampfanfall 90, 92
— beim Neugeborenen 30
— beim Säugling 90
—, Therapie 88
—, Trägereiweiß 89
—, Wirkungsmechanismus 28
—, Wirkungsort 88, 91
—, Zerstörung beim D. i. r. 37

Adrenogenitales Salzverlust-Syndrom (A.-g. S.) 160 f.
—, Bilanzuntersuchungen 163 f.
— Cl-Bilanz 164
— Corticoid-Synthese 161, 162
— Cortison 160, 163 f., 167
— DOCA 160, 161, 163 f., 167, 169
— Hypertension 160
— K-Bilanz 165
— Mineralhaushalt 162, 163
— Na-Bilanz 163, 164
— Symptome 160, 162
— Therapie 163
Adrenogenitales Syndrom, kongenitales 160
Albrightsche Krankheit 47
Albuminurie bei idiopathischer Hypercalcämie 110
— beim nephrotischen Ödem 13, 16
Aldosteron, Antagonisten beim D.i.r. 38
—, — bei kong. Alk. 133
—, Ausscheidung bei kong. Alk. 139
— beim D. i. r. 29
—, Mangel beim A.-g. S. 162
—, Salzverlustsyndrom 149
—, Schweißelektrolytwerte 154, 159
—, Wirkung beim A.-g. S. 168, 169
Alkalireserve beim D. i. r. 30
— bei kong. Alkalose 141
Alkalose s. auch kongenitale Alkalose 129 f.
—, metabolische 129, 134, 138, 139
— — bei Hypercorticismus 139

Alkalose unter Diamox 141
— unter NaCl-Infusion 142
Altersgruppen bei idiopathischer Hypercalcämie 108
— beim nephrotischen Syndrom 12, 13
— bei Nierendysplasie 7
Aminoazidurie bei de T.D.F. Synd. 53
β-Aminoisobuttersäure, Rückresorptionsstörung 46
Aminosäuren, Ausscheidung b. Cystinurie 46
—, — bei de T. D. F. Synd. 54, 60
—, — bei hered. Neph. 67
Aminosol-Infusion bei de T. D. F. Synd. 51
— bei hyperchlor. Acidose 47
Ammoniakausscheidung bei de T. D. F. Synd. 55
— bei hyperchlor. Acidose 47
Ammoniogenese bei de T. D. F. Synd. 55, 56, 58
Ammoniumchlorid, Belastung bei kong. Alk. 134
Androgene beim A.-g. S. 160
Anomalie der Harnwege 1
Anorexie bei idiopathischer Hypercalcämie 109
Antidiurese bei D. i. r. 33, 42, 43
—, Krampfanfall 92
—, Vasopressin 90
—, Wärme 158
Antidiuretische Plasmaaktivität 89, 91
Antikörper beim kong. neph. Synd. 17, 25, 26
Arbeitsschweiß 157, 158
Arginin, Ausscheidung bei Cystinurie 45
Ascites beim kong. neph. Synd. 15
—, Proteingehalt 16
Atemfunktionen bei kong. Alk. 134, 141, 142
Augenmißbildungen bei hered. Neph. 64, 66

Bakteriurie bei Glomerulonephritis 71
Basalmembran beim kong. neph. Synd. 23
Bikarbonat, Ausscheidung 46
— und Cl-Ausscheidung 142
—, Schweiß 158

Bikarbonat, Stoffwechsel bei kong. Alk. 132, 138
Bilanzuntersuchung beim A.-g. S. 162f.
— bei kong. Alk. 134, 135
—, langfristige 158
— bei Muc. 144f.
Bindegewebe, primitives 6, 9
Blasenhalsstenose und D. i. r. 36, 37
Blutdruck, Hyperosmolarität 43
— bei kong. Alk. 139
— beim kong. neph. Synd. 15
Bluteindickung 42
Blutzucker und Calciumspiegel 97
Bowmansche Kapsel, dilatierte 3, 8
— beim kong. neph. Synd. 20—23

Calcium, Ausscheidung 109, 116, 118, 119
—, Bilanz bei idiopathischer Hypercalcämie 116
— — bei Muc. 145
—, Cortison 100
—, Exkretion 57
— bei Frühspasmophilie 102, 103
— i. S. 97
— —, Frühgeborene 106
— —, Milchernährung 95, 96, 97
— —, Neugeborene 94, 95
— —, Rachitis 59
—, Resorption 49, 50
—, Retention 115, 116
—, Stoffwechsel bei Spasmophilie 93, 98
—, Stoffwechselregulation 117, 118
—, Therapie bei Spasmophilie 100
—, Zufuhr bei idiopathischer Hypercalcämie 118
Calicopapillitis 71
Capillarepithelien beim kong. neph. Synd. 22—24
Carboanhydrase, Defekt bei hyperchlor. Azidose 46
—, Hemmstoffe bei kong. Alk. 132
Chlor-Diarrhoe verschiedener Genese 133
Chlorid, Ausscheidung beim A.-g. S. 162
—, Bilanz beim A.-g. S. 162, 164
—, — bei Muc 145, 147
—, Konzentration im Schweiß 151, 156, 157
—, Verlust über Haut 158
Chloridraum bei kong. Alk. 134

Sachverzeichnis

Chlor-Ionen, Ausscheidung, Diamox 132, 142
— — bei kong. Alk. 129—132, 137, 138, 141, 142
— und Bikarbonat 132
—, Diarrhoe 130f.
— i. S. bei D. i. r. 42
— — bei kong. Alk. 131, 137, 138
—, Resorption 131
—, Zufuhr bei kong. Alk. 131, 137
Cholesterol i. Serum beim kong. neph. Synd. 16
Citratblut, Hypocalcämie 101—103, 105
Clearance bei kong. Alk. 130, 141
—, Kreatinin bei de T. D. F. Synd. 55
—, — bei D. i. r. 33, 34
—, — bei idiopathischer Hypercalcämie 110
—, Inulin bei de T. D. F. Synd. 55, 57
—, — bei D. i. r. 34
—, — bei idiopathischer Hypercalcämie 110
—, PAH 34, 111
CO_2-Druck bei kong. Alk. 134, 138, 142
Cöliakie und kong. Alk. 142
Colitis und Cl-Diarrhoe 133
Corticosteroide bei Muc. 151f.
Cortisol, Mangel 160, 162
—, Synthese 160, 161
Cortison bei A.-g. S. 160, 163, 168
— — Bilanzuntersuchungen 163f., 167
—, Behandlung beim kong. neph. Synd. 16
— bei idiopathischer Hypercalcämie 115—117, 119, 127
—, Serumcalcium 99, 100
Cysten der Niere 11
Cystinose 51
Cystinurie 45
—, Aminosäurenausscheidung 46
—, Heterozygotie 46
—, Homozygotie 45
Cushing-Kranke, Schweißelektrolyte 151

Dehydration bei D. i. r. 32, 37, 41
— bei hyperchlor. Acidose 47
— des ZNS 31, 43

Dehydrogenase, Färbung beim kong. neph. Synd. 17
Desoxy-Corticosteron beim A.-g. S. 160, 161, 163
—, Bilanzuntersuchungen 162, 163f., 167
—, Dosierung beim A.-g. S. 169
de Toni-Debré-Fanconi Syndrom (de T. D. F. Synd.) 50, 53f., 60
—, Biochemie 53f.
— bei Cystinose 51
—, Enzymaktivität der Nierentubuli 51, 54
—, hyperchlorämische Acidose 55
—, idiopathisches 53
—, Klinik 53f.
—, Therapie 56, 57
—, Ursachen 53
— und Vit. D. resist. Rach. 58
Dexamethason, Schweißelektrolyte 154—156
Diabetes insipidus centralis sive neurohormonalis (D. i. c.) 29, 73f.
—, Ätiologie 81, 82
—, Differentialdiagnose 40, 84
—, Harnmenge 40, 80
—, hereditärer 84
—, idiopathischer 84
—, Neurohypophyse 73
—, Prognose 85, 86
—, Restfunktion des hypothalamischen Systems 80, 89
—, symptomatischer 81, 83
—, Therapie 84, 85, 89, 90
—, — mit Hormonen 84, 85, 88
—, — mit Saluretika 85
—, „physiologischer" 42, 90
Diabetes insipidus psychogener 90, 92
—, transitorischer 89, 91
Diabetes insipidus renalis (D. i. r.) 27f.
—, Acidogenese 30
—, Aldosteron 29, 30
—, Alkalireserve 30
—, Dehydratation 32, 37
—, Diagnose 36, 37
—, Durstfieber 29, 31
—, Durstzentrum 29, 38
—, Entwicklung 35
—, extracellulärer Raum 29, 30
—, Fieber 31
—, Heredität 34

Sachverzeichnis

Diabetes insipidus renalis (D. i. r.),
  Hyperosmolarität 27, 29, 30, 32
—, Identitätskarte 39
—, Konzentrierungsschwäche 32, 40
—, Obstipation 31
—, Osmoreceptoren 29, 41
—, pathologische Anatomie 35
—, — Physiologie 29 f.
—, Perspiratio insensibilis 29, 31, 41
—, Pitressin-Test 33
—, Prognose 39
—, Symptomatologie 31 f.
Diamox bei kong. Alkalose 132, 138, 141
Diarrhoe mit kongenitaler Alkalose 129 f.
—, kong. bei Hyposthenurie 133
Dihydrotachysterin, Behandlung des de T. D. F. Synd. 56
— bei Frühspasmophilie 102, 103, 105
Diurese, Definition 90
— beim nephrotischen Syndrom 168
—, Steuerung 78
Diuretika bei D. i. 41
— bei kong. Alk. 132, 138
Drüsen, exokrine bei Muc. 144
—, seröse 159
Durst bei idiopathischer Hypercalcämie 109
— und Hunger 90, 92
— unter Glycerin-Infusion 90
Durstexsikkose 42
Durstfieber bei D. i. r. 29, 31, 41, 42, 43
Durstversuch bei D. i. c. 90
Durstzentrum bei D. i. r. 29, 43
—, „Sollwert" 32, 38
Ductulus, primitiver 5, 8
Dysplasie s. Nierendysplasie

EEG-Untersuchung bei Tetanie 106
Elektrolyt-Bilanz bei A.-g. S. 163 f.
— — bei gesunden Säuglingen 163 f.
— Haushalt bei kong. Alk. 134
— Konzentration im Schweiß 151 f.
— Störungen bei Muc. 144 f.
— Verlust bei kong. Alk. 129
Elektrophorese bei hered. Nephr. 69
Ellsworth-Howard-Test 98, 99, 107
Encephalitis und D. i. c. 83
Entwicklung, geist. und statische bei D. i. r. 35, 42
—, — bei kong. Alk. 139

Enzymaktivität der Nierentubuli bei de T. D. F. Synd. 53
Epilepsie und Frühspasmophilie 106
Epithel, fetales 3, 8
Erbleiden Muc. 144
Erblichkeit des D. i. r. 34
— des kong. neph. Synd. 14
Erbrechen bei de T. D. F. Synd. 53
— bei D. i. r. 31
— bei hyperchlor. Acidose 47
— bei idiopathischer Hypercalcämie 109
— bei Tubulopathien 52
Erwachsenen-Muc. s. auch Mucoviscidose 144 f., 151 f., 157
Exsikkose bei D. i. r. 41
— und Entwicklung 90, 91
Extracelluläre Flüssigkeit, Bilanzuntersuchung 166, 169
Extracellulärer Raum bei D. i. r. 29, 31
— — bei kong. Alk. 138

Familienanamnese bei D. i. r. 31
— bei hered. Neph. 63
— bei kong. neph. Synd. 14
Fanconi-Syndrom s. de Toni-Debré-Fanconi-Syndrom
Fetales Epithel 3, 8
Fettleber bei kong. neph. Synd. 17
Fettstoffwechsel bei hered. Neph. 69
— bei kong. neph. Synd. 16
Fieber bei D. i. r. 31
— bei hyperchlor. Acidose 47
— und Polyurie 89, 91
Fieberbehandlung der Polyurie 89
Fibrose, perikapsuläre 4, 7, 9
9-α-Fluor-Cortisol bei Muc. 151
Frauenmilchernährung und Spasmophilie 95, 97, 100
Frühgeborene u. Krämpfe 106
Frühgeburten, Hypocylcämie 94
—, kong. neph. Synd. 14
—, Serumphosphat 95
Frühspasmophilie 93 f., 101 f.
—, Formen 101, 106
—, Kasuistik 101, 102, 103, 106
—, Meningealblutung 106
—, Pathogenese 104, 105, 106
—, Prognose 106
—, Symptomatik 106
—, Therapie 105
—, Thyreotoxikose 107

Sachverzeichnis

Gang, primitiver der Niere 5, 8, 10
Geburtstrauma, endogenes Phosphat 107
—, Hypocalcämie 95, 106
—, Tetanie 97, 107
Gedeihstörung bei idiopathischer Hypercalcämie 109, 120
Geschlecht bei idiopathischer Hypercalcämie 108
— bei kong. neph. Synd. 13, 14
— bei Nierendysplasie 11
Geschwister bei kong. neph. Synd. 13, 14
Gesichtsausdruck bei idiopathischer Hypercalcämie 109, 110, 111
Gewebe-Inkompatibilität 26
Gewichtsstillstand bei Tubulopathien 52
Glomeruli, corticale und juxtamedulläre 11
— bei idiopathischer Hypercalcämie 111
— bei kong. neph. Synd. 19, 26
Glomerulonephritis u. Bakterurie 71
— vs. Pyelonephritis 71
Glomerulumfiltrat bei D. i. c. 43
— bei D. i. r. 33, 41
— bei hered. Neph. 67, 68
— bei idiopathischer Hypercalcämie 110
— bei kong. Alk. 136
— bei Wärme 158
Glomerulus, hyalinisierter 2, 7, 9
—, — b. kong. neph. Synd. 21
—, primitiver 2, 8
Glukose, Titrationskurve 48
Glycerin und Durst 90
Glycinurie 46
Glykogenspeicherkrankheit, Tubulopathien 51
Glykosurie bei de T. D. F. Synd. 53
— bei hered. Neph. 66, 67
—, renale 48
—, renaler Pseudodiabetes 48
—, tubuläre Störungen 48
Gomorische Färbung 75, 79
— Substanz 89
Großbritannien, idiopathische Hypercalcämie in 108, 120

Haarnadelgegenstromsystem 28
Hand-Schüller-Christian-Krankheit und D. i. c. 83
Hämaturie, essentielle 71
Hämaturie, hereditäre 61 f., 66, 70
Harnacidität bei kong. Alk. 138
Harnflut nach Anurie 88, 91
Harnkonzentration, ADH-unabhängige 33, 41, 42, 44
— bei D. i. r. 32, 43
— und Glomerulumfiltrat 41, 42
— und Markdurchblutung 42
—, Pitressin-Test 33
Harnkonzentrierung, „fakultative" 28
—, Physiologie 27, 32
Harnmenge bei D. i. c. 83
Harnosmolarität bei D. i. r. 29, 33,42
Harnsteine bei Cystinurie 46
Hautwiderstand bei D. i. r. 31, 32
Heparinoide bei D. i. r. 38
Hereditäre Nephritis (hered. Neph.) 61 f.
—, Aminoacidurie 67
—, Elektrophorese 69
—, Glucosurie 66
—, maximale tubuläre Glucoserückresorption 66, 67
—, pathologische Anatomie 62, 64, 67
—, Prognose 66
—, Schwerhörigkeit 61
—, Stoffwechseldefekte 69
—, Ursachen 68
Heredität des D. i. r. 34
— der hered. Neph. 63, 68, 70
— des kong. neph. Synd. 14
— der Muc. 144, 158
— der Vit. D-resist. Rach. 49
Herring-Körper 77
Heterozygotie bei Cystinurie 46
— bei Muc. 144, 145, 158
Hirnschäden bei Spasmophilie 100, 101, 102, 103
Hitzetraining 158
Homozygotie bei Cystinurie 45
— bei Muc. 144, 145, 158
Hydrocephalus internus bei Tetanie 106
Hydroxylasen, Steroidsynthese 160, 161
21-Hydroxylase, Mangel beim A.-g. S. 162
17-Hydroxy-Progesteron beim A.-g. S. 160
Hyperadrenocorticismus, metabolische Alkalose 139

Sachverzeichnis

Hyperadrenocorticismus, Spasmophilie 99
Hypercalcämie bei hyperchlorämischer Acidose 47
—, idiopathische 108f.
—, —, Ätiologie 120
—, —, Calciumstoffwechsel 118, 119
—, —, Clearancebefunde 110
—, —, Ernährung 108
—, —, Geschlechtsverteilung 108
—, —, Gesichtsausdruck 109—111
—, —, geographische Verteilung 108
—, — bei hyperchlorämischer Acidose 111
—, —, Nephrocalcinose 111—113
—, —, Nierenfunktion 110, 111
—, —, Oestrogene 127
—, —, Pathogenese 120, 123
—, —, Prognose 119
—, —, Röntgenbilder 112, 114, 115
—, —, Skeletsystem 112—115
—, —, Symptomatologie 108, 109
—, —, Urinbefunde 109, 110
—, —, Vitamin D 120—122
—, —, — -Spiegel i. S. 122, 123
—, —, — -Stoffwechsel 123
—, Senkung durch Cortison 116, 117
Hypercalciurie bei Hypercalcämie 109, 116, 118, 119
Hyperchlorämie bei D. i. r. 31
Hyperchlorämische renale Acidose (hyperchlor. Acidose) 46, 47
—, Aminosol-Infusion 47
—, Ammoniakausscheidung 46, 47
—, Bicarbonatausscheidung 46
—, chron. hyperchlor. Acidose (ALBRIGHT) 47
—, idiopathische Hypercalcämie 111
—, Kombination mit de T. D. F. Synd. 57
—, passagere Verlaufsform (LIGHTWOOD) 47
—, Rachitis 47
—, Säureausscheidung 46
Hyperelektrolytämie bei D. i. r. 37
Hyperkaliämie beim A.-g. S. 162, 168, 169
Hypernatriämie bei D. i. r. 31
Hyperosmolarität bei D. i. r. 27, 29, 30, 32, 43
— und geistige Entwicklung 35, 42
Hyperparathyroidismus, sekundärer 49, 50

Hyperparathyroidismus, bei Vit. D-Mangel 98
Hyperphosphatämie bei Methämoglobinvergiftung 103
— bei Neugeborenen 104
Hyperphosphaturie bei de T. D. F. Synd. 53
Hypertension beim A.-g. S. 160
Hypoaldosteronismus 149
Hypochlorämie beim A.-g. S. 162
— bei kong. Alk. 134
Hypocalcämie, benigne 104
— bei Citratbluttransfusion 102 bis 103
— bei Diabetes mellitus 99
— bei Frühgeborenen 94, 97
—, Hyperadrenocorticismus 99
— und Hypocitratämie 97
— nach komplizierter Geburt 95
— bei Methämoglobinvergiftung 101—103
Hypocitratämie 97
Hypogenetische Nephritis 68
Hypo-Hydrocortisonismus 168
Hypokaliämie bei D. i. r. 38
— bei kong. Alk. 134
Hyponatriämie beim A.-g. S. 162
— bei Muc. 144, 145
Hyponatriurie bei Muc. 144, 145
Hypoparathyreoidismus, Cortisongabe 99
—, idiopathischer 104
— bei Neugeborenen 98
Hypophosphatämie bei renaler Rach. 49
Hypophosphatasie, Tubulusfunktion bei 51
Hypophyse u. D. i. c. 89
Hypophysenhinterlappen-Hormon (HHLH) 73, 77
—, Anfärbbarkeit 79
Hyposthenurie bei idiopathischer Hypercalcämie 111
— mit kong. Diarrhoe 133
Hypothalamus, Wasserregulation 73
Hypotonie und Muc. 149
Hypoxie bei Exsiccose 42
Hunger und Neurosekretion 90, 92

Identitätskarte bei D. i. r. 39
Infantile Nephrose 12
Infektion bei kong. neph. Synd. 17
—, Niere 1, 8—10
— und Urinstase 10

Sachverzeichnis

Inulinclearance bei de T. D. F. Synd. 55, 57
— bei idiopathischer Hypercalcämie 110
Isosthenurie und D. i. r. 41
— bei idiopathischer Hypercalcämie 111
Jodid im Schweiß 159
Kalium, Bilanz bei A.-g. S. 162, 165, 167
— — bei Muc. 145, 148
— Rückresorption beim de T. D. F. Synd. 58
— Verlust, Haut 158
Kaliumchlorid, Belastung 131, 134
—, — und p_H 135
Kalium-Ionen, Ausscheidung bei kong. Alk. 129, 130, 137
—, Resorption bei kong. Alk. 131
—, Verarmung der Nierenzellen 138
Katarakt, kongenitaler bei kong. Neph. 66
17-Ketosteroide beim A.-g. S. 163
Knorpelgewebe in der Niere 6, 8, 10
Kochsalz, Belastung 146f., 151, 152, 157, 159
— Bilanz bei Muc. 146f., 157
— Infusion, Schweißelektrolyte 152
— Zufuhr beim A.-g. S. 163
— —, Schweißelektrolyte 151 f.
Kongenitales adrenogenitales Syndrom s. Adrenogenitales Syndrom
—, Spasmophilie 100
Kongenitale Alkalose (= kong. Alk.) 129 f.
—, ACTH-Gabe 132
—, Atemfunktionen 134, 141
—, Belastungen 131, 134, 141, 142
—, Bilanzuntersuchungen 134
—, Carboanhydrase-Hemmstoffe 132, 138
—, Chlor-Diarrhoe 130 f.
—, Diarrhoe 129 f.
—, Diuretika 138, 139
—, Entwicklung 139
—, Harnacidität 138
—, Mechanismus der Cl-Ausscheidung 132 f.
—, metabolische Alkalose 134
—, Nierenfunktion 136
—, p_H 134, 135
—, Stuhl 129, 130

Kongenitale Alkalose, Therapie mit Prednison 132, 133
Kongenitales nephrotisches Syndrom (kong. neph. Synd.) = kongenitales Nephrosesyndrom 12 f.
—, Alter der Fälle 13
—, Aminosäuren im Harn 16
—, Antikörper 17, 25, 26
—, Ascites 15
—, Behandlung 16
—, Blutdruck 15
—, Capillarepithelien 22—25
—, Cholesterolgehalt i. S. 16
—, elektronenmikroskop. Befunde 22—24
—, Elektrophoresewerte i. S. 15
—, — im Harn 16
—, Entwicklung der Kinder 16
—, Erblichkeit 14
—, Familienanamnese 14
—, Fettstoffwechsel 16
— bei Frühgeburten 14
—, Geburtsgewicht 14
—, Geschlechtsverteilung 14, 25
—, Glomeruli 19—21, 24
—, Harnstoff-N 16
—, Lipoide i. S. 17
—, Mütter der erkrankten Kinder 14, 25
—, Nephritis 25
—, Nierentubuli 17—19
—, Ödeme 13—15, 17
—, pathologische Anatomie 17 f.
—, Placenta 14, 26
—, Prognose 16, 26
—, Protein i. S. 15
—, Rh-Inkompatibilität 14, 26
—, Symptome 15f., 24
—, Todesursache 17
Kongenitale Tubulopathien (kong. Tubulop.) 45 f.
—, Cystinose 51
—, Cystinurie 45
—, hyperchlor. Acidose 46
—, kombinierte 50
—, Niereninsuffizienz 45
—, oculo-cerebro-renales Syndrom 51
—, Phosphatdiabetes 49
—, renale Glykosurie 48
—, Ursachen 51
—, Verdacht auf 51, 52
Konzentrierungsschwäche bei D.i.c. 80

Konzentrierungsschwäche bei D. i. r. 31, 32
Krampfanfall u. ADH 90, 92
— bei Frühgeborenen 106
Krämpfe bei Frühspasmophilie 101—103
—, Neugeburtsperiode 93
Kreatininclearance bei D. i. r. 33
Kreislaufkollaps bei Muc. 144, 145
— bei Schweißverlust 158
Kuhmilchernährung, idiopathische Hypercalcämie 108
— und Spasmophilie 95, 97

Lightwood-Krankheit 47
Lipoidausscheidung bei Cystinurie 45, 46
Lipoide i. S. bei kong. neph. Synd. 17
Lipoidnephrose u. kong. neph. Synd. 26
Lowe-Syndrom 51

Magenschleimhaut bei kong. Alk. 132, 142
Markdurchblutung, ADH unabhängige Konzentrierung 42
Medikamentenabusus bei hered. Neph. 71, 72
Meningealblutung u. Frühspasmophilie 106
Methämoglobinvergiftung, Hypocalcämie 101—103
Mikrodissektion bei kong. neph. Synd. 21
„Mikroobstruktion" bei de T. D. F. Synd. 53
— bei kong. neph. Synd. 10
Milch, Vitamin D-Gehalt 121, 122
Milchsäure-Dehydrogenase-Aktivität bei de T. D. F. Synd. 51
Mineralhaushalt bei A.-g. S. 162
Miniaturniere 11
Molenlast bei D. i. r. 37
Mucoviscidose (= Muc.) 144f., 151f.
—, Aldosteron 154, 155
—, Begriff 157, 158
—, Bilanzuntersuchungen 145f.
— beim Erwachsenen 144, 151f., 158
—, 9-α-Fluor-Cortisol 151
—, Heredität 144, 145, 158
—, Hyponatriämie 144, 145
—, Hyponatriurie 144, 145

Mucoviscidose, Jodidgehalt des Schweißes 158
—, Kreislaufkollaps 144, 145, 149
—, Prednisolon 147, 148
— beim Säugling 144
—, Schweiß 144, 145, 151f.
Müdigkeit bei D. i. r. 35

„NaCl"-Diurese 90
Natrium Ausscheidung beim A.-g. S. 162, 163
— — bei Muc. 146
— Bilanz beim A.-g. S. 162—164, 166, 167
— — bei Muc. 145, 146
— Konzentration im Schweiß 144, 145, 156, 157
— — — bei NNR-Kranken 151
— — i. S. bei D. i. r. 32
— Retention beim A.-g. S. 161, 167, 168
— Verlust, Haut 158
Natriumchlorid Belastung bei kong. Alk. 131, 134, 137
Natrium-Ionen Ausscheidung bei D. i. r. 42
— — bei kong. Alk. 129, 130, 137
— i. S. bei kong. Alk. 138
— — bei D. i. r. 42
Nebenniere bei A.-g. S. 160
—, Spasmophilie 99
Nebennierenrinden, Funktion bei Muc. 147
— -Insuffizienz u. Muc. 144
— -Kranke, Schweißelektrolyte 151
Nebenschilddrüse, Blutungen 99
—, Insuffizienz 101, 104
— und Tetanie 98, 104
Nephritis, chronische u. D. i. r. 41
—, hereditäre s. hereditäre Nephritis
—, hypogenetische 68
—, interstitielle 71, 72
—, lobuläre und kong. neph. Synd. 25, 26
Nephrocalcinose bei de T. D. F. Synd. 58
— bei idiopathischer Hypercalcämie 111, 112, 113
Nephrogener Diabetes insipidus s. Diabetes insipidus renalis
Nephrone bei D. i. r. 41
— bei idiopathischer Hypercalcämie 111
— bei kong. neph. Synd. 21

Nephrotisches Syndrom s. kongenitales nephrotisches Syndrom
Neugeborene, Calcium i. S. 94
—, Hypocitratämie 97
—, kong. neph. Synd. 12
—, Nebenschilddrüse 98
—, Phosphat i. S. 94, 95, 104
—, „physiologische" Hypocalcämie 94
Neugeborenenspasmophilie 93 f.
—, diabetische Mütter 107
—, Ernährung 95, 97
—, Nebennierenfunktion 99
—, Nebenschilddrüse 99
—, Nierenfunktion 98
—, Parathormonmangel 98
—, Phosphatclearance 98
—, Prognose 101
—, Therapie 100
—, Ursachen 100
—, Vit. D-Behandlung 98
—, Zeitpunkt des Auftretens 97
—, ZNS 100
Neurohypophyse bei D. i. c. 73
—, Gewebekultur 75
Neurosekret 75, 77
—, Anfärbbarkeit 79
—, Anstauung 91
— und HHLH 77
Neurosekretion unter Hunger 90, 92
— bei Nierenversagen 88, 91
„Neurosekretorisches" System 75
Niere bei idiopathischer Hypercalcämie 111
—, kindliche 10
— bei kong. Alk. 136
— bei kong. neph. Synd. 17
— bei Neugeborenenspasmophilie 98
Nierenamyloidose und D. i. r. 36
Nierenarterien bei hered. Neph. 71, 72
Nierenbiopsie bei familiärer Hämaturie 70
Nierendysplasie 1 f., 11
Nierenfunktion bei familiärer Hämaturie 70
— bei idiopathischer Hypercalcämie 110, 111
— bei kong. Alk. 136
— und Schweißdrüsenfunktion 155
—, Spasmophilie 98, 104
Niereninsuffizienz bei hered. Neph. 66

Niereninsuffizienz, tubuläre 45
Nierenplasmastrom bei D. i. c. 43
— bei kong. Alk. 136
— bei Wärme 158
Nierenschwelle bei renaler Glucosurie 48
Nierenstruktur, fetale 1, 2—6
Nierenzelle, Kaliumverarmung 138
Nucleus paraventricularis 73, 75
— supra opticus 73, 75

Obstipation bei D. i. r. 31
— bei hyperchlor. Acidose 47
— bei idiopathischer Hypercalcämie 108, 109
Oculo-cerebro-renales Syndrom 51
Ödem bei kong. neph. Synd. 12—15, 17
Oestrogene bei Hypercalcämie 127, 128
Ornithin, Ausscheidung bei Cystinurie 45, 46
Osmolarität des Harns 29
— des Serums 32, 42
Osmoreceptoren 77
— bei D. i. r. 29
— bei passagerem D. i. 91
—, „Sollwertverstellung" 41
Osteosklerose bei idiopathischer Hypercalcämie 112, 119
Oxytocin, Strukturformel 74
— und Vasopressin 90

Pankreas, Sekretion 159
Pankreasfibrose, cystische s. Muc.
Parathormon, Collip-Einheiten 107
—, Mangel 98
Perspiratio insensibilis bei D. i. r. 29, 41
— und Durstfieber 41
p$_H$, Blut 133, 134, 138
—, Liquor 141
— bei metabolischer Alkalase 135, 137
—, Regulation bei kong. Alk. 131
—, Stuhl bei kong. Alk. 129, 130, 132
—, Urin bei hyperchlorämischer Acidose 47
—, — bei kong. Alk. 138
Phenolrotprobe bei Pyelonephritis 71
Phosphat Ausscheidung bei de T. D. F. Synd. 71
— — bei renaler Rachitis 49
— Clearance bei de T. D. F. Synd. 54, 57

Phosphat Clearance bei Neugeborenenspasmophilie 98
— Diabetes 49
— Infusion bei Rachitis 59, 60
— i. S. bei Frühgeborenen 95—97
— — bei Neugeborenen 94, 95
— Rückresorption bei Vit. D resist. Rach. 48, 49
— Stoffwechsel bei Spasmophilie 93, 95, 98, 101—103
Phosphatase-Aktivität bei de T. D. F. Synd. 51, 54
— — unter Behandlung 57
„Physiologischer" Diabetes insipidus 30, 42
Pilocarpin-Iontophorese 152, 158
— u. Schweißsackmethode 153, 158
Pitressin, Behandlung mit 89
Pitressinresistenter Diabetesinsipidus s. Diabetes insipidus renalis
Pitressin-Test bei D. i. c. 33
— bei D. i. r. 33, 36
Placenta bei kong. neph. Synd. 14, 26
Polydipsie, „aufgepfropfte" 85, 92
— bei de T. D. F. Synd. 54
— bei D. i. c. 80
— bei D. i. r. 27, 31
— bei idiopathischer Hypercalcämie 111
—, „psychogene" 92
„Praetetanie" 93
Prednisolon bei Muc. 147, 148
Prednison bei kong. Alk. 132, 133
Pregnantriol, Ausscheidung bei A.-g. S. 160
Primitives Bindegewebe 6, 9
Primitiver Ductulus 5, 8
Primitiver Gang 5, 8, 10
Primitiver Glomerulus 2, 8
Prognose bei D. i. c. 85, 86
— bei D. i. r. 39
— bei Frühspasmophilie 104
— bei idiopathischer Hypercalcämie 119
— bei kong. neph. Synd. 16, 25, 26
— bei Neugeborenenspasmophilie 101
Protein i. S. und Calciumspiegel 97, 127, 128
— bei kong. neph. Synd. 15
Proteinurie bei kong. neph. Synd. 13
— bei hered. Neph. 66
Pseudodiabetes, renaler 48

Pseudohermaphroditismus bei A.-g. S. 160
„Pseudohypoparathyreoidismus" 98
Pseudo-Pupertus praecox 160
Pyelonephritis, chronisch hämatogene 10
— und D. i. 41
— und Dyplasie 11, 1f.
— vs. Glomerulonephritis 71, 72
— bei hered. Neph. 11, 67, 68
— hypogenetische 11
Pyurie bei idiopathischer Hypercalcämie 110

Quecksilber-Diuretikum bei D. i. r. 41
— bei kong. Alk. 138
— Vergiftung und kong. neph. Synd. 26

Rachitis, Acidose 60
— bei de T. D. F. Synd. 54, 58
— — Behandlung 56, 59, 60
—, Hyperaminoacidurie 60
— bei hyperchlor. Acidose 47
—, Vit. D. resistente 48, 49
—, — Vererbung 49
Receptoreiweiß für Vasopressin 28, 44, 89
Restfunktion des hypothalamischen Systems 80, 89, 92
Rest-N-Erhöhung bei idiopathischer Hypercalcämie 110
— bei kong. Alk. 137
Röntgenbilder bei idiopathischer Hypercalcämie 112, 114, 115
Rückresorption 45, 46
— „fakultative" von H_2O 80

Saluretika bei D. i. c. 85
— bei D. i. r. 38, 41
— und Hypokaliämie 38
—, Wirkungsmechanismus 41, 42
Salzverlust bei A.-g. S. 160, 162
Salzverlustsyndrom siehe Adrenogenitales Salzverlust-Syndrom
Säuglingsalter, Therapie des D. i. im 88, 90
Säureausscheidung bei hyperchlor. Acidose 46
Schädelbasis bei idiopathischer Hypercalcämie 113, 114
Schilddrüsenfunktion, metabolische Alkalose 139

Sachverzeichnis

Schilddrüsenhormone u. Hypercalcämie 127, 128
Schwangerschaft, Einfluß auf Neugeborenentetanie 97
— bei kong. neph. Synd. 25
Schweiß, Elektrolytkonzentration unter Aldosteron 154, 155
—, — unter Dexamethason 154, 155
—, — unter 9-α-Fluor-Cortisol 151
—, — bei Gesunden 151f.
—, — unter Kochsalzbelastung 151f.
—, — bei Muc. 151f.
—, Gesamtmenge 145, 156, 158
—, Harnstoffgehalt 157
—, Jodidgehalt 157
—, K-Konzentration 148
—, Na-Konzentration 144, 145, 151f
— Sekretion 157, 159
— — bei Säuglingen 43
Schweißdrüsen-Funktion 155, 156, 157
— bei Muc. 144, 156
—, Sekretionsgeschwindigkeit 156
—, Sekretionsmechanismus 159
Schweißsackmethode 153, 158
Schweißtest bei D. i. r. 36
Schrumpfniere, hypogenetische 71
Schwerhörigkeit bei hered. Neph. 61, 63, 64
Sediment des Harns bei kong. neph. Synd. 16
— — bei idiopathischer Hypercalcämie 110
Sekret, kochsalzreiches bei Muc. 144
Sekretionsgeschwindigkeit der Schweißdrüsen 156
Serumcitrat 97
Serumosmolarität 32
— und ADH-Spiegel 41
—, Senkung bei D. i. r. 36, 42
—, Therapie mit Saluretika 42
Skeletsystem bei idiopathischer Hypercalcämie 112, 114, 115
Sodium excretion factor 169
„Sollwert" des Durstzentrums 32, 41
Somatotropes Hormon und Hyperphosphatämie 104
Sorbit-Dehydrogenase-Aktivität 127
Spasmophilie 93f.
Speicheldrüsen bei Muc. 144
— Sekretion 159

Spezifisches Gewicht des Harns bei D. i. r. 32
Sphärophakie bei hered. Neph. 66
Spirolacton bei kong. Alk. 133, 140
Steroidsynthese, Störung der 160
Stickstoffverlust über Haut 158
Stoffwechseldefekt bei hered. Neph. 601
Stuhl, Chlorverlust 129, 130
— unter Diamox 132
—, Ionogramm 142
— unter Kochsalzbelastung 157
— bei kong. Alk. 129, 130
—, normaler 130
— Volumen 131, 132, 134
Struktur, dysplastische 1, 7, 9, 10
—, thyreoidähnliche 4, 7, 9
Sulkowitch-Probe bei idiopathischer Hypercalcämie 109
— bei Spasmophilie 105

Tagesrhythmus der Schweißsekretion 152, 154
Tetanie, latente 93, 97
— bei Neugeborenen 95, 97, 98
— — und Nebenschilddrüse 98
— — und Nierenfunktion 98
— —, Zeit des Auftretens 97
—, „nicht-rachitogene" 101f.
— bei Phosphatinfusion 59
—, rachitogene 93, 97
Tetrahydro-Cortisol beim A.-g. S. 162
Therapie des A.-g. S. 163
— des de T. D. F. Synd.
— des D. i. c. 84, 88, 90
— des D. i. r. 37
— der idiopathischen Hypercalcämie 113, 115
— der kong. Alk. 132, 133
— der Spasmophilie 98, 100, 105
Thiomerin bei kong. Alk. 138
Thyreoidähnliche Struktur 4, 7, 9
Thyreotoxikose u. Tetanie 107
Titrationsacidität bei de T. D. F. Synd. 55, 56
Tod bei kong. neph. Synd. 13
Toxikosen beim kong. neph. Synd. 25
Trägereiweiß für Adiuretin 89, 91
Tränendrüsen bei Muc. 144
— Sekretion 159
Tractus supraoptico-hypophyseus 73
Tubuli, atrophische 21
—, cystische Erweiterung 17—19

Tubuli, Dilatation 21
— bei idiopathischer Hypercalcämie 111
Tubulopathien, kong. s. kongenitale Tubulopathien
Tubulus, distaler unter Saludiuretica 41
—, proximaler bei de T. D. F. Synd. 50, 53
—, — Enzymaktivität 51
—, — Funktion 27, 28
Tubulusfunktion bei Hypophosphatasie 51
— bei idiopathischer Hypercalcämie 111
— bei kong. Alk. 136
— im Säuglingsalter 90

Überempfindlichkeit gegen Vitamin D 121, 127
Urinstase und Infektion 10

Vacuolen der Epithelzellen 23, 24
Vasopressin 28
—, Disulfidbrücke 28
— im Hypothalamus 73
— in der Neurohypophyse 73
— und Oxytocin 90
—, Plasmaspiegel 36
—, Strukturformel 74
—, Trägereiweiß 28, 89
Vegetatives Nervensystem und Schweißsekretion 157
Verdünnungshypokaliämie 168, 169
Vererbung s. Heredität
Vitamin D Behandlung des T. D. F. Synd. 56, 57
— — der Frühspasmophilie 105
— — der Neugeborenen 101
— Gehalt der Milch 121, 122

Vitamin D Intoxikation, chronische 128
— — und idiopathische Hypercalcämie 111, 112, 121—123, 127
— —, metabolische 128
— Mangel u. Spasmophilie 98
— Milch-Syndrom 120
— resistente Rachitis 48
— — und de T. D. F. Synd. 58
— — bei hemizygoten Trägern 49
— — —, Phosphathaushalt 49
— Spiegel i. S. 122, 123
— Stoffwechselstörung 123
— Stoß 127
— Überempfindlichkeit 121, 127, 128
— Wirkung 60, 97, 127
— Zufuhr bei idiopathischer Hypercalcämie 120—122, 127

Wasserausscheidung 90
— unter Vasopressin 90
Wasserdampfabgabe 42
Wasserhaushalt bei kong. Alk. 134
—, Regulation 79, 90
Wasserretention beim A.-g. S. 161
Wasserrückdiffusion im Tubulus 28, 41
Wasserstoff-Ionen im Urin 46
Wasserverlust bei kong. Alk. 129, 130
Wasserzufuhr bei D. i. 88, 90, 91
Wirbelsäule bei idiopathischer Hypercalcämie 113

Zentralnervöse Calcium-Phosphat-Regulation 104, 107
Zentralnervöse Dysregulation bei Spasmophilie 93, 100, 105, 106, 107

Die Störungen des Wasser- und Elektrolytstoffwechsels

Von MAX SCHWAB und KLAUS KÜHNS, Medizinische Universitätsklinik Göttingen. Mit 54 Abbildungen. XVI, 368 Seiten, Gr.-8°. 1959.
Ganzleinen DM 69.—

Aus den Besprechungen:

Als erstes deutsches Werk über die Störungen des Wasser- und Elektrolythaushalts entspricht das Buch von SCHWAB und KÜHNS zweifellos einem Bedürfnis. Dabei bürgen die Namen der Autoren, die mit wesentlichen einschlägigen Arbeiten hervorgetreten sind, für die Qualität. Beim Studium ist es immer wieder überraschend und genußvoll, mit welcher Prägnanz und Kürze die Autoren es verstanden haben, eine solche Fülle von Daten und Faktoren übersichtlich darzustellen. Wie üblich, ist in Grundlagen, allgemeine Besprechung der Elektrolytstörungen und spezielle Krankheitsbilder gegliedert, wobei letztere auch auf den chirurgischen, pädiatrischen und gynäkologischen Bereich ausgedehnt wurden. Einzelheiten lassen sich aus einer derart komprimierten lehrbuchartigen Darstellung kaum hervorheben, vielmehr bleibt nur zu sagen, daß der derzeitige Wissensstand in intensiv durchgearbeiteter Form dargeboten wird.

Klinische Wochenschrift

Klinische Physiologie und Pathologie des Wasser- und Salzhaushaltes

Mit besonderer Berücksichtigung der Beziehungen Aldosteron · Ödeme · Diuretica

Von Privatdozent Dr. WALTER SIEGENTHALER, Oberarzt der Medizinischen Poliklinik der Universität Zürich. Mit einem Geleitwort von Professor Dr. R. HEGGLIN. (Pathologie und Klinik in Einzeldarstellungen, Band IX.) Mit 37 Abbildungen. XII, 175 Seiten Gr.-8°. 1961. Ganzleinen DM 49,60

Inhaltsübersicht:

Physiologie der Körperflüssigkeiten. — Pathologie der Körperflüssigkeiten. — Bedeutung des Adiuretins bei der homöostatischen Regulation der Körperflüssigkeiten unter physiologischen und pathologischen Verhältnissen. — Bedeutung des Aldosterons bei der homöostatischen Regulation der Körperflüssigkeiten unter physiologischen und pathologischen Verhältnissen. — Bedeutung des Aldosterons bei der Pathogenese des Ödems. — Die Therapie hydropischer Krankheiten unter besonderer Berücksichtigung des Aldosterons bei der Pathogenese des Ödems.

SPRINGER-VERLAG · BERLIN · GÖTTINGEN · HEIDELBERG

SONDERDRUCK AUS
KONGENITALE STÖRUNGEN
DES WASSER- UND ELEKTROLYTHAUSHALTES
SYMPOSIUM

LEITUNG
H. HUNGERLAND · BONN

HERAUSGEGEBEN VON
H. HUNGERLAND · BONN — J. BRODEHL · BONN

SPRINGER-VERLAG / BERLIN · GÖTTINGEN · HEIDELBERG / 1962
PRINTED IN GERMANY

NICHT IM HANDEL

PYELONEPHRITIS UND NIERENDYSPLASIE

VON

A. PASTERNACK

MIT 18 ABBILDUNGEN

Die Störungen des Wasser- und Elektrolytstoffwechsels

Von MAX SCHWAB und KLAUS KÜHNS, Medizinische Universitätsklinik Göttingen. Mit 54 Abbildungen. XVI, 368 Seiten, Gr.-8°. 1959.
Ganzleinen DM 69,—

Aus den Besprechungen:

Als erstes deutsches Werk über die Störungen des Wasser- und Elektrolythaushalts entspricht das Buch von SCHWAB und KÜHNS zweifellos einem Bedürfnis. Dabei bürgen die Namen der Autoren, die mit wesentlichen einschlägigen Arbeiten hervorgetreten sind, für die Qualität. Beim Studium ist es immer wieder überraschend und genußvoll, mit welcher Prägnanz und Kürze die Autoren es verstanden haben, eine solche Fülle von Daten und Faktoren übersichtlich darzustellen. Wie üblich, ist in Grundlagen, allgemeine Besprechung der Elektrolytstörungen und spezielle Krankheitsbilder gegliedert, wobei letztere auch auf den chirurgischen, pädiatrischen und gynäkologischen Bereich ausgedehnt wurden. Einzelheiten lassen sich aus einer derart komprimierten lehrbuchartigen Darstellung kaum hervorheben, vielmehr bleibt nur zu sagen, daß der derzeitige Wissensstand in intensiv durchgearbeiteter Form dargeboten wird.
Klinische Wochenschrift

Klinische Physiologie und Pathologie des Wasser- und Salzhaushaltes

Mit besonderer Berücksichtigung der Beziehungen Aldosteron · Ödeme · Diuretica

Von Privatdozent Dr. WALTER SIEGENTHALER, Oberarzt der Medizinischen Poliklinik der Universität Zürich. Mit einem Geleitwort von Professor Dr. R. HEGGLIN. (Pathologie und Klinik in Einzeldarstellungen, Band IX.) Mit 37 Abbildungen. XII, 175 Seiten Gr.-8°. 1961.   Ganzleinen DM 49,60

Inhaltsübersicht:

Physiologie der Körperflüssigkeiten. — Pathologie der Körperflüssigkeiten. — Bedeutung des Adiuretins bei der homöostatischen Regulation der Körperflüssigkeiten unter physiologischen und pathologischen Verhältnissen. — Bedeutung des Aldosterons bei der homöostatischen Regulation der Körperflüssigkeiten unter physiologischen und pathologischen Verhältnissen. — Bedeutung des Aldosterons bei der Pathogenese des Ödems. — Die Therapie hydropischer Krankheiten unter besonderer Berücksichtigung des Aldosterons bei der Pathogenese des Ödems.

SPRINGER-VERLAG · BERLIN · GÖTTINGEN · HEIDELBERG

SONDERDRUCK AUS
KONGENITALE STÖRUNGEN
DES WASSER- UND ELEKTROLYTHAUSHALTES
SYMPOSIUM

LEITUNG
H. HUNGERLAND · BONN

HERAUSGEGEBEN VON
H. HUNGERLAND · BONN — J. BRODEHL · BONN

SPRINGER-VERLAG / BERLIN · GÖTTINGEN · HEIDELBERG / 1962
PRINTED IN GERMANY

NICHT IM HANDEL

DAS KONGENITALE NEPHROTISCHE SYNDROM

VON

L. HJELT

MIT 10 ABBILDUNGEN

SONDERDRUCK AUS
KONGENITALE STÖRUNGEN
DES WASSER- UND ELEKTROLYTHAUSHALTES
SYMPOSIUM

LEITUNG
H. HUNGERLAND · BONN

HERAUSGEGEBEN VON
H. HUNGERLAND · BONN — J. BRODEHL · BONN

SPRINGER-VERLAG / BERLIN · GÖTTINGEN · HEIDELBERG / 1962
PRINTED IN GERMANY
NICHT IM HANDEL

DIABETES INSIPIDUS RENALIS
VON
F. LINNEWEH UND K.-H. JARAUSCH
MIT 7 ABBILDUNGEN

SONDERDRUCK AUS
KONGENITALE STÖRUNGEN
DES WASSER- UND ELEKTROLYTHAUSHALTES
SYMPOSIUM

LEITUNG
H. HUNGERLAND · BONN

HERAUSGEGEBEN VON
H. HUNGERLAND · BONN — J. BRODEHL · BONN

SPRINGER-VERLAG / BERLIN · GÖTTINGEN · HEIDELBERG / 1962
PRINTED IN GERMANY

NICHT IM HANDEL

KONGENITALE TUBULOPATHIEN

VON

G. STALDER

MIT 1 ABBILDUNG

SONDERDRUCK AUS
KONGENITALE STÖRUNGEN
DES WASSER- UND ELEKTROLYTHAUSHALTES
SYMPOSIUM

LEITUNG
H. HUNGERLAND · BONN

HERAUSGEGEBEN VON
H. HUNGERLAND · BONN — J. BRODEHL · BONN

SPRINGER-VERLAG / BERLIN · GÖTTINGEN · HEIDELBERG / 1962
PRINTED IN GERMANY

NICHT IM HANDEL

ZUR KLINIK UND BIOCHEMIE
DES DE TONI-DEBRÉ-FANCONI-SYNDROMS

VON

A. ROSENKRANZ

SONDERDRUCK AUS
KONGENITALE STÖRUNGEN
DES WASSER- UND ELEKTROLYTHAUSHALTES
SYMPOSIUM

LEITUNG

H. HUNGERLAND · BONN

HERAUSGEGEBEN VON

H. HUNGERLAND · BONN — J. BRODEHL · BONN

SPRINGER-VERLAG / BERLIN · GÖTTINGEN · HEIDELBERG / 1962

PRINTED IN GERMANY

NICHT IM HANDEL

ZUM KRANKHEITSBILD DER HEREDITÄREN NEPHRITIS

VON

H. NIETH

MIT 6 ABBILDUNGEN

SONDERDRUCK AUS
KONGENITALE STÖRUNGEN
DES WASSER- UND ELEKTROLYTHAUSHALTES
SYMPOSIUM

LEITUNG
H. HUNGERLAND · BONN

HERAUSGEGEBEN VON
H. HUNGERLAND · BONN — J. BRODEHL · BONN

SPRINGER-VERLAG / BERLIN · GÖTTINGEN · HEIDELBERG / 1962
PRINTED IN GERMANY

NICHT IM HANDEL

DIABETES INSIPIDUS NEUROHORMONALIS

VON

H. RODECK

MIT 9 ABBILDUNGEN

SONDERDRUCK AUS
KONGENITALE STÖRUNGEN
DES WASSER- UND ELEKTROLYTHAUSHALTES
SYMPOSIUM

LEITUNG
H. HUNGERLAND · BONN

HERAUSGEGEBEN VON
H. HUNGERLAND · BONN — J. BRODEHL · BONN

SPRINGER-VERLAG / BERLIN · GÖTTINGEN · HEIDELBERG / 1962
PRINTED IN GERMANY
NICHT IM HANDEL

NEUGEBORENEN- UND FRÜHSPASMOPHILIE

VON

W. SWOBODA

MIT 6 ABBILDUNGEN

SONDERDRUCK AUS
KONGENITALE STÖRUNGEN
DES WASSER- UND ELEKTROLYTHAUSHALTES

SYMPOSIUM

LEITUNG
H. HUNGERLAND · BONN

HERAUSGEGEBEN VON
H. HUNGERLAND · BONN — J. BRODEHL · BONN

SPRINGER-VERLAG / BERLIN · GÖTTINGEN · HEIDELBERG / 1962
PRINTED IN GERMANY

NICHT IM HANDEL

DIE IDIOPATHISCHE HYPERCALCÄMIE

VON

O. HÖVELS und U. STEPHAN

MIT 14 ABBILDUNGEN

SONDERDRUCK AUS

KONGENITALE STÖRUNGEN DES WASSER- UND ELEKTROLYTHAUSHALTES

SYMPOSIUM

LEITUNG
H. HUNGERLAND · BONN

HERAUSGEGEBEN VON
H. HUNGERLAND · BONN — J. BRODEHL · BONN

SPRINGER-VERLAG / BERLIN · GÖTTINGEN · HEIDELBERG / 1962
PRINTED IN GERMANY

NICHT IM HANDEL

DIE KONGENITALE ALKALOSE MIT DIARRHOE

VON

E. M. DUYCK, C. L. J. VINK, H. van GELDEREN
UND G. M. H. VEENEKLAAS

MIT 3 ABBILDUNGEN

SONDERDRUCK AUS
KONGENITALE STÖRUNGEN
DES WASSER- UND ELEKTROLYTHAUSHALTES
SYMPOSIUM

LEITUNG
H. HUNGERLAND · BONN

HERAUSGEGEBEN VON
H. HUNGERLAND · BONN — J. BRODEHL · BONN

SPRINGER-VERLAG / BERLIN · GÖTTINGEN · HEIDELBERG / 1962
PRINTED IN GERMANY

NICHT IM HANDEL

ELEKTROLYTSTÖRUNGEN
BEI DER ERWACHSENEN-MUCOVISCIDOSIS
AM BILD VON BILANZUNTERSUCHUNGEN

VON

H. BOHN, E. KOCH und W. RICK

MIT 2 ABBILDUNGEN

SONDERDRUCK AUS
KONGENITALE STÖRUNGEN
DES WASSER- UND ELEKTROLYTHAUSHALTES
SYMPOSIUM
LEITUNG
H. HUNGERLAND · BONN

HERAUSGEGEBEN VON
H. HUNGERLAND · BONN — J. BRODEHL · BONN

SPRINGER-VERLAG / BERLIN · GÖTTINGEN · HEIDELBERG / 1962
PRINTED IN GERMANY
NICHT IM HANDEL

**AUSWIRKUNG DER KOCHSALZ-
UND CORTICOSTEROIDZUFUHR
AUF DIE SCHWEISS-ELEKTROLYTKONZENTRATION
BEI GESUNDEN UND MUCOVISCIDOSIS-KRANKEN**

VON

E. KOCH

MIT 3 ABBILDUNGEN

MIX
Papier aus verantwortungsvollen Quellen
Paper from responsible sources
FSC® C105338

If you have any concerns about our products,
you can contact us on
ProductSafety@springernature.com

In case Publisher is established outside the EU,
the EU authorized representative is:
**Springer Nature Customer Service Center GmbH
Europaplatz 3, 69115 Heidelberg, Germany**

Printed by Libri Plureos GmbH
in Hamburg, Germany